草原と鉱石

モンゴル・チベットにおける資源開発と環境問題

棚瀬慈郎／島村一平 編著
Jiro Tanase　Ippei Shimamura

明石書店

序にかえて 「草原と鉱石」という古くて新しい問題

棚瀬慈郎、島村一平

　本書は、現在、地下資源開発が急激に進行する内陸アジア地域、とりわけモンゴル高原とチベット高原を対象に資源開発が引き起こす環境問題を読み解く試みである。「草原と鉱石」というタイトルは、この地の特徴的な自然環境と現在進行しつつある資源開発にかかる問題を端的に表現したものである。

　そもそも本書が対象としている内陸アジア地域は、かつて遊牧民たちによって築き上げられた遊牧文明の揺籃の地であった。モンゴル高原に関して言うならば、その気候は「乾燥」と「寒冷」を特徴とする典型的な大陸性のステップ気候である。そこで人々は、家畜を放牧しながら移動する遊牧世界を展開させてきた。かつて遊牧という生業は、土地の利用率が低い、停滞した経済システムであるというネガティブな評価がされてきた。しかし現在では、それは農業と比べても環境負荷が低く持続可能性の高い「環境にやさしい生業」であるということが明らかにされている［小長谷2003］。こうした遊牧の持つ持続可能性の高さは、定住化政策が進められた20世紀の社会主義の時代においても基本的には維持されてきたと言ってよい。

　一方チベット高原では、寒冷な気候に適応した農牧複合経済が営まれることが多かった［棚瀬2001: 32-47］。しかし、青海省の一部や北部平原（チャンタン）は、冷涼で乾燥した気候のために農業にはそもそも不向きで、テントに居住し、ヤクやゾ（ヤクと牛の一代雑種）、ヤギ、ヒツジの放牧に従事する遊牧民（ドクパ）の世界であった。

　こうした中、2000年頃よりモンゴル高原の南部（中国内モンゴル自治区）や青海省のチベット人居住地域などでは、遊牧が存続の危機を迎えるような事態が生まれた。中国政府が主導する西部大開発に伴った「生態移民」である。例え

ば内モンゴルでは、砂漠化が進行しており、その理由は牧畜民によるヤギの過放牧が原因だとされ、中国政府によって多くの遊牧民が定住地域へ強制的に移住させられた［小長谷・シンジルト・中尾 2005］。本来、モンゴル高原の遊牧民は、ヒツジの群れを安定させるために補助的にヤギを飼ってきた。しかしグローバルなカシミヤ市場と草原がリンクされると、牧民たちはカシミヤの原料となるヤギをこぞって飼い始めたのである。

「生態移民」政策こそ行われていないものの、モンゴル国においても砂漠化の進行が懸念されている。実はカシミヤヤギ飼養への転換は、モンゴル国においても同様で、民主化が始まった 1989 年当時、ヤギの頭数はヒツジの 3 分の 1 程度（ヒツジ 1,427 万頭、ヤギ 496 万頭）であったが［MUSG 2004: 144］、2004 年を境に逆転し（ヒツジ 1,169 万頭、ヤギ 1,224 万頭）［MUSG 2006: 163］、それ以降ヤギの飼養頭数がヒツジを恒常的に上回るようになっているのである［MUSG 2013: 211］。草原で家畜が草を食むモンゴル高原の風景は、一見悠久の昔から変わらないようで実はグローバル経済に巻き込まれて大きな変貌を遂げているのである。

とはいえ、草原の砂漠化はヤギの過放牧だけが原因ではない。牧畜以上に漢民族の入植による農耕に問題があったと言われている。そもそも遊牧という生業では、農業のように土地を掘り返すことはしない。伝統的にモンゴル高原の遊牧民たちは土地を掘り起こすことをタブーとしてきた。歴史的に見てモンゴル高原において農耕が全く行われてこなかったわけではないものの、その規模は非常に小さかったと言ってよい。モンゴル高原は、黒土層が非常に薄く、土地を耕すと黒土がはがれ、砂地があらわれる。砂漠化とそれが引き起こす黄砂の原因は、実に農耕に不向きなモンゴル高原での大規模な農耕にあった。

ちなみにブレンサイン［2003］によると、中国内モンゴルにおける農耕化は東部地域に顕著であった。なぜなら、東部地域のモンゴル人は牧畜経営と伝統文化の犠牲を前提に、土地に執着することで生き残りをはかったからである。そして押し寄せてくる漢人社会に対抗できるような定住社会を築いたのである。これに対して中西部のチャハル・ウランチャブ地域では、モンゴル人は漢人に牧地を譲って絶え間なく北部に撤退しつづけた結果、農業と牧畜の境界が明確に分かる状態となった［ブレンサイン 2003: 336］。

また、中国内のチベット人居住地域では、近年環境の保全を謳って乾燥地や

急傾斜地での耕作を禁止する「退耕還林・還草政策」や、遊牧という生業そのものを事実上禁止する「生態移民」、「定住化プログラム」といった政策が次々に実施されている。それは、農業と牧畜を生業の柱とするチベット人の生活と文化に対して、根本的な転換を迫るものとなっている。

　ところが近年、農耕化以上に深刻な、内陸アジア草原の遊牧民たちの存在基盤を揺るがすような大きな変化が起こっている。それは、金や石油、石炭、ウラン、モリブデン、ボーキサイト、レアアースといった地下資源の発見と民主化以降のその急激な開発である。モンゴル国を例に出すならば、約80種類の鉱種と約6,000の鉱床があると報告されている。また世界最大級の炭鉱や多くの金鉱山が見つかっている。

　2012年のデータによると、モンゴル国において鉱業がGDPに占める割合はすでに21.4％に達し、農牧業の14.8％を凌駕している［MUSG 2013: 130］。モンゴルは、モンゴリアならぬ「マインゴリア（鉱業の国）」などと揶揄されるようになるくらい、もはや「遊牧の国」ではなく「地下資源の国」なのである。そうした中、モンゴルでは首都を中心に大気汚染や水質汚染といった環境汚染が懸念されている。また、地方の小規模金鉱においては水銀を用いる違法な精錬が行われており、現地メディアにおいても問題視されている。

　こうした小規模金鉱には「ニンジャ」と呼ばれる違法採掘者が押しかけ、一攫千金を狙って危険な労働に従事している。ニンジャとは、選鉱のための大きなタライを背負っている彼らの姿が、アメリカの映画「ミュータント・タートルズ」に登場する亀の忍者に似ていることから名づけられたものである。また鉱山開発による経済発展に伴って、貧富の格差の拡大や牧民の廃業、カルト宗教的なシャーマニズムの蔓延といった様々な社会問題が生み出されている。

　こうした中、モンゴルの環境汚染や地方の牧畜社会の変容・都市化に伴う環境・社会問題に対して、世界中の研究者の注目が集まりつつある。例えば、世界最大級の金・銅鉱山であるオユートルゴイ鉱山は、イギリス・オーストラリア系のグローバル企業リオ・ティント社が実質上の事業主体であり、彼らは環境モニタリングを行ったり、鉱山地域の有形無形文化財の保護などをモンゴル政府と協力して行ったりしている。しかし、残念ながら環境科学的なデータは

非公開である。

　一方、日本のみならずアメリカやイギリスの NGO や大学に所属する研究者は、鉱山の地域社会や環境への影響に関する調査や、地域コミュニティ形成の支援活動を開始している。また、イギリス・モンゴルの文化人類学者や日本の研究者たちが「ニンジャ（不法採掘者）」の実態を社会科学の立場から明らかにする仕事を行っている［High 2008, 2010, 2013a, 2013b; Mönkh-Erdene 2011、鈴木 2013 など］。

　このような国際レベルでの調査・支援が展開されている背景には、モンゴルが今やグローバル企業が押し寄せるような世界有数の地下資源大国であることに対する「国際的関心」の高まりがあると言ってよい。端的に言うならば、地下資源埋蔵量が大きいがゆえに、問題はもはや地球規模の国際問題となっているのである。

　一方、中国内モンゴル自治区は、豊富な地下資源を有し、中華人民共和国の建国当初から包頭の鉄鉱山や烏海の炭鉱などの開発が進められてきた。文革期には、人民解放軍の「生産建設兵団」が派遣され鉄鉱開発に従事するようになった。その地下資源開発が加速化するのは 1970 年代末に始まる改革開放期と 2000 年より始められた「西部大開発」によってである［包 2013: 27-58］。

　内モンゴルの地下資源の埋蔵量に関して言うならば、天然ガスは新疆ウイグル自治区に次いで第 2 位、鉄鉱石第 5 位、クロム鉱石はチベット自治区と甘粛省に次いで第 3 位、銅鉱石は雲南省に次いで第 2 位、鉛鉱石第 1 位である。また希土類（レアアース）の埋蔵量にいたっては、中国で全国 1 位であり、そのほとんどを内モンゴルが生産している［包 2013: 31］。すなわち、内モンゴルは資源の豊富な新疆ウイグル自治区とならんで躍進する中国経済を支える「資源後背地」となっているわけである。

　こうした中、内モンゴルでは開発をする側と開発される地域に住むモンゴル人牧民との紛争が頻発している。2011 年 5 月 11 日、シリンゴル盟西ウジェムチン旗で起きた漢人の石炭運搬トラック運転手によるモンゴル牧民の轢き殺し事件は記憶に新しい。牧草地を荒らすトラックを捨て身で止めようとして亡くなった牧民に対して、多くの内モンゴルの人々が悲しみ、そして傍若無人な漢人ドライバーへの怒りは大規模なデモへと発展していった。

　ここで問題なのは、内モンゴルにおいては地下資源開発とそれに伴う環境問

題が、容易に民族問題に転化しやすい構造を持っているということである。つまり、開発をする側＝漢族：開発される地元牧民＝モンゴル族という構造である。

オラディン・ボラグ［Bulag 2010］は、内モンゴルにおいて、なぜ開発問題が民族問題となってしまうのかという問いに対して「労働者階級の流産」という概念で説明する。ボラグによると、かつて少数民族地域である内モンゴルに漢民族を中心とした大規模な「辺境支援隊」を送り込んで開発を行ったことで、モンゴル人の「労働者階級」が誕生する機会が奪われてしまったと言う。

本来共産党とは、労働者階級の政党であるはずだが、中国革命の主体は労働者階級ではなく農民大衆であった。ところが、中国共産党は「辺境支援」という名のもとに大勢の漢族を労働者として内モンゴルで資源開発に従事させた。そもそも遊牧を伝統とするモンゴル族に、もともと労働者階級が存在していたわけではない。

当時の内モンゴルの指導者であったウランフはこの包頭鋼鉄の建設過程を通して、モンゴル族自身の労働者階級を作って、社会主義の「先進」民族になろうと努めた。ところが皮肉なことに結果として、内モンゴルにおいて新たな「漢族労働者」が誕生したのであって、モンゴル族労働者は「誕生」できなかったのだ。ボラグはこれを内モンゴルにおける「労働者階級の流産」と呼んだ［Bulag 2010: 167-181］。

以上のようにモンゴル国や内モンゴルでは、地下資源開発に伴って環境汚染や社会問題が沸き起こっている。こうした「環境問題」は、「開発」を伴う近代化によって引き起こされた全く新しい問題なのだろうか。実は前近代、内陸アジアの遊牧世界は、鉱山開発とは全く無縁の「無菌室」であったというわけではない。むしろ「草原と鉱石」の問題は、古くて新しい問題なのである。

そもそも内陸アジアに勃興した遊牧帝国は、騎馬軍の持つ軍事的優越性と鉄や金、銅といった鉱物資源を背景に強大な帝国を築いてきた。彼らは、中国本土や中央アジアのオアシスから戦利品として人民を略奪し、農耕や金属の精錬や加工を含めた手工業に従事させてきたのである。

例えば、モンゴル高原初の遊牧帝国である匈奴（BC 209 〜 AD 93）の場合、スキタイ系の青銅器を移入するとともにその模倣品をオルドスや綏遠地方（現在

のフフホト周辺）で大量に製作していたことが知られている［護 1981a: 61］。最新の考古学的成果によると、愛媛大学の笹田朋孝らのグループによってモンゴル国トゥブ県ムングンモリト郡ホスティン・ボラグ遺跡において匈奴時代の製鉄炉が発見された［Sasada, Amartuvshin, Murakami, Eregzen, Usuki, Ishitseren 2012; 愛媛大学 2013］。すなわち遊牧帝国は略奪のみをしていたわけではなく、匈奴に関して言うならば独自に鉄を生産していたことが明らかにされつつあるのである。

　また後に北魏（386 ～ 534）を建国した鮮卑族に関して、後漢の学者蔡邕(さいよう)が、長城の警備のゆるみにより良質の鉄を鮮卑が多く保有するようになったことを書き残している（林 2000: 53）。突厥（552 ～ 582）にいたっては、その支配氏族である阿史那氏は、アルタイ山脈の西南で柔然に従って製鉄に従事していたことが史書に記されている。ちなみにこの「アルタイ」とは、トルコ語・モンゴル語で黄金を示すアルトゥン・アルタイに由来し、砂金などのほか、鉄・石炭・銀・銅などの鉱物資源に恵まれていることで知られていた［護 1981b: 83］。

　こうした鉱物を支配する力は、歴史上の遊牧帝国にとって力の源泉と考えられていた。前近代においては、軍事的な力や政治的な力あるいは権力というものは、宗教的な力と不可分のものであった。内陸アジアの遊牧民にとって鉱物を支配する力を持つ鉄鍛冶は、政治・軍事的な力を持ちうると同時に宗教的な力を持ちうる存在であったと言ってよい。

　歴史家の村上正二［1994］は、モンゴル帝国の力の源泉として、鉄鍛冶とシャーマンが結びついたシャーマン・スミス（鉄鍛冶シャーマン）の持つ力の重要性を指摘する。村上は、『モンゴル秘史』や『集史』に登場するモンゴルの始祖バタチハンの 10 世ないし 7 世の末裔たるドア・ソホル（一つ目のソホル）が、森の民であり鉄鍛冶集団でもあるウリヤンハイ族の霊であったと考えている。それは日本の『古語拾遺』に登場する天一目箇神(あめのひとつめのかみ)や古代中国の夔(とう)という怪物が鍛冶神であることや、世界的に見て鍛冶神が肉体的不具者であることからの推論である［村上 1994: 257-258］。

　鉱物の精錬が危険を伴うもので人間に健康被害をもたらすことは、こうした古代モンゴルの神話からも窺い知ることができよう。

　また 14 世紀にイルハン朝の宰相ラッシード・ウッディーンが著した『集史』には、モンゴル族の祖先たるヌクズ氏族とキャン氏族の族祖伝承として「エル

ゲネ谿谷から新天地に赴くために森の民であり、鍛冶部族であったウリヤンハイ族の助力によって、山中の材木を集めて 70 の炉を焚いて鉄山を溶解させて脱出できた」ということが記述されている。さらに 13 世紀中頃、フランスからモンゴル帝国に派遣されたルブルク神父が、遊牧民が冬営地から移動する際につねに「占者（シャーマン）の一集団がその移動部族の先頭に立って、移動の方向を定め、新放牧地を卜するという習慣」があったと記述している。

　以上のことから村上は、遊牧民が大挙して、旧住地を変えて新しい住地に住みつくためには、特殊な占者集団によって重大な決定がなされたことに疑いはないとする［村上 1994: 262］。

　さらに村上は、『集史』に「チンギスの一族は今日（14 世紀当時）でも元旦の夜には（祖先のエルゲネ谿谷からの）移住の際の苦難を偲んで、鉄砧に灼熱の鉄塊を置いて、金鎚でそれをたたき延ばす奇妙な鍛冶儀礼を行っている」という記述があることを頼りに、チンギスの宮廷において「民族の死と甦りの物語がウリヤンハイ族の鍛冶シャーマンたちの集団によって物語られ演じられていたのではないか」と推測している［村上 1994: 263］。すなわち鉱石を支配する力は、モンゴル帝国において政治のみならず宗教とも密接に結びついていたわけである。

　実は、民族誌学的に見ても、北・中央アジアにおけるテュルク系あるいはモンゴル系の諸族において鍛冶職人は、呪術＝宗教的に最高の権威が付与されるはずのシャーマンに対して、同等あるいはそれすらも凌駕する霊力を持つほどの存在として観念されてきた。「鍛冶職人とシャーマンは同じ巣から出る」「シャーマンの妻は、尊敬すべきだが、鍛冶職人の妻は、崇拝すべきである」この 2 つは、サハ人（ヤクート人）の諺である［エリアーデ 2004（1968）: 286］。こうした習俗は、現在、モンゴル系のブリヤート人たちの間においても維持されており、鉄鍛冶はシャーマンより強い呪力を持っていると信じられている［島村 2011: 167-169］。

　ただしチベット世界では、鉄鍛冶は、北・中央アジアにおけるテュルク系、あるいはモンゴル系の諸族とは反対に被差別民として扱われてきた。鍛冶を賤業視する理由としては、それが刀などの生命を奪う道具を作り出すからである、という仏教的な理屈によって説明されている。

以上、内陸アジアにおける草原と鉱石を巡る歴史を概観してきた。ここで重要なのは、内陸アジアの遊牧社会では、鉄鍛冶は時として宗教的職能者（シャーマン）に重なる存在として見られ、さらにこうした鉄鍛冶たちが政治的な決定権を含む権力を有しているという点である。すなわち歴史的に見て、鉱石を支配する者は草原を制してきたというわけである。

　こうした意味において、鉱石を精錬するのが中国系の奴隷なのか、遊牧社会内部の者なのかは、さして重要ではないだろう。むしろ「鉱物の力」を支配することこそが、彼らにとって決定的な重要性を持っていた。そしてこの力は、経済的・軍事的な力であると同時に政治的・宗教的な力でもあった。こうしたことは、今も昔も変わらないであろう。

　その一方で現在、「草原と鉱石」を巡る問題は、過去の遊牧帝国の頃と比べて大きく様変わりした。

　第一の、そして最も大きな変化は、「鉱物の力」を支配する主導権者が変わったということである。かつて鉱物の精錬に従事したのが遊牧社会外部の者であろうと内部の者であろうと、その主導権を握っていたのは遊牧民自身であった。ところが、20世紀以降、鉱物を巡る主導権は、遊牧社会外部の者の手にゆだねられるようになったのである。

　ゴビ砂漠以北の旧外モンゴル地域、すなわち現在のモンゴル国は、清朝から独立の後、ソ連の指導の下で社会主義化した。その結果、20世紀におけるモンゴルの鉱山開発はソ連の主導によって行われるようになった（本書第1章参照）。民主化以降の現在においては、大規模な鉱山開発はグローバル企業に主導権がゆだねられている。モンゴル国では15の戦略的鉱床を設定したり、外資を制限するような様々な法整備をしたりすることで自国の権益を守るよう努力しているが［cf. 岩田 2009、吉本 2011、大江 2013、前川 2014 など］、それでもグローバル資本の圧倒的な影響力の前で苦戦中であると言えるだろう。

　内モンゴルやチベット高原は、1949年に成立した中華人民共和国の一部となった。中国に併合された結果、内モンゴルやチベット高原における鉱山開発の主導権は中国に握られてしまったのである。

　第二の変化は、こうした鉱物の採掘が大規模化し、環境問題化したという点である。そもそも鉱物を巡るヒトや家畜への被害は、前近代においても少なか

らずあったことであろう。具体的な史料は乏しいものの、肉体的な不具者の神話はそうした事実を現代に伝えている。しかし、現代における環境汚染の規模は、前近代と比べると比較にならないくらい大きなものとなっている。

　こうした遊牧民の鉱山開発を巡る「主導権の喪失」と「環境問題化」の過程は、遊牧社会が歴史的にその移動性を喪失していった過程でもある。そもそも、現在のモンゴル高原の領域は、空間内部で自己完結する社会組織を有すると同時に、地域空間の外部領域から、別の外部領域へヒトやモノ、カネ、文化といったものが、フローする「回廊地域」(回廊のような地域) であった［島村 2011: 520］。史上いく度も世界帝国を築くほどの豊かさを誇った遊牧文明の力の源泉は、「軍事」という「経済活動」を含めた東西および南北の交易にあり、この地域が回廊性を持っているという条件に依存していた。急峻な山を持たず、比較的平坦な地形が東西に 8,000 キロ以上に伸びていること、ウマの機動力(自動車誕生以前は最速の交通手段)やラクダの積載能力(鉄道誕生以前は、地上最大の積載能力を誇った)といった条件によって、ステップロードは、シルクロードと並んで大航海時代が始まるまで東西交易の幹線としての役割を演じることとなった。

　シルクロードのオアシス都市やモンゴル高原においては、しかしその東西交易の幹線としての重要性は、ヨーロッパ人たちによるインド洋経由で東アジアに至る航路の「発見」によって失われていった。さらに 17 世紀末から 18 世紀前半にかけて、ロシアと清朝によって《国境》が画定されると、東西の交易路あるいは回廊としてのシルクロードやモンゴル高原は、人為的に閉鎖されることとなる。この国境は、基本的には現在にまで継承されており、モンゴルや東トルキスタン(現在の中国新疆ウィグル自治区)といった国々は、中国やロシアを経由せずには外部世界と接触できない、陸に封じられた国々 (Landlocked countries) となってしまったのである［島村 2011: 521］。

　20 世紀になりソ連(1922 年)、モンゴル(1924 年)、中国(1949 年)において社会主義国家が成立すると、定住化政策がとられることとなった。その結果、モンゴル遊牧民の移動は著しく規制され、空間が限定された地域内部を短距離、循環移動する《箱庭的遊牧》へと変貌を遂げた［島村 2011: 520-522］。

　実は、「環境にやさしい遊牧」や「遊牧社会における環境問題」といった環境学的なテーマは、その方向性の違いと裏腹に、どちらも遊牧世界の「箱庭的

遊牧化」という大きな歴史のうねりの中で前景化してきた問題なのである。そもそも「環境」という概念は、空間的な広がりが限定されることで設定し得る。そう考えると広範囲な移動をしていた遊牧民にとって、「環境」ほどふさわしくない概念はないだろう。

　内陸アジアの遊牧社会の「環境」を巡る研究は、皮肉にもこの「箱庭的遊牧」の誕生が可能たらしめたものである。そもそも遊牧民たちは、身内の死亡や寒害や干害などの自然災害、あるいは政治的抑圧といった「ケガレ（モンゴル語で *buzar*）」に対して、伝統的に「その場所を去る」すなわち移動することでそのケガレを清めてきた。しかし、彼らは今やそうしたケガレを清められない状況≒「環境」に身を置かざるを得なくなってしまったのである。

　したがって、モンゴルやチベットにおける環境問題は、マクロな世界の動きの中で生み出された問題だと言えよう。また、現在生起している環境汚染とそれに伴う社会問題は、それぞれ個別に独立した問題ではなく、遊牧世界外部を含めた社会変容と環境汚染が複雑に絡み合いながら相互に影響を及ぼしあって起こっている複合的な問題なのである。

　こうした状況を受けて編者たちの属する滋賀県立大学では、2012年度より文理融合型の学内プロジェクト「内陸アジアにおける地下資源開発による環境と社会の変容に関する研究――モンゴル高原を中心として」（代表：棚瀬慈郎）を立ち上げ、文化人類学・環境科学・歴史学などの研究者がモンゴル国、中国内モンゴル自治区、中国青海省黄南チベット族自治州などで調査を推進してきた。調査には、現地機関であるモンゴル科学アカデミー地球環境学研究所および歴史学研究所との共同研究の形で行われたが、ケンブリッジ大学社会人類学部の研究者も加わった。そして3年間の研究の仕上げとして2014年、国際シンポジウム『内陸アジアにおける資源開発と社会・環境の変容――モンゴルとチベットのフィールドから』を本学で開催した（12月14日、15日）。このシンポジウムには、プロジェクトのメンバーのほかにもフランスやオーストラリアで活躍する研究者や慶應義塾大学の研究者にも加わっていただいた。本書は、このシンポジウムのささやかな成果である。

　本書が対象としているのは、内陸アジアの中でもとりわけモンゴル国を中心

にしており、中国内モンゴルと中国青海省のチベット人居住地域も視野に入れている。また時代設定も 20 世紀以降の現代に限定されている。したがって広大な地域の地下資源開発にかかるすべての環境問題を網羅しているわけではないことを断っておきたい。むしろ本書が扱っているのは、そのごく一部に過ぎないであろう。しかし日本国内において、内陸アジアの地下資源開発とその環境問題に特化した書籍は未だ出版されていないことを考えると、この問題を世に問うことには幾ばくかの意義があるのではないかと考えている。また本研究は、ケンブリッジ大学社会人類学部モンゴル・内陸アジア研究所との共同研究という側面もあり、昨年末、同研究所の *Inner Asia* 誌の特集号（Uradyn Bulag, Ippei Shimamura, and Borjigin Burensain 編）Geopolitics and Geo-Economics in Mongolia: Resource Cosmopolitanism,Vol.16 として出版されている。内容は本書に登場する日本の研究者も一部執筆しているほか、欧米の研究者も本書とは異なった視点から執筆しているので、読者諸氏におかれては合わせて読んでいただけるとありがたい。

　さて本書は 3 部より構成されている。第 1 部と第 2 部はモンゴル国を対象とした研究である。前者は歴史学・文化人類学的な視点から鉱山開発の歴史と社会変容を扱っているのに対し、後者は鉱山開発による環境への影響について環境科学的分析をほどこした研究群である。第 3 部は内陸アジアの中でも中国の領域内に組み込まれた 2 つの地域、内モンゴルと青海省のチベット人居住地帯を対象とした資源開発を巡る文化人類学的研究である。なお内モンゴルと青海省に関しては、さまざまな事情から環境科学的な調査は諦めざるを得なかった。

　最後に、それぞれの論文の概要を紹介していこう。

　冒頭を飾るチョローン論文は、社会主義時代のモンゴル国（人民共和国）における地質調査と鉱山開発の歴史を概観したものである。公文書史料の調査を通じて、チョローンは、ソ連によって主導された地質学調査が現在のモンゴル鉱山開発の基礎を造ったことを論じている。興味深いのは、地質調査の枠組みの中で言語学や民俗学的調査が行われることでこれらの学問分野が発展してきたということである。いずれにせよ、「鉱山の国モンゴル」という名づけは、社会主義時代に運命づけられていたのかもしれない。

第2章のデラプラス論文は、社会主義時代、ソ連が秘密裏に開発していたウラン鉱床の町マルダイを巡る地元住民の記憶を扱ったものである。社会主義が崩壊しロシア人が去ると、この秘密都市を形作っていた鉄や銅といった資材がモンゴル人居住者によってはぎ取られ、国境において中国人の卸売業者に売られた。すなわち、鉱山開発のために作られた町は、皮肉なことにそれ自体が「鉱山」となったのである。

　そしてデラプラスは、西洋人とは異なりモンゴル人は、「宝」は地下に埋まっているのではなく地上に露わになっているものだと考えていることを叙情あふれる筆致で描き出す。こうした「露わなものが資源となる」という資源観は、いみじくもシンポジウムでオラディン・ボラグが指摘したように、廃墟となったモンゴル帝国の首都カラコルムが16世紀末、仏教寺院として再利用されるような「資源観」に通底するものであると言えよう。

　第3章のビャンバラクチャー論文は、オユートルゴイ鉱山周辺域の遊牧民たちが鉱山開発の結果、鉱山を中心とした衛星的生活（satellite life）をおくるようになったことを論じ、牧民たちは、鉱山という中心を巡って回転する人工衛星のような「衛星牧民」となってしまったと結論づける。この「衛星生活」の具体的にいかなるものかは、本文に譲りたい。

　第4章の島村論文は、同じくオユートルゴイ鉱山周辺地域のシャーマニズムの活動を取り上げる。まず、この地域には伝統的にシャーマニズムは実践されてきておらず、鉱山開発がもたらした貧富の格差よって生み出された副産物であることを明らかにしている。ところが彼らは貧富の格差や鉱山開発による環境汚染に対して抵抗を試みる。こうしたシャーマンたちの活動を本論文は「依存的抵抗」という逆説的なキーワードで読み解いている。

　第5章からは第2部の環境科学系の論文となる。

　第5章のジャブザン論文は、モンゴル国における鉱山開発と環境汚染の概況を環境科学の立場から概説したものである。まずモンゴル国の面積156万6,000km^{2}のうち、「鉱物資源の開発が可能な土地」は35.4%、「鉱物資源開発に関する特別許可の発行を禁止されている土地」が63.5%であることが報告される。次に鉱物の採掘によって掘り返され浸食を受けた土地はセレンゲ県に最

も多く、それに次いでウヌムゴビ県、ホブト県、ウブルハンガイ県が続く。また10年前に行われた調査によれば、モンゴル全ての郡のうち、3.3%が生態系に「非常に深刻な」負の影響を、2.1%が「深刻な」影響を、7.4%が「中程度」の影響を、31.2%が「わずかな」影響を受けており、残りの55.9%は鉱山開発による生態系への負の影響を現時点では受けていないという結果であったことが述べられる。そして鉱山開発は環境への深刻な影響があると警鐘を鳴らしている。

第6章の中澤、永淵、岡野の論文は、モンゴルのオユートルゴイ鉱山とタワントルゴイ炭鉱の周辺域における地下水汚染の状況について、スクリーニング調査を行った結果から地下水水質の特徴とヒト健康リスクについて考察したものである。本論文では、日常的に水に触れることによる経皮由来の化学物質暴露や、食物を経口摂取することによる化学物質暴露は対象としなかったものの、特に当該地域では地下水汚染が進んでいることが示唆された。そして牧民が日常的に利用する飲料水用の井戸水の調査結果から、その汚染レベルはヒト健康リスクに影響を及ぼすレベルであることを明らかにしている。

第7章のゲレルトオド・厳・ジャンチブドルジらの論文は、トゥブ県のザーマル金鉱における砂金採掘が環境に及ぼす影響を、現地調査および実験室での分析を通じて明らかにしたものである。

ザーマル金鉱は、大規模な鉱床のみならず多くの小規模な鉱床を有し、不法採掘者「ニンジャ」が大量に押しかけた場所でもあった。そうしたことからかつて「ニンジャの都」と呼ばれた場所でもある。

この調査ではザーマル金鉱内のトーラ川上流から下流にかけて、表層水や底質堆積物のランダムサンプリングを行い、実験室にて砂金鉱の物理的影響を分析した結果、砂金鉱が恒常的に、重大な物理的影響を植生や水質に及ぼしていることがわかった。さらに、重金属濃度のデータにおいて、堆積物のサンプルではカドミウム、鉛、クロムの濃度が高く、また尾鉱水、金洗浄水、伏流水では銅、ニッケル、亜鉛、マンガン、クロム、鉛の濃度が高く出たが、これは採鉱活動によるものと考えられた。長期的にこうした重金属が地表に染み込んでいくと、毒性浸透水による地下水汚染が起き、野生動物や地元住民の飲み水が危険にさらされかねない。そしてこの地域の人間や家畜の健康を脅かすことに

もなるだろうと結論づけている。

　第 8 章で再び登場するジャブザンらの論文は、モンゴル国の重工業地帯であるエルデネト地域を流れるオルホン川下流域の支流の、水質、組成、水生生物に鉱業生産がどの程度の影響を与えているのかについて調査したものである。

　そこで明らかになったのは、周辺土壌や水中からは、ヒ素、銅、鉄、アルミなどのミクロ成分が、魚の筋肉や肝臓からは鉄、銅、水銀が過剰に検出されたことである。多くの場合、ハラー川ではヒ素が、ボロー川では水銀が検出された。オルホン川に注ぎ込む川のうち、最もミネラル含有量が多く、硬度が高く、汚染が強かったのはハンガル川である。以上のことから、オルホン川中流および下流域の支流のほとんどが、人間の負の活動に晒され汚染されたことによって、水エコシステムが攪乱されるというリスクが生じたと結論づけている。

　第 9 章からは第 3 部の中国内モンゴルおよび青海省のチベット人居住区を対象とした文化人類学的研究となる。

　第 9 章のウチラルト論文は、内モンゴルのシリンゴル盟を事例に草原環境の破壊・汚染に対して、牧民たちが行う環境抗争運動を報告したものである。ウチラルトによると、シリンゴルにおける環境抗争運動は、従来から提起されてきた「自力救済 self-relief」および「有権的反抗 rightful resistance」という分析枠の中で論じられるべきものであり、これは別に特殊なものでもなければ、民族運動でもない。むしろ東アジアの国や地域で広く確認されるものだとしている。こうした彼の主張の背景には、前述したように内モンゴルでは、環境問題は民族問題化されやすいという構造があり、「民族問題」として捉えられることで、むしろ地元のモンゴル牧民に不利益をもたらすばかりでなく、中国の枠組み内での環境問題の解決に齟齬をきたすのではないかという危惧感があるのだろう。

　一方、第 10 章の包宝柱論文は、内モンゴル自治区通遼市のホーリンゴル炭鉱を事例に、膨張を続ける鉱山敷地に対して、地元の牧民や旗政府が鉱山の境界にあたかも「防波堤」のように定住村を築くことで牧畜の暮らしを守ろうとしていることを報告している。包は、このような定住村を「防波堤村」と名づけ、こうした防波堤村がいかにして誕生していったのかを明らかにしている。すな

わち、この論文を通して、中国政府が主導する鉱山開発に対して、地方の旗政府がぎりぎりのところであらがいを見せている様子がうかがい知れるわけであり、行政側も決して一枚岩なわけではないと言えよう。

第11章、デンチョクジャプの「誰のために何を守るのか？——中国の環境政策と青海省チベット族」では、チベット族の農村における退耕還林（草）政策の影響と、それに対する村人の主体的な対応がテーマとなっている。

調査対象であるレプコン県ジャンジャ村では、退耕還林（草）政策によって、耕地面積が1450ムー（96.7ha）から850ムー（56.7ha）にまで減少した。農業のみに頼って生活することができなくなった村人は、出稼ぎや冬虫夏草採集に頼って現金収入を得る一方で、地域の特性を活かして、苗木栽培や観光開発に活路を見出そうとしている。

冬虫夏草とは、地中に住む虫に寄生する菌類であるが、中国国内で、近年極めて高価な値段で取引されている。チベット族の伝統的な居住地帯である高原地域は、たまたま冬虫夏草の主産地であったことにより、現在その生計を冬虫夏草採集に頼る多くのチベット人がいる。

第12章、ナムタルジャの「草原を追われる遊牧民——中国青海省黄南チベット族自治州における生態移民と定住化プロジェクト」は、やはり黄南チベット族自治州に位置する純遊牧地帯であるゼコ県メシュル鎮における、生態移民および定住化プロジェクトの影響について論じたものである。元来が遊牧生活を送っていたメシュル鎮の人々のうち、今や8割を超える世帯が少なくとも名目上は移民村に定住化させられている。

村人は役人の目を欺くために、役人の巡回時のみ一時的に移民村に滞在するか、あるいは自分の家畜を遊牧を続ける親戚に預けるなどして消極的な抵抗を行っている。しかし、遊牧という生業を奪われた人々が大きく依存するのは、ここでもやはり冬虫夏草採集である。

第13章、棚瀬慈郎の「公害、退耕還林、産児制限——中国青海省黄南チベット族自治州の村から見た現代中国」では、黄河上流部チェンザ県のチベット族の村が、アルミ精錬工場の操業に伴う公害と、また環境保護や治水を謳って実施された退耕還林（草）政策によって、大きな影響を受けていることを明らかにした。特に公害による家畜への被害は大きく、伝統的な生業形態である農牧

複合は、一旦は崩壊するに至った。

　村人は、生き残りのための新たな方途を探らざるを得なくなったが、その際、自らの子供たちを公務員（実際は鎮政府や州政府の役人、もしくは教師）にさせることが有力な選択肢となっている。ここでは、開発や環境保護政策という外部からの影響が民族的対立に結びつくのではなく、むしろ体制により強く依存する傾向を生み出す場合もあることが論じられている。

　これら3つの論文から明らかなのは、中華人民共和国の成立後、長い集団化の時代を経て、80年代半ばになってやっと伝統的な生業形態に回帰したチベット社会が、環境保護を大義名分とする諸政策によって再び大きく変質させられているということである。

　人々は、西部大開発に伴って増加した建築、土木工事現場での肉体労働や、あるいは冬虫夏草採集に頼って生計を立てている。しかし、言うまでもなくそのような生活は、常にある種の不安定性を伴う。また、伝統的な生業に伴って維持されてきた文化そのものが失われようとしている。

　これらの論文の中で注目すべきは、中国社会における少数民族の立場が、ある種のジレンマを伴っているという点である。生態移民、定住化プロジェクトが遊牧民管理の強化、チベット民族の「中国国民化」の目的を伴っていることは明らかであろう。しかしそれが必ずしも民族主義的な反抗に結びつかないのは、遊牧から離れた村人が、冬虫夏草の値段の暴騰という、中国社会内部の気まぐれともいうべき流行によって、かえって大きな収入を得るようになったためである。同様に、退耕還林（草）政策の実施にあたって格別の反対がなかったのも、水利の悪い、必ずしも収量の高くない畑にも、それなりに納得できるだけの補償がなされたからである。棚瀬論文で論じられたように、自らの子供たちを公務員にすることを何よりも望む人々にとって、体制への不満が民族主義的な怒りに結びつきにくいのは明らかであろう。

　本書をしめくくる終章のボラグ論文は、地下資源開発によって大きく前景化されてきた地政学の問題を論じるものである。まずボラグは、中国とロシアに挟まれたモンゴル人たちは自らを外部世界から隔離された「陸封されたモンゴル (landlocked Mongolia)」とイメージしてきたことを「悲劇の地理学」と呼んで批

判する。グローバル経済化の進む中、モンゴルは、中国とロシアそしてヨーロッパをつなぐ「通過国」として自らを再想像すべきだとボラグは提唱する。こうした発想の転換を彼は「希望の地理学」と呼ぶ。そうすることで、モンゴル国は中国とロシアをリンクする「陸をつなぐモンゴル（land-linking Mongolia）」として、繁栄できる可能性があるのだとボラグは主張する。

　ボラグの提起した「希望の地理学」という概念は魅力的である。希望の地理学とは、本稿で論じたモンゴル高原を含む内陸アジアが、かつて持っていた回廊性を再び獲得することだと言ってもさしつかえないだろう。しかし、地政学的なイマジネーションは、常に一国ではなく複数の国の間で生み出されるものであり、モンゴル一国の意思で現実化できるようなものでもない。折しも本稿を執筆中に、モンゴルのニュースサイトでロシアのプーチン大統領が中国と接続する高速鉄道の建設に関して「第三国を通過させない」、すなわちモンゴルを迂回すると発言したことが報道された［Batsuren 2015］。どうやら事は単純には動かないようだ。

　いずれにせよ本書が目指したのは、グローバル化の荒波の中で地下資源開発に翻弄されながらも、逞しく生きていこうとする遊牧民やその末裔たちの姿である。そして空間的に囲い込まれてしまった彼らが置かれている「環境」に対する影響を科学的に分析することであった。その目的に少しでも達しているのだとするならば、編者たちにとって望外の喜びである。

参考文献

［日本語文献］
岩田伸人 2009「モンゴルの資源開発に関わる一考察」『青山経営論集』第 44 巻第 3 号、pp.32-44.
エリアーデ、ミルチア（堀一郎訳）2004（1968）『シャーマニズム――古代的エクスタシー技術（下）』筑摩書房。
大江　宏 2013「モンゴルにおける鉱物資源開発と企業の環境対応――'戦略的鉱床'への現地調査を中心に」『アジア研究所紀要』(40)、149-179。
小長谷有紀 2003「生まれ変わる遊牧論――人と自然の新たな関係をもとめて」『科学』vol.73, No.5, pp.520-524。
小長谷有紀・シンジルト・中尾正義編 2005『中国の環境政策　生態移民――緑の大地、内モンゴルの砂漠化を防げるか？』昭和堂。
島村一平 2011『増殖するシャーマン――モンゴル・ブリヤートのシャーマニズムとエスニシティ』、春風社。

鈴木由紀夫 2013「鉱業と地下資源」、藤田昇・加藤聡史・草野栄一・幸田良介編『モンゴル――草原生態系ネットワークの崩壊と再生』京都大学学術出版会、pp.469-516。
棚瀬慈郎 2001『インドヒマラヤのチベット世界――「女神の園」の民族誌』明石書店。
林　俊雄 2000「草原世界の展開」小松久男編『中央ユーラシア史』山川出版社、pp.15-88。
ブレンサイン、ボルジギン 2003『近現代におけるモンゴル人農耕社会の形成』風間書房。
包宝柱 2013『中国少数民族地域における地下資源開発と地域社会の変動――内モンゴル自治区炭鉱都市ホーリンゴル市の建設過程を通して』滋賀県立大学大学院人間文化学研究科博士論文。
吉本　誠 2011「モンゴルにおける鉱物資源開発の現状について」関西学院大学『産研論集』38 号、pp.61-68。
前川　愛 2014「戦略的鉱床オユトルゴイ――国際企業とのかけひき」小長谷有紀・前川愛編著『現代モンゴルを知るための 50 章』明石書店、pp.115-120。
村上正二 1994『モンゴル帝国史研究』風間書房。
護　雅夫 1981a「遊牧国家の成立と発展」護雅夫・神田信夫編『北アジア史（新版）』山川出版社、pp.41-80。
―― 1981b「遊牧国家の『文明化』」護雅夫・神田信夫編『北アジア史（新版）』山川出版社、pp.81-134。

［英語・モンゴル語文献］
Bulag, Uradyn. E. 2010 *Collaborative Nationalism: The Politics of Friendship on China's Mongolian Frontier*. Rowman & Litterfield Pub. Inc.
High, Mette 2008 Wealth and Envy in the Mongolian Gold Mines. *Cambridge Anthropology* 27(3) pp.1-19
―― 2010 *Ayoltai Hishig* (Dangerous Fortunes: An Anthropological Study of the Mongolian Informal Gold Mining Economy). transl. by Bum-Ochir Dulam. Admon Press: Ulaanbaatar, Mongolia
――― 2013a Cosmologies of Freedom and Buddhist Self-Transformation in the Mongolian Gold Rush. *Journal of the Royal Anthropological Institute* 19(4): 753-770.
―― 2013b Polluted Money, Polluted Wealth: Emerging Regimes of Value in the Mongolian Gold Mines. *American Ethnologist* 40(4): 676-688.
Mönkh-Erdene, G. 2011 *Burzaij baina uu?-Ninja nar, tednii zokhion baiguulalt khiigeed am' zuulga*（儲けているか：ニンジャたちの生活とその組織）Ulaanbaatar: Meeting Point.
MUSG（Mogol Ulsyn Statistikiin Gazar、モンゴル国家統計局）2004 *"Mongol Uls zakh zeeld"statistikiin emkhetgel* ("Mongolia in a market system"statistical yearbook), Ulaanbaatar.
―― 2006 *Mongol Ulsyn emkhetgel 2005* (Mongolian statistical yearbook 2005), Ulaanbaatar.
―― 2013 *Mongol Ulsyn emkhetgel 2012* (Mongolian statistical yearbook 2012), Ulaanbaatar.
Sasada, T. Amartuvshin, Ch. Murakami,Y. Eregzen, G. Usuki, I Ishtseren, L. 2013 Iron smelting of Nomadic State "Hsiung-Nu"-the 2011's research report in the Khustyn Bulag Site, In B. Batsuren (ed.) *Khunnugiin ezent uls ba Mongolyn ertnii tuukhiin sudalgaa*（匈奴帝国とモンゴル古代史研究）Ulaanbaatar: MUShUATKh（モンゴル科学アカデミー歴史学研究所）pp.583-588.

［インターネット・サイト］
愛媛大学 2013「愛媛大学東アジア古代鉄研究所　第6回国際シンポジュウム『鉄と匈奴』聴講記録」http://www.infokkkna.com/ironroad/2013htm/iron9/1311kyoudo00.htm
Batsuren, T. 2015 Moskva-Beejing kholbokh tömör zam Mongol nutgaar dairakhgui（モスクワ- 北京の間を接続する鉄道はモンゴルを通らない）、Medee.mn.(2015.1.7) http://www.medee.mn/main.php?eid=57180

目　次

序にかえて　「草原と鉱石」という古くて新しい問題〔棚瀬慈郎、島村一平〕/　3

第1部　地下資源開発の歴史と社会変容——モンゴル　25

第1章　鉱物を捜し求めて——地質学をめぐるモンゴル‐ソ連共同調査の歴史と資料〔S. チョローン／島村一平訳〕/　27

第2章　モンゴルの「露わなる宝」——ウラン鉱山都市マルダイについての覚書〔グレゴリー・デラプラス／棚瀬慈郎訳〕/　39

第3章　衛星牧民——モンゴル・オユートルゴイ鉱山開発を巡る遊牧民の生存戦略〔G. ビャンバラクチャー／八木風輝、島村一平訳〕/　53

第4章　鉱山を渡り歩くシャーマン——モンゴルにおける地下資源開発と『依存的抵抗』としての宗教実践〔島村一平〕/　77

第2部　地下資源開発による環境への影響——モンゴル　109

第5章　モンゴル国の鉱山と自然環境〔Ch. ジャブザン／堀田あゆみ訳〕/　111

第6章　鉱山開発とヒトへの健康影響〔中澤　暦、永淵　修、岡野寛治〕/　133

第7章　砂金採掘産業の環境への影響——モンゴル・トゥブ県・ザーマル金鉱の事例から〔ゲレルトオド、厳網林、ジャンチブドルジ〕/　147

第8章　鉱山開発が河川の水質に及ぼす影響——オルホン川支流域における金採掘を事例として〔Ch. ジャブザンほか／堀田あゆみ訳〕/　164

第3部　資源開発にあらがうのか、適応するのか
　　　　——内モンゴルと青海チベット　181

第9章　内モンゴルの環境抗争運動〔ウチラルト〕/　183

第10章　鉱山開発にあらがう「防波堤村」の誕生——中国内モンゴル自治区ホーリンゴル炭鉱の事例から〔包宝柱〕/　205

第11章　誰のために何を守るのか？——中国の環境保護政策と青海省チベット族〔デンチョクジャブ〕/　243

第12章　草原を追われる遊牧民——中国青海省黄南チベット族自治州における生態移民、定住化プロジェクトについて〔ナムタルジャ〕/　260

第13章　公害、退耕還林、産児制限——中国青海省黄南チベット族自治州の村から見た現代中国〔棚瀬慈郎〕/　275

終　章　道と路道学——モンゴルのナショナルな地理を再想像するということ〔オラディン・E・ボラグ／島村一平訳〕/　291

あとがき/　305
執筆者紹介/　306

第1部
地下資源開発の歴史と社会変容
──モンゴル

第1章

鉱物を捜し求めて

——地質学をめぐるモンゴル - ソ連共同調査の歴史と資料

S. チョローン
島村一平訳

はじめに

　20世紀初頭よりモンゴル国は独立を回復した。その時、地政学的にも経済的にも中国から分離独立するために、モンゴルは北の隣国であるロシアを頼りにした。そしてモンゴルは、ロシアから援助を受けるために、政治的権益よりも彼らの経済的権益を満たすことを望んだ。1911年7月、ロシアから初めて送られてきた支援にかかる文書には、「ロシアからの支援がなされるならば、モンゴル側はモンゴルの地におけるロシア人の通商、鉄道の敷設、駅の建設、金・銀鉱山の開発に関する権利を与える」という提案がなされていた［Dendev 2012: 147］。これに対して、ロシア人も非常に関心を抱き、モンゴルを援助するようになったのである。

　当時、ロシア人はツァーリの勅令によってモンゴルの地において約80年間、地質学および経済状況にかかる調査を行っており、ある程度確かな情報を持っていた。モンゴルの鉱山や地下資源を利用しようとするロシア人の意志は、実に17世紀中葉まで遡ることができる。1648年、ロシア皇帝ミハイル・フョードロビッチはモンゴルの地に「銀鉱床」があるという情報を得るや、特使派遣の勅令を出した［Gol'man & Slesarchuk 1974: 315-319］。彼らは「銀鉱床」を探査したが、銀を見つけることはできなかった。しかし、このとき初めてシベリア横断鉄道

の前身となる道が切り開かれたのだった。この道は、現在もヨーロッパとアジアを結んでいる。

　このように 17 世紀中頃から、モンゴルにおける天然資源を利用するための探査事業が開始されたのであるが、19 世紀になるとこうした調査はさらに精力的に行われるようになった。とはいえ当時、清朝政府の監査や天然資源の価格、モンゴルの地域住民たちの反対といった問題が発生した結果、探査事業を大規模に行うことはできなかった。

　しかし 20 世紀中頃からソ連はモンゴル人民共和国に対して政治・経済的な影響を与えるようになり、両国の関係も深くなっていった。そうした中、ソ連はモンゴルの地質や天然資源に関して総合的に調査するため、かなり大規模な野外調査を開始したのだった。

　そこで本稿では、このような野外調査の作業内容、関係する政府決定、その成果などを述べた上で、さらにポスト共産主義期にいかなる影響をおよぼしたのか、論じていくものとする。この地質学調査は 1966 年から 1992 年まで続けられた。本論では、モンゴルにおけるこうした「地質学」調査の社会および歴史的役割を明らかにしていきたい。

第 1 節　ロシア人によるモンゴル人民共和国における地質学的鉱床調査：その理由と状況

　1921 年、モンゴル国において科学アカデミーが誕生した。そしてモンゴル語やモンゴル史以外に科学の様々な分野においてソ連科学アカデミーとの共同研究が始まった。

　モンゴル国の研究機関が 1924 年に出した研究目標において地質学や鉱床・天然資源をいかに調査するかという点に関して、以下のような指針が記録されている。

"Mongolyn uul gazar ankhnaas kherkhen togtoj bütsenii tüükh (geologi) ashig tus bükhii uurkhai züiliig shinjlekh ba kherkhen khaana delger khoms buig n' medne. Chukham yund khereglej bolokh esekhiig shinjlekh bögööd ene tukhai al' bolokhuits tusgaigaar güitsetgesügei khemeevees ur'daar khariyat orny uul gazar kherkhen togton bütseniig delgerengüi zurag üildej ish barimt bolgovoos zokhino." ⁽¹⁾

「モンゴルの山地がいかにして形成されたかという歴史（地質学）という学問は、利益をもたらすような鉱床に関して調査する。またどこにどれだけのものがあるのか、量の多寡を知る（ことを目的とする）。一体、何に利用することができるのか否かを調べるのであり、これについて、できるだけ個別に調査を実施するのならば、その前に国内に属する山地がいかにして形成されたかを綿密に地図を作成して基礎資料にするのが適切である」

それ以外にもウランバートル市近郊のナライハ鉱山の調査や、清朝時代から掘削が行われてきたテレルジの「エルデニーチョロー（宝石）」と呼ばれた高価な石の鉱床の再調査が、「国家経済にプラスになる」として企図された。しかし、モンゴルには十分な能力を備えた人材が不足しており、鉱山や天然資源についての知識も乏しかった。したがって主に諸外国の人々と協力して調査を行い、彼ら外国人の調査に同行して調査に加わるという目標が立てられたのである。

1923年、モンゴルに初めてアメリカから古生物学者R.C.アンダースが率いる大型の恐竜化石の発掘調査団が来た。興味深いことに、アンダースは「モンゴル南部および中央部の鉱物財産を調査することが目的である」ということでモンゴルから調査許可を得たのだった。

また当時は、現在使われている「資源（*bayalag*）」という用語の代わりに「財産（*khöröngö*）」という言葉が使用されていたことも興味深い。地質および天然資源にかかる外国とモンゴルの共同探査は、1922年、ソ連科学アカデミー地質学博物館中央アジア部長であったI.P.ラチコフスキーが率いる「西部モンゴルおよびトゥバ地域における全4部門合同調査」によって始められた。この調査のうちの一部門は、モンゴルの地表および地下資源の調査を主導した［Byulleten' MonTa 1922］。その後、I.P.ラチコフスキーはモンゴル国の地質学分野における5カ年計画を策定し、エリア設定を行った上で1923年よりエリア別に調

査を開始した。その主要目的は、地質構造を明らかにするほか、鉱石の所在を解明することにあった。彼は1925年にソ連科学アカデミーに送った報告書の中で以下のように述べている。

> 「この国を地質学的に調査することは、地下資源を把握する点で意義がある。地質学調査の組織化やリーダーシップをアメリカの学者の手に渡すことは、新しいモンゴル国家およびソビエト連邦の利害に一致するものではない」[2]

以上のように、彼らの根本的な目的を報告した上で、モンゴルを調査することは、後回しにできない「核心的なターゲットなのである」と結論づけた。ロシアの地質学者ラチコフスキーは5年の間、非常に精力的に調査に従事した。彼の調査について、ツェベーン・ジャムツラノーは「莫大な収穫をもたらした」[3]と評価した。その結果、ラチコフスキーは1929年からハンガイ山脈で調査をする計画を定め、20万1,000ルーブルの予算が組まれ5年間の共同調査の協定締結への準備をすすめた。彼はモンゴル調査委員会の事務局長の立場から、1929年10月10日、モンゴルと5年間の共同調査協定を締結した上で、調査の5カ年計画を策定し、エリア別の地質学調査を開始した[4]。この調査団は9部門の調査チームから構成されていた。興味深いことに、その中に民俗学・言語学のグループが入っていた[5]。この地質学調査団が派遣される地域について、現地住民の生活状況、習俗習慣、文化などについても記録がなされたのだった。

ロシア人たちはモンゴルの領土内で地質学および鉱山調査を行うということに

写真1　1929年の協定調印式。中央は、モンゴル典籍委員会（科学アカデミーの前身）委員長O.ジャミヤン。右はソ連モンゴル調査委員会委員長 I.P.ラチコフスキー。左はツェベーン・ジャムツラノー。［ロシア科学アカデミー・サンクトペテルブルグ支部所蔵］

関して、モンゴル国側に以下のように報告をした。

「（調査の）目的は、鉱床を探査する前に地質学的な概況を把握し、地質学地図を作成した上で、すべての有益な鉱山を精緻に記録することにある。そして特に現在発展しつつある工業部門で利用可能なすべての鉱山物質を探査することである」[6]

この報告は、前述のロシアの調査目的より一歩踏み出した内容となったようだ。当時、遂行されていた地質学調査の基本的な目的は「有益な地下資源の位置」[7]を正確に示した地質地図の作成であり、そこに注目を向けさせたのである。1935年「モンゴル調査委員会」のある文書には以下のようなことが書かれている。

「鉱床・鉱脈地図は、将来高価な地下資源になってくれるかどうかを示したものである。今後、上述の指標によって、すべての調査フィールドにおいて関心がもたれたのであった」［Ölziibaatar and Chuluun 2011: 178-179］

そして委員会は、専門家の育成、国家予算からの調査費の捻出、ソ連科学アカデミー地質学研究所に対する調査参加の要請といったことを要請した。これらのことは、モンゴル国領内における地質学・地下資源調査を今後拡大していくため、ロシア人が描いた基礎条件でもあった。

1935年、ロシア側はモンゴルで行われた5年の調査を総括し、議論を行った。この調査の枠組みの中で、モンゴル領内の金や卑金属などのほか、多くの種類の地下資源が発見された。ロシアは、こうした成果を「始

写真2　モンゴルにおけるソ連の地質学調査の様子（20世紀前半）。［モンゴル科学アカデミー所蔵］

写真3　砂金を採掘する人々（**1935年　バヤンホンゴル県**）。[モンゴル科学アカデミー歴史学研究書所蔵]

まったばかりである」と結論づけ、5年ではなく、数十年の探査が必要であるとした。金鉱床が新たに開かれたほか、金の大規模採掘や手掘り採掘に関して、また金の相場に関する問題が提議された。ナリーン・ハルガナタイ、モゴイ、ベルヘ、ホジョール、ボーラル、ツァガーン・ウズール、イヒ・アジル、ヨロー川、イヒ・バガ・ウルンテイといった鉱床の採掘が提案された。

また、水晶や卑金属の採掘や、フブスグル地域からの塊状の燐灰土の発見に関して、特記されている。その他、シェールガス貝石、黒鉛といった資源を利用するためにはソ連の支援が必要であるとも書かれてある。

地質学的探査事業は精力的に遂行されていたのであるが、突然中止された。調査団を派遣するための予算が捻出できなくなったのである。これは「大祖国戦争（第二次世界大戦）」と関係があると思われる。調査が再開されたのは、実に1950年代になってからのことである。

1946年、在ソ連モンゴル大使N.ヤダムジャブはソ連側に地質学共同探査事業の拡大のため「天然資源の埋蔵量を調査するために共同事業を復活させる」ことを提案［Chuluun 2011: 266］、1947年に両国間で協定が締結された。しかし具体的な探査事業は進展しなかった。そのかわりモンゴル人の若者が数人、地質学および地理学分野でソ連に留学した。こうしてモンゴルが自国で鉱山分野の専門家を養成するための基礎が築かれたのである。

その後まもない1960年代、モンゴルでは第3次5カ年計画が承認された。これは国家経済発展のための5カ年計画であった。モンゴル政府は、産業発展のための1つの重要な柱として鉱業および天然資源の開発に注目していた。したがって、「政府直属の地質学研究所の創設（1957年6月）」、「地質学・鉱業

省の設置（1958年）」、「鉱山資源利用の向上（1961年）」、「産業、地質学探査に関する常設の監査役をつけること（1964年）といった政府決定を出していった［Shirendev and Sanjdorj 1968: 661］。また1967年には「モンゴル人民共和国・国家功労鉱山開発者」という褒章を定めた［Bayarsaikhan 2008: 163］。こうしたことから鉱山分野に対する当時のモンゴル政府の取り組みの強さが窺い知れよう。

以上のことからわかるように、当時のモンゴル国政府は鉱山事業を発展させるため、専門的な探査や鉱山利用のための法的整備を行っていったのである。またモンゴルと再び大規模な鉱物探査を行えるのは、その経験や影響力においても、国際関係といった点においてもソ連の他に選択肢はなかった。

第2節　モンゴル・ソ連間における地質学・鉱山開発協同事業：友好関係と鉱床

モンゴルでは社会主義体制が完全に整い産業発展の基礎が築かれた頃、ソ連側は地質学・鉱山に関してモンゴルと共同調査事業を行うことが決定した。ソ連の地質学者たちは1967年から共同調査を開始したのであるが、実はそれ以前からチェコスロバキアの地質学者たちが綿密な調査を行っていた。

しかし、1966年鉱山開発省と科学アカデミーが共同して地質学研究所を設置すると、モンゴル領内で、再び地質学および地下資源調査を始めたのだった。モンゴルの研究者たちはこの時代を「モンゴルにおける地質学調査の中間期」と位置づけている［Tömörtogoo 2006: 9］。

最初の資源開発を決定づけた要件は、経済における工業化と天然資源の利用という目的であった。また当時のモンゴル科学アカデミー総裁B.シレンデブやソ連科学アカデミーの副総裁のA.P.ビノグラードフ、A.L.ヤンシンらによる支援のもとで探査事業は再開された。この両国間の共同調査隊は相当な規模のものであった。調査隊は、いくつかの部門に分かれて探査事業を推進したのであるが、その中には件の古生物学的調査も含まれていた。この事業は、モンゴルの地質学上のエリア設定、天然資源および地質の地図作成といった作業から始められた。モンゴルの研究者たちはその過程を1967～80年の初期段階、1980～90年に分けて考察することが一般的である。

写真4　シャリンゴル鉱山を訪問するソ連共産党の代表団（1966年2月1日）。[モンゴル科学アカデミー歴史学研究所蔵]

この時期におけるソ連の地質学調査は、ロシア人のみならずモンゴル人研究者にチームを作らせ調査に参加させていたという特徴がある。1940年代におけるモンゴル側からの参加者として、ソ連で鉱山学の教育を受けたB.ロブサンダンザンや、同じくソ連で大学を卒業したばかりの28歳の若き研究者トゥムルトゴーらがいた。ロシア側からはソ連科学アカデミーの副総裁になるまで上り詰めた著名な学者、A.L.ヤンシンが参加していた。調査団には、モンゴル側から作業員と研究者を含めて約50人が参加したのに対して、ソ連側からは約180人もの人々が参加していた。

ソ連の地質学調査隊の初期の成果として、モンゴルに10人を超える人材を生み出したことが挙げられる。彼らはソ連で学位を取得し、モンゴルにおいて鉱山学—地質学の専門家となっていった。しかし、彼らの調査を見てみると初期段階の調査は主にモンゴルの地質学的配置や地図の作成を行ったに過ぎなかった。

そうした中、この当時に発見された大型の鉱床として、今日のエルデネット銅山が挙げられよう。エルデネットは非常に関心が払われて調査が行われていた場所であった。実はエルデネット鉱床は、チェコスロバキアの学者が発見した。しかしソ連—モンゴルの二国間の「友好関係」の名のもとにチェコスロバキア人による調査は禁じられ、後からロシア人の地質学者が入ってきたのである。一応、ロシア人地質学者たちは名目上、モンゴルに公式に要請してから入ってきたのであるが。

ソ連の専門家たちで構成された通称「ミンク調査隊」[i]は、E.I. マルトヴィツキー隊長のもとで短期間ではあるが、詳細な調査を精力的に行った。具体的に言うならば、銅鉱石の埋蔵面積の確定、鉱山都市建設のための事前調査、工業化の可能性の調査、地質学地図の作成、エルデネット周辺地域の鉱物探査といった調査である [Ligden 1995: 14-15]。

写真5　エルデネット鉱山の開山式（1978年12月14日）。アルヒポフ・ソ連副首相（中央左）とツェデンバル・モンゴル人民大会議幹部会議長（中央右）［モンゴル科学アカデミー歴史学研究所所蔵］

1978年に「エルデネット銅山」が建設されるまで、ソ連の専門家たちがすべての技術的および経済的な調査を行ったものの、両国政府の間で何度も話し合いが行われていた。ソ連の指導者 L.I. ブレジネフはモンゴル訪問時にモンゴル国首相[ii]の Yu. ツェデンバルと会談し、ある程度地質学調査を進展させた後に鉱山建設を行うことに合意した。この計画に従って、鉱山の工場建設や労働者の宿舎の建設が行われた。そして1978年12月14日、公式に鉱山の操業が開始されたのである。地質学調査で中心的な役割を担ったのはソ連であったことから、エルデネット鉱山はソ連・モンゴルの合同経営となった。そして現在にいたるまで、ロシア連邦側が鉱山会社の株式の49％を所有していることに変わりはない。

ソ連は1970年代以降、エルデネット鉱山以外にもモンゴルで多くの鉱床探査を行った。その成果として、80種類以上の鉱物を含む1,200の鉱床の発見と 8,000以上の天然資源の鉱床の存在の確認が挙げられる［Enkhtüvshin, Ochir, and Chuluun 2011: 198］。具体的な例を出すならば、モシギア・ホッダグ、ハンボグ

ド、ハルザン・ブルゲッドテイ・ガザルのレアメタル鉱床がB.I. コヴェレンコ、N.V. ヴラーディキン、I.K. ヴォルチャンスカヤらによって開かれた。またアスガトの銀鉱床がA.A. ボリセンコ、V.I. レベーデフ、G.M. ツァーレワらによって、フブスグル県の燐鉱床はA.B. イーリン、N.S. ザイツェフ、D. ドルジナムジャーらによって発見された。さらにエルデネッティン・オボーとツァガーン・ソヴィラガの鉱床がB.I. ソチニコフ、A.P. ベルジーナ、M. ジャムスランらによって、東モンゴルのタングステン鉱床がG.F. イワノーワとT. トゥメンバヤルによって、蛍石の鉱床がF.Y. コリトフとJ. ルハムスレンらによって、それぞれ発見されたのだった［Enkhtuvshin, Ochir, and Chuluun 2011:198-199］。これらの調査結果に基づいてモンゴルの学者は、後に2010年、「モンゴル地下資源地図」を作成したのである。

　こうしたモンゴルの地下資源に関する広範な調査はソ連の学者によってリードされていたのであるが、モンゴル鉱山省とモンゴル科学アカデミーによっても監督がなされていた。また1967年から1992年までの25年間、非常に多くのモンゴルの若者たちがソ連に留学し地質学や鉱山学の分野で学位を取得した。そういうわけで、モンゴルで地質学・鉱山関係の仕事についている専門家の多くは、今も昔もソ連留学組なのである。

　モンゴル‐ソ連・地質学共同調査隊の全費用はソ連から捻出されていた。そして調査の年期報告書の執筆やラボにおける分析はすべてソ連の地で行われていた。野外調査はモンゴルで行われていたもののソ連側の専門家たちが主要な役割を占めていたのであった。

　事実、1974年の共同調査においてソ連側から198人が参加していた一方で、モンゴル側からは42人の参加者を数えるのみであった[8]。モンゴル側の研究者たちは毎年、冬に2〜3カ月間、報告書を書くためにソ連に赴いた。そうした中、ロシア人の指導によって相当数のモンゴル人学生がこの分野で学位を取得したのであった。

　1967〜92年期のソ連‐モンゴル地質学共同調査隊による調査は、モンゴルにおける地質や地形、天然資源に関する最新の技術と最大規模の集約的調査であった。この調査は多くの分野に分かれていたが、その中でも最大の成果は地下資源のデータベースを作成したことと鉱山学分野におけるモンゴル人専門家

を生み出したことであったと言えよう。

しかし、調査費用を捻出していたソ連は1990年頃から財政困難に陥り、調査を中断してしまった。その一方でモンゴル国は経済危機から抜け出すために天然資源を利用することに精力を注ぎ始めた。当時、かつて旧社会主義時代に地質学・鉱山学の分野で研究・マネージメントに関わっていた者の中から、モンゴルの政治の舞台に立つ人々が出てきたことも影響していたようだ。例えば、モンゴル国の初代大統領P.オチルバットは地質学の専門家であった。彼は1992年以降、「ゴールド・プロジェクト」を実施するにいたった。その結果、モンゴルに多くの金鉱山が切り開かれ、手掘り方式による金の掘削が人々の間で広がっていったのである。

おわりに

1960～80年代において、モンゴル国における地質学および地下資源の分野での調査事業は、以下のようにまとめることができる。

第一に、この調査事業は、基本的にモンゴル国による鉱山産業化政策の一環であったとともに「兄弟国の友好」という名の下でロシア人によって遂行された集約的調査であった。第二に、この調査事業は、天然資源にかかる総合データベースを作成した。第三に、地下資源を産業化させて利益を生み出すようにさせた。第四に、この調査事業は、モンゴル国において地質学および天然資源開発を独占し、かつ精力的に事業を推進した。

しかし現在、モンゴルで開発が始まった、あるいは開発が企図されている地下資源の鉱床に関する膨大な調査資料は、ロシアで保管されている。これらの資料を研究に利用したり、モンゴルの鉱山開発に利用したりする可能性は、今も変わらず開かれていない。

すなわち、モンゴル‐ソ連の地質学共同調査の成果として誕生した地質学の専門家たちがこの20年間、主要な役割を担い続けており、依然として彼らの影響力は強いままなのである。社会主義体制の頃、モンゴル国で行われた有名な共同調査隊の活動の実態は歴史学的に現在も明らかにされていない。また振り返って詳細に検討されてもいない。かつての地質学調査事業の隠された意義

や目的に関しても、未だにほとんど研究がなされていないのが実情である。現在、地下資源開発に関してモンゴル政府は多くの面でミスを犯している。そうした中、地下資源開発はモンゴルの自然環境や人々の生活習慣に悪影響を及ぼし続けている。

註（公文書館史料）
(1) Монгол улсын Үндэсний Төв Архив（モンゴル国立公文書館）. Ф.23, Д1, XH-48.
(2) СПб ОАРАН（ロシア科学アカデミー公文書館サンクトペテルブルグ支部）.Ф.339. Оп.1. Д-1. л.78-79.
(3) МУУТА（モンゴル国立公文書館）.Ф.23. XH-169. Хуудас. 42-43.
(4) МУУТА. Ф.23. Д.1. XH-164. хуудас. 47.
(5) МУУТА. Ф.23. Д.1. XH-256. Хуудас 9.
(6) МУУТА. Ф.23. Д.2. XH-4. хуудас.96.
(7) МУУТА. Ф.23. Д.2. XH-4. хуудас.96.
(8) МУУТА. Хөмрөг №23, данс № 2, XH № 709, хуудас 6-12.

訳　註
(i) この通称名は、帝政ロシアとソ連が連続した帝国主義的性格を持っていたことを象徴的に示しているようで、非常に興味深い。かつて帝政ロシアは先住民からミンクを略取するためにシベリアを侵略したのであり、こうした名称がソ連の鉱物探査隊に付けられていたのは偶然ではないだろう。
(ii) 原文ママ。ツェデンバルの首相在任期間は、1952 年〜 1974 年である。彼は、首相退任後、国家元首に相当する人民大会議幹部会議長を 1984 年まで務めている。

参考文献
Bayarsaikhan, B. et.al. (eds.) 2008 *Mongol Ulsyn Khuul' Togtoomjiin khögjiliin Tüükhen Toim*, Ulaanbaatar.（『モンゴル国の法制度に関する発展簡史』）
Byulleten' MonTa 1922 Byulleten' MonTa. 1922 g. 26 a vgsta. №. 25.
Ölziibaatar, D. and Chuluun, S. (eds.) 2011 *Mongol-Orosyn Shinjlekh Ukhaan, Soyolyn Khariltsaa: Arkhivyn Barimtyn Emkhetgel* (1921-1960), Ulaanbaatar.（『モンゴル - ロシア間における科学および文化の交流（1921 年〜 1960 年）：公文書館資料から』）
Dendev, L. (ed. by S. Chuluun) 2012 *Mongolyn Tovch Tüükh*, Ulaanbaatar.（『モンゴル簡史』）
Enkhtüvshin, B., Ochir, A., and Chuluun, S. (des.) 2011 *Mongol ulsyn Shinjlekh Ukhaany Akademi*,（『モンゴル科学アカデミー』）Ulaanbaatar.
Gol'man & Slesarchuk（eds.）1974 *Russko-Mongol'skoie Otnosheniya 1636-1654 : sbornik dokumentov*, Moskva.（『露モ関係史 1636 － 1658：資料集』）
Ligden, B. 1995 *Erdenet Uul Uurkhain Bayajuulakh Üildver*, Ulaanbaatar.（『エルデネット鉱山選鉱工場』）
Shirendev, B. and Sanjdorj, M. (eds.) 1968 *Bügd Nairamdakh Mongol Ard Ulsyn Tüükh 3-r Bot'*, Ulsyn Khevleliin khereg erkhlekh Khoroo: Ulaanbaatar.（『モンゴル人民共和国史 第三巻』、国立出版委員会：ウランバートル）
Tömörtogoo, O. (ed.) 2006 *Geologiin Shinjlekh Ukhaan, Bot '53*, Ulaanbaatar.（『地質科学53巻』）

第 2 章

モンゴルの「露わなる宝」

―――ウラン鉱山都市マルダイについての覚書

グレゴリー・デラプラス[1]
棚瀬慈郎訳

はじめに

　1989年10月、ソ連のグラスノスチの後を受けてモンゴルで「透明化（il tod）」政策が実施された時、政府は、ソ連及び中国国境に接する東部のドルノド州中部に秘密都市が存在することを公にした［Sanders 1989: 64］。その都市はマルダイと呼ばれ、モンゴル政府との秘密協定に従い、ロシアによって開発されたウラニウム鉱山に隣接して1989年に建設されたのであった。社会主義体制が崩壊したあと徐々に解放されるまで、その都市はモンゴル人には閉ざされ、ソビエトのあらゆる地方からやって来た、ソビエト国民のみが住んでいた[2]。当時の様子を知る人たちによれば、ロシア人（Oros）の労働者が鉱山で働き、店舗を営み、ロシア人の教師が子供たちに学校や幼稚園で教え、ロシア人の警官が町をパトロールしていたのである。およそ5万人がこのソビエトの秘密の飛び地に住み、モンゴル領内で働き、その地方に住む人々とは完全に隔絶された、完全にロシア的な環境で生活していた［ibid］。

　マルダイで採掘されたウラニウムは、地図には記載されていない鉄道によって、国境から500km離れたクラスノカメンスクへ直接運ばれた。したがってマルダイは、1990年代初頭にそこを訪れたオラディン・ボラクが強調したように、「モンゴルにおけるロシアの植民地的搾取の象徴」［Bulag 1998: 23］であっ

た。それは、独立国家であることを標榜してはいたものの、モンゴルが自国内においても完全な主権を持っていないことの具体的な証拠であった。マルダイは、モンゴルの人々には閉ざされ、ロシアの独占的な利益のためにロシア人によって開発されていたのである。

　しかし、最先端のロシアの設備を備え、ロシアの商品を供給されていたこの秘密都市の存在が明らかになったことは、その地方の人々に反感よりも興奮を引き起こしたようだ。実際は、党の幹部こそ時々そこに入ることが許されたものの、その町や商店は、モンゴル人の大部分には閉ざされたままであった。しかし、多くのモンゴル人たちがその町の周辺に住みつき、ロシア人相手にちょっとした商売をしたり、上等な設備の一部を試したり、手に入れようとしていた。当時のマルダイを訪れたことのあるモンゴル人は、そこの商店で、モスクワで最新流行している服や、ウランバートルでも入手できない品物が売られていたことを覚えている。砂漠のただ中にあって果物をもたらす果樹園、スイミングプール、充実した設備を誇るスポーツ・ジム。これら全てがモンゴル人たちに対して誇示され、同時に拒絶されていた。1995 年、ロシア政府は遂に鉱山を閉じることを決定し、その 3 年後には全ての労働者を本国に帰還させることになった［Nuclear Energy Agency 1997: 246］。その町の全人口がほとんど一夜にしていなくなり、周りに住みついていたモンゴル人たちが突然取り残されたことは、今でも人々の記憶に鮮やかに残っている。

　その都市が空っぽになるや、全ての金属部品の徹底的な解体が始まった。

写真 1　マルダイの廃墟となったアパート群

1990 年代はモンゴルにとって経済的な苦境の時代であり、国境にいる中国人商人たちは、鉄をよい値段で買い付けていた。街灯の支柱や、あらゆる種類のレール、さらには建物の鉄骨までもがはぎ取られていった。間もなく、町は単なる廃墟と化

した。

　私は2009年の夏に、未だ美しい町であった頃の記憶を留めているマルダイを訪れ、自分で眺める機会を得た。さらに、その町のかつての姿を知り、それが崩壊してゆく全プロセスを知っている男に会うことができた。またマルダイを訪れたことがあり、現在の町の状況に何がしかの感情を抱いている人々に会うこともできた。この町の無比の歴史と、とりわけモンゴル人によるその破壊を考察するために、これらのマルダイに関する記憶を利用したい。

　実際、マルダイはエスノグラファーにとってはある種の謎である。廃墟として、それはAnn Stoler［2008］がいう所の「帝国の残滓（imperial debris）」を思いおこさせる。このウラン鉱山の廃墟は、鉱石の採取と国境を越えたその持ち出しという、未だモンゴルの地で行われている破壊のイメージを喚起する。この、荒廃の状態としての廃墟（ruin）と、進行しているプロセスとしての廃墟化（ruination）の結合こそ、Stolerにとっての「帝国の残滓」を意味する。Stolerにとって廃墟は、遺棄物や破壊された建物だけではなく、「帝国の余震（aftershock of empire）」であり、また「構造物や、感情、物の物質的及び社会的な余生」である［Stoler 2008: 194］。「問題は、いかに帝国主義的編成が物質的な残滓の中で、すなわち廃墟となった風景及び人々の生活の廃墟化の中で存続してゆくかということである」［ibid.］。

　しかしながら、マルダイは帝国の残滓、あるいはポストコロニアルな廃墟化の象徴に見えるものの、私が話すことのできたモンゴル人たちは明らかにそう捉えてはいない。人々は、秘密のウラン採掘と、それを可能とした権力構造を嫌悪するというよりも、むしろこの、略奪されるがままの町を引き継ぐことから得られる利益に関心を抱いている。勿論それは、モンゴルの人々が、自分たちの被った搾取のプロセスに無関心で、自ら進んでその国土を何トンかの鉄のスクラップと引き換えているということを意味するわけではない。

　モンゴルにおいてはポストコロニアルな廃墟と廃墟化の問題と共に、ウラニウム採掘の問題もまた非常に微妙な事柄である。人々は、マルダイ鉱山が操業を始めてから認められるようになった家畜の奇形について必ず言及する。さらに国家レベルでは、数年前に日本の核廃棄物のモンゴルへの埋設の可能性について、フランスの原子力産業複合企業であるアレバが計画を発表したあとで、

その調査活動が環境運動家たち（特に Gal Ündesten）から強い抵抗を受け、激しい論争が繰り広げられたこともある。

明らかにモンゴルには帝国の残滓が存在するのだが、それを検討するためには、別の種類の外国人、すなわち清朝末期の中国人商人の存在を考慮に入れねばならない。別に論じたように［Delaplace 2010, 2012］、ウランバートルに住むモンゴル人の間には、最近になるまで、20世紀初めの中国人商人の財産を隠した穴蔵の周りをうろついている、幽霊に関する物語が存在した。その穴蔵と、そこをうろついている幽霊こそが、Stoler の描く所の帝国の残滓そのものであろう。それらはまさに、有毒な影響を発し続けている植民地主義の痕跡（vestige）である。

それならば、なぜマルダイは地元の人々から嫌悪され、あるいは怒りの対象とならないのであろう？　マルダイは、中国人の穴蔵とは違って、モンゴル人にとっては廃墟ではないのだろうか？　私はここで、モンゴルにおける外国の存在の持つ物質性が大きな役割を果たしていると論じたい。「中国人（*Hyatad* あるいは侮蔑的に *Hujaa* と呼ばれる）」は全てを地下に埋蔵するがゆえに軽蔑される一方で、「ロシア人（*Oros*）」はその存在をはっきりとあとに残すがゆえに賞賛されるのである。

廃墟としてのマルダイ、という観念自体を問題とすることによって、それが実際はどのような種類の痕跡であるかを描きだしてみたい。そして結論としては、モンゴル人にとってマルダイは、廃墟というよりは「露わなる宝（open air treasure）」であることを論じてみたい。

第1節　マルダイの歴史

モンゴルにおけるウラニウム探索は第二次世界大戦の後で始まり、1945年から1960年の間にいくつかの鉱床が発見された。1970年から1990年にかけて相互協定が締結され、ソビエトの地質省からモンゴルの地下資源を探索するための調査団が派遣された。それによってモンゴルの国土の70%が探索され、4つの鉱床が確認された。その中に東部の Mongol Priargun がある［Nuclear Energy Agency 1997: 240］。1997年には、ウラニウム鉱床がマルダイ川の岸辺で発

見され、モンゴルの領内においてソビエトが開発を進めるための秘密協定が締結された［Mays 1998］。

　1981年、マルダイに鉱山が作られ、それと共に鉱山を支える設備が建設された。鉱山は「エルデス」と呼ばれ、Priargunsky Mining and Chemical Worksの準合同企業体として操業したが、それはまたソビエト原子力省の下位機関であった。エルデスが所属している合同企業体の本社はクラスノカメンスクにあった［ibid.］。マルダイから採掘されたウラニウムは直接クラスノカメンスクに運ばれ、そこで精製された。その間には鉄道が設けられ、2つの鉱山都市は、国境を跨いで結ばれた。しかしながら、その鉄道も町も、ごく最近になるまで地図上では存在しないことになっていた。

　ウラニウムの生産は1988年に開始されたが、皮肉にもそれから1年も経たぬうちに、マルダイの存在は公にされた。しかし生産は1995年まで続き、1年あたり10万トンの鉱石が採掘された。それは精製されると100トンのウラニウムとなる［Nuclear Energy Agency 1997: 240］。

　その頃までに、居住地は完全なロシアの都市に変貌してゆき、隣接するブリヤート自治共和国を含む、ソ連の全ての地域から来た労働者たちが居住した。興味深いことに、マルダイの秘密性と、外部との接触を非常に厳格に制限したことによって、ブリヤート人というエスニックなカテゴリーの内部に明確な区別が設けられた。つまり、ブリヤート自治ソビエト社会主義共和国出身の、ロシア語のみを話すブリヤート人は当初から居住を認められ、その恩恵を享受する一方で、マルダイ周辺のドルノド県に住むブリヤート人は、たとえモンゴル語とロシア語を話すことができても居住が認められなかったのである。

　マルダイは、当時のモンゴルの都市のどこよりもはるかに恵まれた環境を備えていた。道路に街路樹が植えられているのは勿論、町の中心部には他のロシアの町と同じく社交クラブがあった。ソビエト出身のかつての居住者は、商店にずらりと並べられた商品の中には、彼らがその故郷では手に入れることのできないものもあったことを記憶している［http://www.maxpey.narod.ru/mongol.html］。さらに幼稚園や充実した設備の学校、サッカーのグラウンドやアイスホッケーの施設もあり、夏と冬にはスポーツ大会が開かれた［ibid.］。観覧車も設置され、上空から町とその周辺を見渡すことができた［島村一平から個人的に得た情報によ

写真2　観覧車

る］。

　1990年の初頭以来、町は全く異なった仕方で用いられるようになった。すなわち鉄がモンゴル人居住者によってはぎ取られ、国境において中国人の卸売業者に売られたのである。鉱山のための都市は、皮肉なことにそれ自体が鉱山となった。あらゆる金属部品は勿論、建物の鉄骨や、道路用の鉄のフレームまでもがはぎ取られ、地中からは、鉛を得るためにパイプが取り出され、電線はその銅のために抜き出された。

　ロシア人が去った後、鉄をとるために残った数家族のみを残して、残りの家族はそこから出ていった。今日では、10軒余りの家族が少なくとも季節的にそこに住んで、鉄を集めて中国国境でそれを売っている。インタビューによれば、彼らは集めた鉄をブローカーに売り、ブローカーはまた中国人バイヤーにそれを売って大きな利益を上げていた。噂によれば、今日非常に豊かになっている人の中には、1990年代の終わり頃こうやって財を築いた者もいるとのことである。モンゴル国自身も、マルダイ周辺のレールを取りはずして自国の鉄道網に用いることによって、町のスクラップ化に手を貸したのである。

　マルダイは、新しい会社によるその再開発の計画が発表されることによって、最近また耳目を集めることとなった［Urantogos 2010］。その会社は Central Asian Uranium Company と呼ばれ、旧来の所有者であるロシアの Priargunsky Mining and Chemical Works、モンゴル政府（Mongol Erdene と呼ばれる小さな会社を通じてだが）及び WM Mining というカナダの会社によって共同所有されていた。WM mining は、後にその権利を Khan という名で知られる World Wide Minerals Ltd. に売った［Mays 1998, Wu 1999: 154］。新聞は、かつてモンゴルとソビエト政府の間に結ばれた、不透明な協定に由来する鉱山の権利の性質に関心をもった。モ

ンゴルの資源を、不平等な形で外国に開発させる過ちを繰り返してはならないと政治家に呼びかけるジャーナリストもいた。人々は、ウラニウム鉱山の再開発が行われれば、マルダイも再建されるであろうと想像した。そして、ロシア人自身がこの再建に参加するかもしれないという事実は、私が話すことのできた人々にとっては極めて皮肉なことのように思われた。この点に関してはあとでまた述べる。

第2節　マルダイの記憶：禁じられたモダニティの孤島

　破壊以前のマルダイを知っているモンゴル人は、その町のことを興奮、というよりも殆ど熱狂をもって思い出す。その興奮は、町が長い間隔絶されており、その存在が明らかになるや破壊しつくされてしまったということにもよる。その事実はマルダイを、噂によってのみ知られ、ソビエトの威光によって覆われた一種の神話にした。マルダイは、人々の記憶の中でファンタジーと結びついて、社会主義的なモダニティの原型となったのである。

　Morten Pedersen はモンゴル北部のダルハド地方の仏教寺院を巡る言説について考察し、「人々は、自分が見たことのない存在をいかに記憶しているのか？」という問いをたてている［Pedersen 2010: 245］。Lars Højer［2009］の議論を受けて、Pedersen は「宗教的なものの喪失から生じうる、特殊なオカルト的効果の増幅」について強調している［Pedersen 2010: 246］。彼は、ダルハド地方の殆ど全ての仏教寺院が破壊されたことが、いかにダルハド仏教の勢力と威光について、人々の想像力をかき立てることになったかについて論じている。Pedersen は、1930年代の破壊の前に、僧院から運び出された黄金のタラ女神像に焦点を当て、それにまつわる多くの伝説について述べている。「ダルハド仏教が凝縮されたもの」［Pedersen 2010: 254］であるその像は、今や人々が心に抱く「バーチャルな寺院」［Pedersen 2010: 254］の物質的な繋留点なのである。

　マルダイの廃墟も同様な役割を果たしていると言えよう。社会主義的イデオロギーと、ソビエト的な生活の凝縮物として、その町は「モダニティを奉じるバーチャルな寺院」の物質的基盤となっている。以下に述べることは、Pedersen の議論や、記憶のための技術について論じている人類学者（例えば Severi

2007) が提唱していることを確認するものである。すなわち、記憶を刺激するのは、不在というよりも、最後に残されたものの鮮やかさ (salience) [3] であるということだ。最後に残されたものは想像力と記憶を刺激し、間隙を埋め、見えざるフレームワークを呼び出す。その中で、孤立した痕跡は再び意味を持つようになる。

　2009年の夏、私がマルダイへ日帰り旅行をした時、幸運にもトゥグスーという男と知り合うことができた。現在彼は30代であるが、1990年代の初め、初めて町が外部に開かれた時には10代であった。彼はしばしば、そこに家族と共に住んでいた兄弟に会いに出かけ、夏には、例えば牛乳を売るといったロシア人相手のちょっとした仕事をしていた。1998年以降、ロシア人たちが去った後は進んで鉄を扱った。

　トゥグスーのマルダイについての記憶は、自分自身がその破壊に参加したという事実にもかかわらず感傷的なものである。かつては中央広場であり、現在は鉄を扱うマーケットとして使われている場所についてちょっと話した後で、彼は我々を連れて町を一周した。彼の記憶は町に生命を吹き込むものであった。彼は労働者たちが住んでいた高層ビルを示し、労働者の送り迎えをしていたバスについて語った [4]。高層建築の裏手には数階建ての幼稚園があり、花柄の壁紙が廃墟となった建物の壁に未だに残っているのが見て取れた。少し向こうにある、つい数年前まで使われていたスイミングプールの半壊した壁には、青いタイルが貼られていた。モンゴルの乾燥したステップのただ中に、スイミングプールが存在すること自体信じがたいが。トゥグスーは、眼前に広がるものの細部を示すことによって、そこに住んでいた人々の生活を描くことによって、そして、この草原のただ中にある施設を我々に印象づけることによって廃墟を変形したのだ。町の外で、トゥグスーは空地のような場所を示して、そこがかつては空港であり、首都のウランバートルでも現在着陸できないような航空機が着陸していたと言った。しかし現在のそこは単に埃っぽい、周りと区別できない場所であった。

　注目すべきは、トゥグスーの記憶の正確さであり、また実際は、彼が記憶を美化しているということである。これらの廃墟は、非常に鮮やかな彼の記憶と結びついている。我々が町に滞在している間、彼はそこをモダニティの孤島と

第 2 章　モンゴルの「露わなる宝」　　47

して、現在のウランバートルも比肩できないような豊かな設備を備えた町として、数時間にわたって熱心に賞賛した。

　現在のモンゴルで、共産党時代や、特にロシア人の存在をノスタルジックに思い出す人は少なくない(5)。しかし、私がインタビューした人々は、マルダイをノスタルジーをもって思い出すわけではない。ノスタルジーは失われてしまったものへの感傷である一方、マルダイは最後まで、そしてその破壊の時までロシアの町であった。そのすばらしい環境は、すでに述べたように党の幹部以外はロシア人専用のものであった。さらに、マルダイはモダニティのみに結びついていたわけではなく、ウラニウムの危険性も伴っていた。汚染された草を食べることによって、奇形の家畜が生まれたという噂は現在も流布している。人々の心には現在も、その町に近づきすぎれば撃たれるという、より直接的な恐怖心が存在する。Uradyn Bulag が記したように「マルダイの上空は鳥も飛べない」［Bulag 1998: 23］のであった。したがって、マルダイと結びついているのは、ロシアの他の存在がかき立てるようなノスタルジアというよりも、怖れ、あるいは興奮と結びついた怖れ、つまりは畏怖の念なのである。

第 3 節　マルダイの記憶：「そこはチェチェンのようになった」

　しかし、かつてそこに住んでいたロシアの人びと(6)は強いノスタルジアを感じている。彼らのうちの何人かは 15 年以上もそこに住み、そして殆ど一夜にして去らねばならなかった。ロシア住民は町を離れることを大変嫌がったと伝えられている。トゥグスーによれば、彼らはその故郷で、ロシアン・マフィアの餌食になりやすかったといわれる。15 年間も恵まれた外地勤務手当をもらっていたため、彼らは金持ちであると見なされていたばかりではなく、自分の身を守ることが困難だったのである。インターネットは、特にその画像共有ソフトウェアとマッピング・ソフトウェア（Panoramio と Google Earth のような）によって、私たちに以前の住民の証言をもたらしてくれる。彼らは自分が持っている写真を掲載し、他の人の写真にコメントを付ける。中心広場や社交クラブ、学校の写真などは、そこで学生や労働者として過ごしたことのある人々の気持ちをかき立て、多くのコメントが寄せられた。

「ラモン：私の愛する学校！」

「セル・テレホフ：私はこの学校の建物の下で、最も優雅な時間を過ごした。この村と周辺の写真を交換したい。私のアドレスは……」

「エレナ：最高の学校。今の状態を見るのはつらい。全てを元に戻したい。なんて悲しい」[7]

このノスタルジアは、もし以前の住民が町に戻ってきてその有様を見たならば、悲しみに変わるだろう。トゥグスーは、1999年の秋、町を出てからわずか1年後に訪れたブリヤート人の親方が、涙を流していたことを覚えている。親方は、あたかも町は戦争で破壊されたかのように、「まるでチェチェンのようになってしまった！」と嘆いていたという。その比較は興味深い。なぜなら第一に、たとえブリヤートの出身であっても、ロシアからの移住者がその地域をロシアの一部とみなしており、モンゴルを潜在的には危険な植民地であると考えていたことを示すからだ[8]。しかしそれはまた、マルダイの破壊が、ロシア住民にとって、またブリヤート人にとっても戦争と比すべき暴力的な行為とみなされていることを示す。

興味深いことに、「戦場」のイメージはあるカナダ人（おそらく）の訪問者によっても想起されている。彼はウェッブサイトで共有されている写真（http://www.pbase.com/buznsarah/mardai）について、その町がこんなにひどい状態であるのを眺めるのは、非常に残念であり、「外部の力によって破壊がなされる戦場とは異なり、ここでは内部の力によって破壊されたのだ」と述べた。この自信たっぷりのコメントが、マルダイをモンゴ

写真3　「廃墟」となったマルダイ

ル「内部の」存在としてはっきり断定しているのには驚かされるし、実際何件かの怒りのコメントがモンゴル人（多分）ユーザーから寄せられもした。しかし、この印象は、親方のそれと同じく、彼らの当惑を意味する。それほど大きくモダンな都市が、なぜそこまで徹底的に破壊されたのであろうか？　いかなる種類の暴力が存在し、そしてそれはどこに向かってなされたのであろう？

　地元の住民たちは、その責任を他者に押しつけるわけでもなく、無責任で恥知らずな強奪者を非難するわけでもない。さらに、その町の解体にはいかなる攻撃性も結びついておらず、またその破壊はモンゴル人によるロシア人への復讐であるというような思いもない。我々は、すでに自身が町の荒廃に積極的に関わったトゥグスーが、その町についての記憶を美化していることを見てきた。マルダイの破壊は、過去を消去し、モンゴルの国土を回復するために行われたものではない。言い換えれば、マルダイの破壊を抹消のプロセスとして理解することは過ちであろう。

　一方、町全体が地元の住民のなすがままにされたことは、ロシアの偉大さと気前の良さを示す証拠とされた。これは、中国人に対する感情とは鮮やかなコントラストをなすものである。そのことは、県都であるチョイバルサンの住人で、かつて一度マルダイへ行ったことがあり、今またこの再訪を喜んでいるように見える我々のドライバーも明らかにしている。町の残骸を眺め、かつての用途についての長い会話の後で、彼は考え深げに「少なくともロシア人は俺たちに何かを残してくれた。だが中国人は全てを地面の下に埋めてしまったんだ」といった。その意見に、トゥグスーは完全に同意した。

第4節　露わなる宝

　外国からの訪問者や、以前の住民の見解とは反対に、トゥグスーや他のマルダイ周辺に住んでいるモンゴル人はマルダイを廃墟とは考えていない。草原のただ中にあるモダニティの宝石として美化されることによって、マルダイは廃墟とは反対のもの、むしろ財宝に近いものとされている。より正確に言えば、モンゴルの風景の中に存在するモンゴル人が「宝（*erdenii züil*）」と呼ぶものに似ている。

Morten Pedersen は、1990 年代の終わりにモンゴル北部で行ったフィールドワークの中で、ダルハドの人々がしばしば「宝」について語るのに気がついた［Pedersen 2013］。それは旅人（典型的には猟師）が残したものであったり、空から降って来た神聖なものであったり、胃結石であったり、雷に打たれたものであったりする。それらは一種の全体性を備えた存在であり、そして Pedersen によれば、本来関係的である風景に開いた穴である。例えば石塚（ovoo）を例に挙げれば、牧民はそれを通して周辺の山に住む地主神と関係を結ぶ。しかし牧民は、「宝」には非関係的な実体として対応する。シャーマンは「宝」とそのパワーを利用するかもしれないが、それによって「宝」が変質することはなく、元来備えていた全体性を保つのである。Pedersen によれば、「宝」は、通常なら関係的な性格によって定義された風景［Humphrey 1995］の中での非関係的な空間であり、「自然の中の孤島」である。

　モダニティの孤島として、不動の全体性として、富の集積点として、危険で強力な実体として、すでに完成した実体としてマルダイは見出され、いかにスクラップ化が進行しようとも、それは人々の心の中に完全な姿のままで留まる。トゥグスーをはじめ私がドルノドで話した誰も、マルダイに関して「宝」という言葉を用いた者はいないが、その限りでマルダイは「宝」として廃墟とは対極的な存在となっている。我々のドライバーが感慨深く語ったように、マルダイはその「露わである（il）」状態において、中国人の穴蔵の「隠されている（dald）」状態と対立するものである。つまり植民地的な痕跡に関して、その状態が露わであるか隠されているかということは、それが宝なのか廃墟なのかということを決定すると考えられる。西洋の民俗的な主題としては、廃墟は地上に存在し、宝は地下に眠っているのに対して、モンゴル人は、「宝」は地上に露わになっているべきものと考え、それが埋蔵されて廃墟になってしまうことを怖れるのである。

註
（1）　この研究のため 2009 年に行った調査は、Isaac Newton Trust と、the Mongolia & Inner Asia Studies Unit の寛大な援助を受けて行われた。本論文自体は、マルダイを訪れることを勧めてくれた Caroline Humphrey のアドヴァイスがなければそもそも書かれることはなかった。さらに内容についても、フィールドワークの前後になされた彼女との議論より多くの裨益する所があった。ここで提示した材料については、

Batchimeg Sambalkhundev に多くを負っている。彼女はフィールドワーク中、私を大いに助け、さらにインターネットで付加的な情報を探索してくれた。最後に、Uradyn Bulag、Ippei Shimamura、Franck Billé 及び Alice Doublier に、その洞察に満ちたコメントと、有益な意見に対する感謝の意を表したい。
(2) マルダイでの少年時代の思い出に捧げたウェブページ（http://maxpey.narod.ru/mongol.html）を作成した以前の住人は、「人々はソビエトのあらゆる地方、すなわちベラルーシ、ウクライナ、モスクワ、サンクト・ペテルスブルグ、キルギス、グルジア、カザフスタン、ウズベキスタンなどから来ていた。つまり、居住地は完全にコスモポリタンな性格を有していた」と記している（S.Batchimeg のロシア語からの翻訳による）。また近隣の住民の記憶によれば、ブリヤート自治ソビエト社会主義共和国出身のブリヤート・モンゴル人も居住していた。
(3) Carlo Severi（2007）は、記憶の技術として、通文化的によく用いられる 2 つの原理について強調している。1 つは鮮やかさの原理（重要な構成要素が選び出さされ、他のものは元のまま残されるか、背景に置かれる）であり、もう 1 つは秩序の原理（選ばれた構成要素が整序される）である。マルダイが地元住民の間で記憶されていることに関して、この 2 番目の原理がどのような形で適応されているかは明らかではない。
(4) 以前の住民によれば、町では個人所有の車の使用は許されなかった。大抵の人は、公共交通機関が利用できない場合は自転車を用いた (http://maxpey.narod.ru/mongol.html)。
(5) さらに重要なことは、自らの経験としてはこの時代のことを知らない若い世代もノシタルジアを感じることだ。ここでも再び「人々は、自分が見たことのない存在をいかに記憶しているのか？」（Pedersen 2010: 245）ということが問題となる。
(6) ここでの「ロシア人」には、ブリヤート自治ソビエト社会主義共和国出身のブリヤート人が含まれる。すでに述べたように、彼らは地元のブリヤート人とは明確に区別されており、マルダイでは特別扱いされて、しばしばロシア語のみを用いた。モンゴル人（ハルハであろうともブリヤートであろうとも）がマルダイのロシア人について語るとき、通常ブリヤート人と他のロシア国籍の者は区別されない。
(7) 画像共有サイト Panoramio を通じて Google Earth 上に掲載された、マルダイの学校の写真に寄せられたコメント（http://www.panoramio.com/photo/14413674）。S.Batchimeg のロシア語からの翻訳による。
(8) モンゴルは名目上常にソビエトから独立していたが、モンゴルを支配してきた共産党（モンゴル人民革命党）はソビエト共産党に完全に服従しており、モンゴルは事実上ソビエトの植民地であった。当時のロシアでは、人々の間ではっきりと「鶏は鳥ではなく、モンゴルは外国ではない」といわれていた [Sneath 2003: 40 よりの引用]。

参考文献

Bulag, Uradyn E. 1998 *Nationalism and Hybridity in Mongolia*. Oxford: Clarendon Press.
Delaplace, Gregory 2009 *L'Invention des morts. Sépultures, fantômes et photographie en Mongolie contemporaine*. Paris: EMSCAT (Nord-Asie 1).
—— 2010 Chinese ghosts in Mongolia. *Inner Asia* 12/1: 111-138.
—— 2012 "Parasitic Chinese, Revengeful Russians. Ghosts, strangers and reciprocity in Mongolia", *Journal of the Royal Anthropological Institute* 18/s1: s131-s144.
Højer, Lars 2009 Absent Powers: Magic and loss in post-socialist Mongolia. *Journal of the Royal Anthropological Institute* 15/3: 575-91.

Humphrey, Caroline 1995 Chiefly and shamanist landscapes in Mongolia. In Hirsch Eric & Michael O'Hanlon (eds.): *The anthropology of landscape: Perspectives on place and space*, Oxford: Clarendon Press, 1995, pp.135-162.

Kaplonski, Christopher 2008 Prelude to Violence. Show Trials and State Power in 1930s Mongolia. *American Ethnologist* 35/2: 321-337.

Legrain, Laurent 2007 Au bon vieux temps de la coop?rative: A propos de la nostalgie dans un district rural de la Mongolie contemporaine. *Civilisations* 56: 103-120.

Mays, Wallace 1998 The Dornod Uranium Project in Mongolia. The Uranium Institute Twenty Third Annual International Symposium 1998. http://www.world-nuclear.org/sym/1998/mays.htm

Nuclear Energy Agency 1997 *Uranium Resources, Production and Demand 1997*. OECD.

Pedersen, Morten Axel 2010 The Virtual Temple: The Power of Relics in Darhad Mongolian Buddhism. In I. Charleux, G. Delaplace, R. Hamayon and S. Pearce (eds.) *Representing Power in Modern Inner Asia: Conventions, Alternatives and Oppositions*: 245-258. Bellingham: Western Washington University.

—— 2013 Islands of Nature. Insular objects and frozen spirits in Northern Mongolia, in K. Hastrup (ed.) *Anthropology and nature*. Oxford: Routledge.

Rupen, Robert 1979 *How Mongolia is Really Ruled. A Political History of the Mongolian People's Republic, 1900-1978*. Stanford: Hoover Institution Press (Histories of Ruling Communist Parties).

Sanders, Alan 1989 Mongolia in 1989: Year of adjustment. *Asian Survey* 30/1: 59-66.

Severi, Carlo 2007 *Le principe de la chimère. Une anthropologie de la mémoire*. Paris: Editions Rue d'Ulm. Presses de l'Ecole Normale Supérieure.

Sneath, David 2003 Lost in the Post. Technologies of Imagination, and the Soviet Legacy in Post-Socialist Mongolia. *Inner Asia* 5: 39-52.

Stoler, Ann L 2008 Imperial Debris: Reflections on ruins and ruination. *Cultural Anthropology* 23/2: 191-219 (Special issue Imperial Debris).

Urantogos, O. 2010 "Mardain ord 'am' orj' ehellee" (Mardai's deposit is starting to revive), www.sonin.mn (www.sonin.mn/2010/02/23/), published on 23 February.

Wu, John C. 1999 'The Mineral Industry of Mongolia', in *U.S. Geological Survey Minerals Yearbook*, p.15.1-15.5.

第 3 章

衛星牧民

――モンゴル・オユートルゴイ鉱山開発を巡る遊牧民の生存戦略

G. ビャンバラクチャー
八木風輝、島村一平訳

はじめに

　モンゴル国における鉱山開発の歴史は、1960 年代からの地下資源探査によって始まった。そして 1990 年代末には、全国レベルの地下資源探査が終了し、その埋蔵量の推定が終了した。本稿の対象となる「オユートルゴイ銅・金鉱山」は南ゴビ県ハンボグド郡のジャヴハラント地区に位置する。ハンボグド郡の郡センターから南西45kmのところに位置し、面積は約 80ha の広さを持つ。オユートルゴイ鉱山は 2004 年に建設が始まり、工場が完成し操業が開始されたのは 2012 年の秋のことである。
　現在、モンゴル国の経済は、鉱業に支えられて急速に発展しており、この原動力は今後も続いていくと見られている。こうした鉱業部門に支えられた経済発展は、モンゴル国民の生活水準や社会福祉を改善する上で好条件になるとされる一方で、社会的な対立や矛盾が表面化してきている［Gunchinsuren and Chuluun 2011: 6］。オユートルゴイ鉱山にとっても、どのようにこれらの社会的問題を解決し、悪影響を最小限にとどめるのかが重要になってきている。ハンボグド郡の鉱山開発エリアで生活を営む地元住民や遊牧民たちの暮らしも生活環境や社会変容によって少なからず困難に直面している。とりわけ鉱山が位置するジャヴハラント区と隣接するガビロート区の遊牧民にとって、早急の解決を要

するような問題が起きている。例えば、遊牧にとっての環境的条件である牧草地の減少や生活用水の不足といった問題であり、現地の牧民社会を大きく揺るがしている。

そこで本稿は、モンゴルを代表する鉱山であるオユートルゴイ鉱山を事例に鉱山開発によって引き起こされた地元住民の暮らしに関する以下の3つの問題について論ずるものとする。

第一に、家族関係に発生した変化とその過程である。第二に、遊牧民と鉱山開発によってもたらされた喫緊の課題についてである。具体的に言うならば、伝統的な牧草地利用の形態がどのように変化しているか、そして放牧方法の伝統が現代的状況および鉱山開発によってどのように変化しているか、さらにそうした中で遊牧民として生きることをなぜ、どのようにして選択しているのか、といった問題である。

第三に当該地元住民の現代における生活環境とその変化の問題である。この地域では、遊牧民自身が率先して自らの生活環境を改変している。すなわち人や家畜の生活用水が不足することによって彼らは季節移動を放棄せざるを得なくなり、定住化していっているのである。そうした中、遊牧民は別の収入源を確保したり、遊牧民が家畜の放牧を代行する雇われ牧民を雇ったりするようになっている。こうした遊牧民自らによる生活環境の変更と生存戦略の過程を本論では明らかにしていきたい。

あらかじめ述べておくと当該地域の遊牧民は「オユートルゴイ鉱山」を経済・環境の中心として依存的に適応しながら自らの生計を立てている。すなわち当該地域では鉱山を中心にして、牧畜と鉱山関連労働が複合することで展開される「衛星牧民」とでも呼べるような存在が生まれているのである。本論は、こうした「衛星牧民」の誕生の過程を明らかにすることを目的とする。

第1節　鉱山開発と家族

モンゴルの民族学者ツェレンハンダによると、「家族（örkh ger）とは生活において多面的な行為や現象を含有しており、当該社会の性質を反映しながら民族の生成過程に対して一定の影響を及ぼす。この意味において、家族は民族形

成におけるミクロな環境となるものである」のだという［Tserenkhand 2005: 186］。家族の一般的な慣習に注目するならば、「1つの父系リネージ（*udam*）」の直接的な人間関係を基盤にして、同時に「生産」と「再生産」を行う［Eisenstain 1979: 5］システムを生み出す集団である。

家族に関するモンゴル人の伝統的な理解とは、社会のヒエラルキーの基盤となるような一種の親族コミュニティである。ゴビ地域のモンゴル人の家族制度とその家族関係は、他の地域のモンゴル人と同様に歴史に根ざした様式を伝統的に保ってきた。家族（*örkh*）というのは、ある一面では、結婚を基礎とした家系の結合である。

その一方、社会が作り出した小領域でもある。ツェレンハンダは、また家族とは社会の単位になるという点において、法学的な観点から私的所有と関連づけられて考えている。そういうわけで「家族を率いる（*örkh tolgoilokh*）」「戸籍簿（*örkhnii dans*）」「結婚して独立した所帯（家族）を持つ（*örkh tusgaarlakh*）」といった財産所有と関連する全ての諸概念を生み出すのである［Tserenkhand 2005: 186］。

精力的な鉱山開発が進む南ゴビ県ハンボグド郡において生起している社会変容の一例として、伝統的な家族の絆の変化と動態が挙げられよう。このような伝統的な家族の絆や規範は、急激な社会変動の影響を受けざるを得なくなっている。いなかの遊牧民の、家族の伝統的かつ静態的であった生活様式の中にも社会的なダイナミクスが観察されるのである。

例えば、就学年齢に達した遊牧民の子どもは、授業期間中、定住行政村である郡センター[i]に設けられた寮に住むのが普通であった。しかし最近では、もう1つのゲル（一部の家庭では、家畜をオトル（短期移動の放牧）するときに用いる小さなゲルを使う人もいる）を建てて、そこに子どもたちを住まわせる牧民が非常に多くなっている。これは、郡センターに住む子どもたちの生活環境を整える上で最も普遍的な形態となっている。

その背景として、モンゴル国政府が2010年、国民に対して0.07haの土地を財産として与える政府決定を出したことが考えられよう。この政府決定によって、ハンボグド郡の郡センターの定住民のみならず周辺の遊牧民たちも、郡センターに自分の土地を持つことに興味を持ち始めた。その1つの現れとして、牧民たちは、郡センターで土地所有権を得た場所を柵で区切り、その中で暮ら

表 1　ハンボグド郡への移住者数

年	2008	2009	2010	2011	2012
人数（人）	95	159	288	422	369

出典：2013 年ハンボグド郡郡政府統計

すための住居や設備を整えるようになった。小中学校に就学している子どもを持つ牧民家庭では、平均して 2 人の子供を郡センターの家に住まわせ、家族内の成人（大抵の場合、母親）が共に生活している。

　2013 年春現在、統計によると過去 4 年間（2010 年以降）にハンボグド郡の人口は急激に上昇しており、中でも郡センターの定住人口の増加が最も大きな要因である。これは、鉱山関連の労働者が外部から流入しているからであるが、その結果、郡センターへの集住化はさらに進行している。

　郡センターに住む牧民の就学児童らが生活する場所も同様に、郡センターの膨張に影響を与えている。牧民は家族の一部が郡センターに住む一方で、他の成員は草原で家畜を放牧して生活している。しかしこれは一時的なもので、授業期間が始まると子どもたちは郡センターに住むが、学校が休みになると田舎に帰るのである。ハンボグド郡ジャヴハラント区の牧民、ナランバト（女性）は以下のように語る。

>　「今、学校で学んでいる牧民の子どもたちの大半は、郡センターにある自分の家で暮らしているよ。私の家には 3 人の子どもがいて、全員学校に通っている。子どもたちを安全で平穏な環境で学ばせるために私が郡センターで子どもたちと共に暮らして、夫は草原で家畜を放牧している。金曜日か土曜日になると、夫がこっちの家にやってくる。私たちの家は郡センターからとても遠いんだけど、自家用車があるから郡センターに通うのはそんなに大変なことではないのよ。うちの郡には、外部の人たちがたくさん来ているわ。知らない人が沢山いるので、子どもたちの身に危険なことが起きないか不安に思う。だから、私たちはこうやって 2 カ所に分かれて住んでいるの。うちのように、こうやって子どもを見ながら郡センターで生活する家族は多い。だから郡の学校の寮には、牧民の子どもたちはほとんどいなくなってしまったのよ」［2012 年 7 月 2 日聞き取り］

上述の事例のようにこの牧民一家の家族関係は、家の主人たる男性の地位が高い一方で家族の成員が2つの別の場所で暮らしている。その結果、家の主人と別れて郡センターで暮らす他の成員との関係にひびが入り、ある意味、別の家族を生み出し始めている。そうした中で生活の場が異なる家族の関係に新たに「監督する側」「監督される側」という関係性が生まれる。これは新しい家族形態の誕生であると言える。

　すなわち、以上で述べたような状況になった場合、自身の本来の家族に付随する「副家族（sub-family）」が形成されるというわけである。このような事例は、ハンボグド郡の多くの住民に認められる。

　別の事例としてノムゴン区の牧民ドゥゲルスレンの例を取り上げよう。彼には2人の子どもがおり、その1人は中学生、もう1人は中学校を卒業したばかりである。はじめは子どもたちのみが郡センターの家族用地の柵の中にゲルを立てて暮らしていた。しかし2013年以降、彼らの家族全員が郡センターに住むようになった。この家族は、約200頭のラクダや、500頭以上の羊と山羊を所有していたが、1年前から他の遊牧民に給料を支払って、家畜を放牧させるようになった。そうして、この家族の全成員が郡センターで暮らすようになったのだという。

　こうした家族の構造に関して、伝統的な欧米の人類学は以下のように説明する。家族の構造の1つである「核家族」という単位は、独立して住む両親と彼らと共に住む子供から構成されるものであり、基礎家族とは、核家族である妻と夫が共に住み、夫妻どちらかの両親から構成されているものであるという。また、合同家族は、結婚した兄弟らの家族が共同で住むことをいい、拡大家族とは、2つ以上の核家族が自分の親族と共に生活することをいう［Humphrey and Sneath 2006 (1999): 178-179］。

　しかし、以上で述べたハンボグド郡の家族構成は、上述の人類学の家族構造に関する定義の範疇には含まれないと言えよう。なぜならば、「副家族」が形成された牧民の家庭では、草原で生活している成員が主人であったり、もしくは主人に代わって労働を行うことができる成人男性であったりすることが見受けられるからである。草原での労働という過酷な条件や牧畜という生業の主たる従事者が男性であるということから、男性が草原に残るという選択をしてい

るのである。

　牧畜という生業の本質は放牧にあるのであり、モンゴルでは伝統的に家（ゲル）の近くの仕事より、家から離れた仕事が高い社会的地位を持つと考えられている。牧民の家族内労働の伝統にしたがうならば、男性の役割は尊重される。するとナランバット家のように男性が草原で牧畜を行い女性が郡センターで子育てをする、あるいはドゥゲルスレン家のように家族で郡センターに住み、牧畜を他の男性に任せるというのは自然の成り行きなのかもしれない。すなわち牧民世帯（ウルフ）内にある労働を巡る男女の役割分担の伝統が、皮肉にも「副家族」を生み出してしまったのである。しかしその一方で、「副家族」制は、家族内の経済および地域内の政治的争いの問題を解決する可能性を持っていることも指摘しておきたい。

　こうした「副家族」の誕生によって、ある意味、牧民にとって子供の就学にかかる諸問題は解決されるであろうし、実際、それが理由で「副家族」は生まれたのである。第二にモンゴルのローカル社会において、定住村への人口の集住化による不動産の獲得競争が高まりつつある。こうした中、副家族制は遊牧民が不動産獲得競争に勝つチャンスを与えるものであり、実際彼らを観察していても窺えることである。急激な人口の集中化こそが、この地域における政治的・経済的・文化的競争を発生させる最大の契機であると言えよう。

　私が観察したところでは、ハンボグド郡における上述の政治的経済的な過当競争の原因は、この地域で拡大する鉱山産業やそれに伴う経済的潮流にある。こうした経済の動きやカネの流れが原因となって、人口の急激な増加もあいまって家族関係や家族構造に大きな変化が起きていると言えよう。調査を通して、こうした家族を巡る新しい傾向が生まれたこと、「副家族」という新しい家族構成が必要となってきたことの２点がわかってきたのである。

第２節　牧草地を巡る諸問題と解決法

　モンゴルでは、ゴビ地域は地理学的に「ゴビ・ヘール（草原礫漠）」、「ゴビ（礫漠）」、「ゴビ・ツォル（砂礫砂漠）」、「ツォル（砂砂漠）」という４つの区分に分類される。地表の植生は、４つの地帯それぞれ独自の性質を持っている。この中で、南ゴ

ビ県ハンボグド郡は植生区分で言うならば、ゴビ・ヘール（草原礫漠）とゴビ・ツォル（砂礫砂漠）に属している。また植物地理学の分類においては、「アラシャー・ゴビ地帯」という区分となる。アラシャー・ゴビは、ゴビ・アルタイ山脈の南東端から南へモンゴル南部国境に沿って位置する細長い帯状の地帯を占めている［Ölziikhutag 1981: 58］。

　遊牧は、牧草地の植生学的条件や地表水の分布と水の涵養量といった諸要素の関係の中で成立する特徴的な生業である。ゴビ地域の植生は貧しくまばらである。そのためゴビの遊牧民の移動性は高く、積極的にオトル（短期移動による放牧）を行うことが求められる。オトルは、家畜を肥やすために非常に効果的な方法でもある。

　ハンボグド郡の土地はゴビ地帯に属するため、放牧地の大部分をゴビの堅く草のまばらな土地が占めている。そのため、当郡の放牧のための南北移動の距離は、他の地域と比べても非常に長いことで知られている。同郡の放牧地の特徴の調査結果によると、社会主義時代のハンボグド郡では、放牧地が家畜ごとに分けられて放牧されていたという。すなわち社会主義時代、ハンボグド郡の4つの区は、五畜（ウマ、ウシ、ラクダ、ヒツジ、ヤギ）をそれぞれの種ごとに分けて放牧していた。

　郡の西部および南西部に位置するジャヴハラント区の地に一番多く植生している草は、ニガヨモギの仲間であるシャル・ボダルガナ[ii]、ボル・ボダルガナ[iii]、オラーン・ボダルガナ[iv]やニラの一種であるターナ[v]、モンゴル葱として知られるフムール[vi]といった植物である。牧民たちは、これらの植物が生えている状態を確認した上でウマやウシの群れに食ませるようにしていた。

　郡の北西部から北部にかけて位置するガビロート区は「ドブ」と呼ばれる小さな土壌隆起や「トルゴイ（小さな丘）」が多いという地形的特徴があることから、その植生は主にハルマグ[vii]、ターナ、フムール、ゴビに特徴的な低灌木のシャル・モド[viii]、ハヤガネ草の一種であるデルス[ix]、ソンドーリ[x]、ボイルス[xi]となっている。

　ここは、小さな家畜にとって最適な牧草地であるため、ヒツジ、ヤギが主に飼育されてきた。その結果、「ガビロート産の余分に背骨が多いヒツジ」と呼

ばれた新品種が生まれた。この品種のヒツジは今も「ガビロートの多脊椎骨ヒツジ」という名前で呼ばれている。

　郡の北東から東にかけて位置するバヤン区、南東から南にかけて位置するノムゴン区では、砂丘の多い砂砂漠に適したハルマグ、バグロール[xii]、オシャクジダケの仲間である寄生植物のゴヨー[xiii]、ハネガヤの一種であるヒャルガナ[xiv]やモンゴル・ウウス[xv]が主に生えている。それ以外にも家畜の牧草となる以下のような植物が生えている。アルタン・ハルガナ[xvi]、バグロール、ゴヨー、ボダルガナ、オラーン・ボダルガナ、ボル・ボダルガナ、ヤマーン・ブト[xvii]、ウヘル・ブト[xviii]などの植物や、シャバグ[xix]、ボロルゾイ[xx]といったものである。

　各季節に牧民たちは草の生え具合や家畜の飲料水となる湧水や井戸の水位がどれくらいかを見極めながらに短期移動を行って移動先を選んでいく。1930年代にモンゴル人民共和国で暮らしていたロシア人民族学者A.D.シムコフは、モンゴルの牧民たちが牧草地を回復させるために移動しながら放牧を行っていることを明らかにした。彼は、地理上の地域分類を基にして遊牧民の移動様式を6類型に分類した。さらにこれらの分類に地域で特徴的な地理的名称を付けた。シムコフが明らかにした移動法則の分類によると、「ゴビ型遊牧」では、夏に「ガン」と呼ばれる日照りや干害が起こっていないときは、オトル（短期移動）をさして頻繁には行わない。しかし一度ガンが発生すると、自身の冬営地や夏営地から150kmから200km離れた遠方にオトルを行う。夏は主に広い平原に営地し、冬は山や丘の方に移動するのだという［Simukov 1934: 40-46］。

　ハンボグド郡の牧民の移動様式は、社会主義時代から現在に至るまでシムコフが明らかにした法則にしたがって続けられていると言えよう。ハンボグド郡の地理的特徴を詳しく見ていくと、郡の北側（西北部から東北部にかけて）は、主に山がちで丘やドブ（隆起）が多い地形が占めている。郡の南部（南東から南西にかけて）は、主にゴビ（礫漠）あるいはゴビ・ヘール（草原礫漠）地帯となっている。牧民が夏営地や冬営地への移動を行う方向は、この地形的特徴が大きく関係している。そこで見られる移動と牧草地利用は、この地理学的特徴によって影響されるのである。

　例えば、冬と夏の牧民の季節移動では、南北という移動軸で行われる。冬営

地への基本的な移動は、北部の山や丘が多い地域から南に向かって移動し、郡南部の平野もしくは小さな丘の降雪量が少ない場所に宿営する。これが普遍的に見られる冬営地への移動である。一方で、夏営地である山の裾野、山の北側や平原には、サイル（水無川、涸れ川）に沿った窪地へ宿営する。すなわち、私の調査に

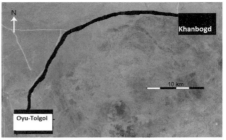

地図1　オユートルゴイ鉱山（左下）とハンボグド郡郡センター

おいても、ハンボグドの地域における伝統的な遊牧の移動軸は、冬季に北から南、夏季に南から北へという垂直移動であることが確認されたのである。

　ハンボグド郡において鉱山開発が一番急激に進んでいるのは、郡の北西部から南西にかけての地域である。近年、鉱山開発によって、ここに住む牧民たちの生活環境や牧草地や牧民の適正な分散距離といったものに悪影響を及ぼしていることが観察された。オユートルゴイ鉱山の開発敷地は、ハンボグド郡から西に45kmの地点にある。

　この地域の、鉱山の開発権の許可取得占有地（litsenztei gazar）の範囲は東西8km、南北10kmにわたっている。許可取得占有地には、土地を区切る柵が立てられたため、この周辺の放牧地がかなり縮小した。そもそもオユートルゴイ鉱山の占有地は、郡西部に位置するジャヴハラント区とガビロート区の牧民の放牧地で、そこは家畜が好む滋養に富んだ草が最も多く生えているところでもある。草の質が良いため、ここの牧民は昔からこの地域へオトルを行ってきたのであり、ハンボグド郡における最もオトルに適した地（夏・秋用の牧草地）であったのである。現地住民は、この肥沃な土地を「茶色いオボーの丘（デンジ）」と呼びならわしてきた。この丘（デンジ）とは、ハンボグド郡北西から南東にかけて広がる平原台地のことをさしている。

　この「丘」の近くには、「オンダイ川」が流れている。その川は、雨水がたまったときのみ流れる水無川（涸れ川、ワジ）である。しかし、現地住民は一定の時期に水の流れが出来ることから「川」と名づけている。さらに、これは郡全体に言えることであるが、地表水の水量が非常に少ないため、春、夏、秋に

は、オンダイ川の周囲に多くの牧民が営地し、オトルを行う。しかし、この河川周辺で鉱山開発が急速に行われるようになった。そこで牧民の生活にとって最も問題となっているのは、この放牧地の縮小と水不足の問題である。中でも鉱山開発によって牧畜空間が縮小し、移動回数も激減することで遊牧の生活様式が大きく変化していることが観察された。ある牧民は以下のように語る。

　　「かつて遊牧民の移動距離は比較的長いものであった。一番短いときでも20kmの移動を行い宿営したものだったが、近年、この状況は全く変わってしまったよ。現在、ある牧民家庭の移動距離は一番遠くて5kmから10kmになっている。この空間の縮小は、様々な要因があるだろうが、一番大きな影響を与えているのは鉱山開発だよ。つまり、鉱山開発のために労働者の宿泊用ゲルキャンプがたくさん立てられ、道や橋、高圧電線が張られ、地中には（鉱山に水を供給する）水道がつくられた。その結果、牧民たちが鉱山周辺で放牧を行う範囲がどんどん小さくなっているのだよ」
　［2012年8月30日聞き取り］

　こうした牧民社会にもたらされた悪影響を軽減させるために、牧民たちは、牧草地を回復させるためにオトル移動を行うことが多い。とはいえ、家畜数が多い一方で、牧草地の家畜飼養の許容量が小さく植生も貧しいというこの地域特有の理由から、オトルを行うことが難しくなっている。オトルを行う機会が減少していくため、牧民の宿営地や放牧地間の距離が、どんどん近くなっていき、中には2、3家庭が近くに宿営し、集住して生活する状況となっている。
　こうして牧民たちが狭い間隔でキャンプすることで、わずかばかりの貧しいゴビの植生に悪影響を与えるだけでなく、牧草地が家畜を飼養できる限界を超える事態となっている。こうした状況の下、牧民たちの間では、牧草地をめぐるトラブルが起こるようになっている。ジャヴハラント区の牧民B. エルデネジャルガルは以下のように話している。

　　「鉱山開発の影響で、牧民たちは大部分の牧草地から締め出され、互いに同じ牧草地で放牧するようになったんだよ。ある人は別の牧民から牧草

地と水を奪うといった争いが多く発生するようになった。水がなくなると、誰か別の牧民の放牧地にたくさんの家畜をつれてやってきて宿営するわ、一方でその牧草地にいた牧民は怒るわ、どちらが悪いとも言えないんだよ。こういった状況になった一番の原因は、鉱山にあるんだよ。もし鉱山が粉塵や騒音を出していなければ、牧民の間で牧草地が

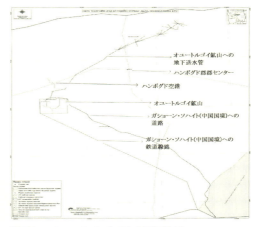

地図2　オユートルゴイ鉱山周辺地図

ない、水がないと言って互いに罵り合うことはなかっただろうな」［2013年1月14日録音］

　モンゴル国の法律では牧草地には占有権があることが示されており、牧民は土地を限られた期間（年月）占有する権利を持てるようになった。しかし、言い換えるならば、法的には牧草地の占有権があるというよりも、所有権がないということを意味する。牧民にとって、古来から現在まで伝統的に放牧地を利用し続けてきたことから、自分の宿営している土地や牧草地を「うちの放牧地」と考える傾向が強い。こうした「うちの放牧地」意識があるがゆえに、牧草地を奪い合う争いに発展しているのである。

　また調査を通じて、もっとも牧草地の規模が縮小している家畜の種類はヒツジやヤギといった小型家畜であることがわかってきた。ウマ、ウシ、ラクダといった大型家畜は、比較的間隔の広い牧草地を必要とし、それによって放牧地不足や放牧地縮小という影響は少ないと考えられる。例えば、ラクダの放牧地の範囲は少なくとも20km、最大で80km〜100kmもある。ウシ、ウマといった大型家畜の牧草地の間隔は、平均で25km〜40km離れていることが一般的である。

ちなみにゴビ地域におけるウシやウマの牧民同士の放牧地間の間隔は、平均すると他の地域（ハンガイ〔森林ステップ〕やヘール・タル〔ステップ〕地域）の放牧地間隔より離れている。と言うのも、地理や気候、植生などの状況によって、こうしたゴビにおける放牧の特徴が出てくるわけである。小型家畜の放牧地の範囲は、営地から直径 2 ～ 7km の範囲が一般的であると言われているが、本研究では牧草地の不足が原因で、ジャヴハラント区とガビロート区、ノムゴン区の一部の牧民の放牧地が著しく縮小していることが観察された。細かく言うならば、本来の放牧地から締め出され最も面積も小さくなっているのは、ジャヴハラント区、ガビロート区の西部、ノムゴン区の西部に属する地域である。

　また粉塵の問題がハンボグド郡の牧民たちを悩ませている。南ゴビ県ツォグトツェツィー郡ではエナジーリソース社によるタワントルゴイ炭鉱が 2009 年から 2010 年にかけて稼動し、中国に向けての輸出が行われるようになった。実はその石炭を輸送するための道路が、ハンボグド郡の西部を通っているのである。タワントルゴイ炭鉱から中国国境の関門であるガショーン・ソハイトまでの距離は約 250km であるが、総距離の 60％がハンボグド郡を通過している。この石炭輸送路は、ハンボグド郡のガビロート区の西北部、ジャヴハラント区の北西から南東にかけて、そしてノムゴン区の北西から南西にかけての地域を通っている。すなわちハンボグド郡のかなりの牧民の放牧地や営地を横切る形となっているのである。2012 年にはこの道にアスファルト舗装がなされたが、ダンプカーやタンクローリーなどの巨大な積載量を持つ大型車は未舗装の道を通るため、大気汚染や大量の粉塵が発生する主な原因となっている。

　その理由として、タワントルゴイ炭鉱で採掘する会社は非常に多く、その全ての会社が自身の大型車両を用いて輸送を行っていることが挙げられる。こうした大型車両を使って中国へ輸出するために舗装道路が作られたが、一部の会社はその工事費を支払わなかった。そのため、アルファルト舗装の道路を走る際、大型車両 1 台につき道路使用料として片道 30 万トゥグルクを支払う決まりを作った。しかし、それを支払わない大型車両は、舗装道の横の未舗装の道を走るようになったため、大型車両が巻き上げる粉塵によって空気汚染が起こっているのである。この道を走る大型車両の台数は、季節によって変動する（冬は石炭の輸送量が相対的に多くなる）が、一日平均で約 400 台～ 500 台である。

そのうち 40％の車が、舗装されていない道を走っている。未舗装道を通過することによって巻き上げられる砂煙は、近辺の環境汚染を引き起こしており、空気中の粉塵濃度を高める原因となっている。石炭輸送道に沿って居住する牧民にとってこの問題がより大きな問題となっていることは、牧民との会話から窺える。

地図3　オユートルゴイ鉱山と井戸の位置関係

　ジャヴハラント区の牧民、J. スレンフーの冬営地はハンボグド郡の郡センターから西に 50km ほど行ったところにある。ここは、タワントルゴイ炭鉱からガショーン・ソハイト国境関門へ至る石炭輸送道から西に 2km 行ったところでもある。石炭輸送道およびそれに沿って出来た未舗装の道が牧草地を通るようになった結果、放牧地の面積が縮小しているのだという。この件について地元の牧民たちは、以下のように語る。

> 「うちの冬営地（*buuts*）から東に約 2km 行ったところに、石炭を輸送する道が通っている。この営地でキャンプするようになってから約 20 年が経とうとしている。この営地から東に行ったところに、ヒツジやヤギが好きなターナ、フムール、シャル・ウヴス、ボダルガナといった草がたくさん生えている。そのため、ヒツジやヤギは東へいって草を食むのがとても好きなんだ。更に、うちの家から東に行くとドブ（土地隆起）やトルゴイ（丘）が多く、「茶色のオボーの丘」の西にあたるため、この付近でのヒツジやヤギの主な牧草地にしている。しかし、現在、石炭輸送道がうちの営地（*buuts*）の東側のすぐ傍に出来てしまった。アスファルト道とその横に未舗装道が通るようになったため、そこで大量の砂埃が出るようになった。そのせいで、放牧地や草の質がすごく悪くなるという影響が出ている。しかも舗装道路側に家畜を簡単に放牧させることができない。いつも巨大な

ダンプカーが行き来し、騒音がすごいことになっている。そのため、家畜たちは東の方向（舗装道路側）には敬遠して行かなくなってしまった。そして、東ではなく西へ行くようになってしまった。西にはこの近くでは高いとみなされている山や小丘がある。そこは岩が多いため家畜が食する草は少ない。今、うちの家畜は西、北、南にしか行けなくなった。別の場所に移動して新しい営地にしようとしても、家畜が慣れないために、家畜を痩せ衰えさせるか、売りに出すかといった問題に直面する。ゴビの家畜は、一度その地に慣れてしまったら新しいほかの土地に慣れることはとても少ない。この周辺では、牧民世帯は締め出されて放牧地も縮小させている。だから、牧民のゲルの間隔がとても近くなったんだ。各々牧民世帯が近くに住まうようになったことで、井戸の水がすぐに無くなったりすることも起こっている」［Chuluun and Byambaragchaa 2013: 9］

もう1つ、この地域における牧民が直面しているのは、飲料水の不足と水量低下の問題である。ここ2、3年に降った雨量は、年間平均降水量より明らかに少なく、水不足に陥っているらしい。ちなみにモンゴル国立科学アカデミーと滋賀県立大学が2012年から2013年の間に行った共同調査では、ハンボグド郡のオユートルゴイ鉱山敷地周辺に住む人々の飲料水の水質検査も行っている。その結果は、本書の第2部の中澤らの論文にて知ることができる。

私たち社会調査班がインタビューした中でわかってきたのは、牧民の飲料水となる井戸の水位が、一部の地域で相当なレベルで下がっているということだった。その中でもジャヴハラント区北部、ガビロート区南西部の飲料水となる井戸水の水量が明らかに減少しているという。牧民たちはこのことに関して様々な要因を挙げて自らの見解を語った。その大部分が、雨が降る日が少なくなったということや、雨が降る期間が短くなったため、井戸の水に大きな影響を与えているという内容である。一部の牧民が語るところによると、鉱山が採掘や精製で多くの水を使っているため、井戸の水量が減少してきているとのことである。

本調査期間中、牧民らは井戸の水量の減少に対して、井戸をより深く掘ったり、別の場所に新しく井戸を掘るといった方法をとることで、井戸の水量を増

加させて問題を解決している様子が見られた。ある牧民は次のように話す。

　　「1つの井戸を掘るには、場所によって異なるが最も浅くとも 25 〜 60m の深さまで掘る。これくらいの深さの井戸を掘るには、大体 600 万から 700 万トゥグルクのお金が必要になる。そのお金は牧民にとって決して安いものではない。そのため、どこかからお金を借りる必要がある。近年、井戸を掘る深さが更に深くなっている。つまり、水が出るまでの深さがどんどん下がってきている。たぶん鉱山の活動にたくさんの水を必要としていて、それで地下の水量に影響を与えているんじゃないかと思う」［Chuluun and Byambaragchaa 2013: 20］

　オユートルゴイ鉱山で使用する水は、鉱山の場所から東北に 70km 程行ったところにあるバヤン区にある「ウルルブ（Örölbö）」という場所から引っ張ってきている。鉱山の工場で用いる水は、5本の立抗を堀り、地下 100m 以上のところから水を汲み上げて利用している。この地下水を通す管の総距離は、「オユートルゴイ」から北東のガビロート区とバヤン区の北部を通り、ウルルブまでの約 70km である。全部で 4 つの立抗があり、そこで吸い上げられる水量は最小で毎秒 588l、平均で毎秒 696l、最大で 785l である。この地下水道管は、最大が毎秒 900l の水を流すことが可能である［Gunchinsuren 2011: 185］。
　この地下水管を点検する目的で、地下水管に沿ってマンホールが設けられている。鉱山会社は、このマンホールを使って、人や家畜用の飲料水である地下水の水位が低下していないか、地下水管への浸透がないかどうか、などを点検している。この調査で、この 1 年の間に地表を流れる水が地下の水道管へと浸透していくことが、いくつもの場所に設置されたマンホールの調査によってわかってきた。そのため、この浸透を抑えるために、水の層の境界を定めた上で、水が地下に浸み込まない粘土層を敷いた。
　放牧地の欠乏と飲料水の不足などの問題が起こった結果、近年ハンボグド郡西部、北西部の牧民は、次の節で述べるような大きな課題に直面しており、それに対する判断を迫られている。鉱山による環境変化という潮流は、牧民たちの生活および遊牧移動の空間を縮小させ、更に牧民同士の牧草地の間隔を縮小

させるといった大きな影響を与え始めている。このように、牧民にとって放牧を行い遊牧民として草原で生活しつづけるのか、それとも郡センターに住んで別の生計手段を得ていくのかと言う選択が求められているのである。

第3節　遊牧民たちの生計の選択と衛星牧民

　牧民たちは遊牧を続けるのか、それとも放棄するのかという2つの選択を迫られている。本節では、彼らが新たな生計手段を探す過程や、牧民が他者の牧畜を代行するという問題について述べる。

　牧民たちは、現在に至るまで何世紀にもわたって伝統的な遊牧生活によって生計を立ててきた。しかし現在、政治や社会経済の新しい体制に組み込まれた。また今日のモンゴルは、地下資源を活用するため鉱山開発に特別に注意を払うようになった。その結果として、牧民たちは、生活環境や将来の計画に関して新たな方向性を生み出そうとしている。特に牧民たちは文化史的に独特な生活様式を維持してきたが、鉱山開発が急速に発展しつつある中、伝統的な生活環境とそれを取り巻く新しい社会環境が同時並行的に存在することで、多くの変化や困難に直面している。

　社会主義時代に制度化され、この時代を代表する社会組織であったネグデル（牧畜協同組合）[xxi]は、1990年代の初めに解体された。これは、公共の財産を私有財産に移行することを意味し、牧民たちは自身で家畜を所有することとなった。これは大きな歴史的変化であった。例えば1990年の牧民数は、14万7,000人程度であったのだが、モンゴル国の経済的な需要に応えて、1993年には2倍に増加した。さらに1998年には牧民の数は3倍にも増加している［Graivorontsky 2001: 96］。そして市場経済という「秩序」が導入された結果、私有財産を増やそうという考え方が社会に浸透したのである。事実、家畜数が年々上昇し各牧民が所有する家畜も増加している。一方、モンゴルでは過去10年間に2001年と2009年の2回にわたる大寒害（ゾド）が発生し、遊牧民の牧畜や生活にとって大きな重荷となった。

　ハンボグド郡の牧民たちの中で、このゾドによる家畜の大量死や生活環境の変化を被った世帯はそれほど多くない。しかしそのほかの原因によって遊牧を

図1　ハンボグド郡における家畜数の推移

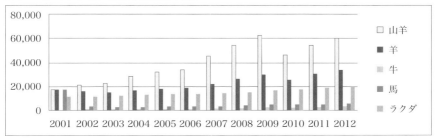

出典：2013年ハンボグド郡郡政府統計

捨て、郡センターに定住し、別の方法で生計を立てるようになった人が大勢見受けられた。

　こうした牧民生活の変化の主な理由は、当然のことながら鉱山開発である。端的に言うならば、牧民たちは、大きな選択の岐路に立たされているのである。彼らが話すところによると、家畜を放牧して生きるということは、将来遭遇するであろう困難に対して自分で責任を取らねばならないということであり、自然や天候の僕(しもべ)となって生きるということでもある。そして牧畜は、常に不安定な収入に頼らねばならない。そのため牧畜以外の別の収入源を得る必要があると考える人は多くなっている。牧畜以外の別の収入源を探すことに思い至るのは、鉱山が関係していると牧民たちも認めている。

　本研究でも、現在の鉱山開発の活発化と人口の自動的な増加が急速に進んでいることで、ハンボグド郡の郡センターの地元定住民も遊牧民もともに、経済の一大トレンドである鉱業部門での労働に対して興味を抱いていることが明らかとなった。中でも草原に住む牧民の若者が、最も積極的にこの鉱山関係の職への興味を持ち続けていると言われている。事実、牧民の話によると、新たに牧民となる若者の数が減っているのだという。若者の牧畜離れについて、ある女性牧民の語りを見てみよう。

　　「私の息子は今27歳だ。この区には、うちの息子より年の若い者は誰もいなくなってしまったよ。みんな、郡センターの定住区に移住したり、もしくは鉱山に入って働いている。いつの日か鉱山は閉山する。資源も枯渇

する。その時、この大地には結局、家畜だけが残るというのにね」〔Chuluun and Byambaragchaa 2013: 20〕

写真1　ジャヴハラント区の牧民

　鉱山部門で働くという関心の高まりは、経済力の向上によって導き出されたものである。牧民たちは鉱山会社のどの部門、子会社で働くのか、どれくらいの給料をもらうことができるのかといった日常生活向上の可能性を考え始めた。つまり、若い牧民たちが遊牧を行うよりも鉱山部門で働くことに関心を持つようになった結果、若者の遊牧離れはいっそう進んでいるのである。

　現在、オユートルゴイ鉱山の影響圏（*nölöölöliin büs*）内に、80世帯以上の牧民が住んでいる。彼らは、鉱山活動が行われている地域である鉱山の地下水管や飛行場の周辺、「オユートルゴイ社」の所有する土地から、ガショーン・ソハイトに至る道、高圧電線が延びている地域に住んでいる。

　また牧民のみならず郡センターの定住民たちの間でも鉱山での労働を希望している者も多く、鉱山での常勤職に対する関心が高まっている。現況として、ハンボグド郡の郡センターの地元住民のうち、約100人が、オユートルゴイ社で何らかの仕事をしており、その業種の中で最も多いのが、サービス業である。近年では、牧民も郡センターの住民も、より高額な給料を稼ぎたいと考える人が多い。中でも露天鉱や地下の坑内鉱で働くことに関心のある人が多い。そのため、鉱業に関する専門学校や研修を修了し、免許を取得する人が増えている。例えば、人々は鉱山内の超大型車両や超大型建機の運転免許や鉱山エンジニアなどの専門職に対して強い関心を寄せている。この地域の人は、収入を増やすには鉱山工場で働くのが一番良いという経済合理性を考慮した決定を行う傾向が見て取れるのである。

　こうした牧民たちの副収入源探しに関連して、新しい現象が起こっている。それは、「雇われ牧民（*tuslakh malchin*）」という非正規職の誕生である。これは、

ドンドゴビ県、ヘンティー県、スフバートル県、ドルノゴビ県などからハンボグド郡に牧民がやってきて、ハンボグド郡の牧民の家畜を代行して放牧するというものである。彼らは月ごとに決められた給料をもらい、さらに放牧している家畜の中で仔畜が生まれるとその一部を貰う。

　2001年および2009年にモンゴルの広範囲で起こったゾドの結果、多くの地域の家畜数が大幅に減った。それは、多くの牧民にとって収入が減少することを意味し、その負担が重くのしかかって来た。そのため、中でも上記の県の牧民は別の県や郡で給料をもらいながら家畜を放牧するということを始めた。ハンボグド郡では、2002年より他県、他郡から来て家畜を放牧するという現象が見られた。このような現象について、郡政府は状況把握のための調査や統計を行っていない。それはもし誰か牧民が家畜を放牧していたとして、地元民の知り合いの人々や兄弟の家畜を放牧するために来た人は、郡で実施されている統計に算入されない場合があるからである。

　現在のハンボグド郡の状況では、この雇われ牧民現象が急速に現れるようになっているが、その隣の郡であるバヤン・オボー郡やマンライ郡では、こういう現象は比較的少ない。ハンボグド郡に来て家畜を放牧する原因は、鉱山の発展とそれに伴ってカネの巡りが良いことが関連している。金銭的な状況から、他県の牧民たちはこの郡に来て家畜を放牧している可能性が高いのである。この「雇われ牧民」世帯の多くに見受けられるのは、家族のうち2人、特に男性がやってきて放牧を代行するという現象である。

　この放牧代行で得られる1カ月の給料は、現地の牧民と雇われ牧民との間で決められる。筆者の聞き取りによると、1カ月の放牧代行料は25万トゥグルクから30万トゥグルクである。それ以外に、雇われ牧民への交通機関（中国製のバイク）の燃料や食料品なども全て雇い主側が支払い、更にその1年間で生まれた子家畜の一定の数を雇われ牧民はもらえるように決められている。ある雇われ牧民は以下のように語る。

「私はドンドゴビ県のサイハン・オボー郡から来た。私は以前そこで100頭以上の小家畜（ヒッジ・ヤギ）、50頭のウマ、10頭のラクダを飼っていた。しかし、2009年のゾドが私たちを襲った。それで家畜が死んでしまい、こっ

写真2　ドンドゴビ県からハンボグド郡へ来た「雇われ牧民」

ちにやってきたんだよ。今はここで、300頭以上のヒツジやヤギを放牧している。そして月に30万トゥグルクの給料をもらっている。うちの家は、オユートルゴイ社の影響圏内に入っている。1週間に2回、この付近の道を掃除している。それでバイクのガソリンを分けてもらうのさ。また、家畜の放牧を依頼した牧民と契約したときに、この年に生まれる子家畜の一部を分けてもらうことにしたんだよ」

　雇われ牧民の多くは、主にヒツジやヤギを放牧している。ウシや馬、ラクダといった大型家畜は、持ち主が自分で放牧する。その理由はこの地域で馬などの大家畜の世話の必要性が少なく、持ち主が自分で放牧するからである。

　家畜の持ち主にとって、雇われ牧民を雇う理由は、別の経済的な収入源を得る機会（時間）を作ることにある。その大きな機会とは、ハンボグド郡の牧民、とりわけ鉱山開発が急激に発展しているジャヴハラント区やガビロート区の牧民にとって、鉱山の「影響圏」に入ることである。この影響圏については、後に詳しく述べるが、補償金を鉱山会社から獲得する手段でもある。すなわち、鉱山の「影響圏」に入ることで、そこにいる牧民世帯の収入が向上し、比較的彼らの生活が安定する可能性が出てくるのである。

　自然や天候の変化に敏感な牧民、すなわち冬にゾドが起こっても家畜をやせさせない、そして夏には草の生え具合をよく見分けることのできる牧民を雇うことで、雇い主の生活収入は向上し、安定した水準になる可能性が高くなる。したがって雇われ牧民を雇うということは、収入が安定して満たされた生活をおくる条件にもなっている。

　さて上述の「影響圏」であるが、「オユートルゴイ社」が一番鉱山開発を進めている地域（そこには、地下水道が通っている道の近隣、「オユートルゴイ社」の採掘

現場からガショーン・ソハイトに至るアスファルトの道と高圧電線にそった周囲5kmの空間が含まれる）は、地元住民の生活に影響を与えるという意味で設定されたものである。そしてこの影響圏内で生活している牧民世帯には補償金が支払われる。

　これについて考えるためには、「直接影響圏」という用語を明らかにする必要がある。そもそも「影響圏」とは、「社会経済的影響のアセスメント」という概念の中で生まれた。この社会経済的影響のアセスメントという概念は、1970年代のアメリカのアラスカ鉱山開発における地下水の自然環境にみられる影響を明らかにする過程で生まれた言葉で、モンゴル国において新しく用いられるようになった用語である。このアセスメントは、以下の5点の原則がある。

①人口、健康、教育、経済、産業、牧畜業、インフラ、文化といった社会・経済部門における可能性と欠点を調査し、開発による影響に耐えられるかどうかの評価をする。
②従来および現在起こりつつある社会変化や影響の傾向を精査することで、これから将来起こりうる変化を想定する。
③地域住民が起こしうる影響の想定と、その勢力と勢力の社会的範囲を概観する。
④肯定的な影響を更に増進させ、悪影響を減少させるマネジメントや方法論を策定する。
⑤モニタリングや監査評価をする照会先をつくる。

　この地域における鉱山開発の影響は、こうした社会経済上のアセスメントをすることで「直接影響圏」と「間接影響圏」に分類することができる。これは、人口、健康、経済、牧畜、文化といった観点につき、どれだけの影響があり、ポジティブな要素とネガティブな要素、その結果といったものを分析したものである。オユートルゴイ鉱山も、上述の分類と同様に影響圏を策定するとき、直接影響圏と間接影響圏に分類した。ハンボグド郡は、この分類による「直接影響圏」に入っており、その適応範囲として、以下の6カ所が指摘されている。

①オユートルゴイキャンプ（労働者の宿泊施設）から20kmの範囲内

②ハンボグド郡の郡センター（オユートルゴイキャンプ地の南西 45km 地点）
③鉱山採掘エリアに供給する地下水の滞留地—地下水道とガルビン・ゴビ
④オユートルゴイとガショーン・ソハイト国境検問所の間の道
⑤タワントルゴイからガショーン・ソハイトに至る石炭輸送道路と道路沿いの地域［Günchigsüren 2011: 176］

　この「影響圏」内に住む牧民世帯には、平均して約 800 万トゥグルクが支払われた。また牧民世帯から 1 名が「オユートルゴイ社」に雇われた。彼らは、影響圏内の清掃活動や道路沿いの家畜の安全を確保するために家畜を道路から離れた場所に誘導するといった仕事に就いている。この仕事による手取りの月収は、45 万トゥグルク〜 46 万トゥグルクである。また影響圏内の牧民世帯の子供が大学に進学した際、その学費の支払いを鉱山会社が支払うということも行われている。
　私たちが観察したところでは、ハンボグド郡の大多数の牧民が「影響圏」内に入りたがっているようだ。「影響圏」に入るということは、牧民にとって豊かな生活をおくるための収入源を得る上で重要な意義があるからである。影響圏への指定は、安定した月収を得る機会でもある。こうしたことから、牧民は家族の誰か一人をオユートルゴイ社で働かせるために最大限の努力を払っている。そして牧民たちは「オユートルゴイ」で就労ができたならば、それは一家の経済状況を目に見える形で向上させる最高のチャンスであると考えているのである。

おわりに

　本稿では、鉱山開発の拡大に対して、地域社会がそれに積極的に適応し出してきたことを論じてきた。たとえ牧草地や牧民同士の放牧地の間隔が縮小され、水不足が大きな問題となってきているのだとしても、彼らの生活にとって必要な現金収入の確保は魅力的である。今まで述べてきたように、ハンボグド郡の大多数の牧民たちは、鉱山の「影響圏」に組み入れられたいという希望を持っており、鉱山から定期的な収入が得られる仕事に就きたいと思うようにもなっ

ている。その結果、遊牧生活と並行して鉱山で現金収入を得ながら生活するという新しい生活様式が生み出されたのである。

確かに牧民たちは、鉱山地帯で放牧を行うことで大きな被害を被っている。しかし、これらは、彼らが「鉱山に追随する遊牧」という新しい生活様式に入るための条件でもあるとも考えられよう。

この5年間に、ハンボグド郡のガビロート区、ジャヴハラント区の牧民の放牧地は大きく縮小している。それは明らかに鉱山開発と石炭輸送道などの使用による影響である。またジャヴハラント区北部とガビロート区西部の牧民は、飲料水の量が減少し、地表水の多くが涸れ果ててしまっている。しかし、こうした牧畜における生活環境の悪化は、彼らが自らの生活環境を率先して変えていく動機となっている。牧民たちは、放牧を行うのと並行して鉱山開発に参入することで、貯蓄の増加や確実な収入源を確保することを常に考えているのである。牧民は鉱山に追随して生活し、鉱山開発からポジティブな影響を受けることが重要だと考えるようになったのである。

以上のことからまとめると、牧民の生活は、鉱山開発に大部分が組み込まれているといえよう。ハンボグド郡の牧民たちは、鉱山を中心とした衛星的生活 (Satellite life) をおくるようになった。そして牧民たちは、鉱山という中心を巡って回転する人工衛星のような「衛星牧民」となってしまったのである。

訳 註
(i) 郡センター (*sumyn töv*) とは、社会主義時代に遊牧地域に政策的に作られた定住村である。郡政府、学校、病院、郵便局、文化センターが置かれているほか、商店などもこの定住村にある。
(ii) 学名 *Salsola foloisa*。ヒユ科オカヒジキ属の仲間。
(iii) 学名 *Solsola passerina*。ヒユ科オカヒジキ属の仲間。
(iv) 学名 *Reaumuria soongarica*。
(v) 学名 *Polyrrhizum turcz*。ラン科の植物の仲間。
(vi) 学名 *Allium mongolicum*。ネギ亜科ネギ属の仲間。
(vii) 学名 *Atraphaxis oungens*。タデ科植物の仲間。
(viii) 学名 *Salsola arbuscula*。ヒユ科オカヒジキ属の仲間。
(ix) 学名 *Achnatherum Splendens*。
(x) 学名 *Nitraria sphaerocarpa*。ムクロジ目に属する。
(xi) 学名 *Amygdalus mongolica*。バラ科に属する。
(xii) 学名 *Anabasis brevifolia*。ヒユ科の植物。
(xiii) 学名 *Cynomcrium soongopicum*。オジャクジタケ科の仲間。

(xiv) 学名 *Stipa baicalensis*。
(xv) 学名 *Stipa glareosa*。
(xvi) 学名 *Caragana leucophloea*。マメ科ムレスズメ属。
(xvii) 学名 *Caragana pygmaea*。マメ科ムレスズメ属。
(xviii) 学名 *Caragana microphylla*。マメ科ムレスズメ属。
(xix) 学名 *Artemisia rutifolia*。キク科ヨモギ属。
(xx) 学名 *Ajinia achilleoides*。
(xxi) 社会主義時代に作られた協同組合組織。ソ連の「コルホーズ（集団農場）」に相当する。社会主義崩壊まで牧民のほとんどはこの組織に属していた。

参考文献

Chuluun, S. and Byambaragchaa, G. 2013 *Mongolians in Gobi region: history of the society and culture, modernity*. : Ulaanbaatar: Institute of History, Mongolian Academy of Science.

Eisenstein, Z. 1979 *Capitalist Patriarchy and the Case for Socialist Feminism*. London: Monthly Review Press.

Graivoronsky, V. 2001 Livestock privatization. *Statistics of Mongolia Ulaanbaatar* (Ub); 96 / vicarious citation Morris Rossaby. 2010. Modern Mongolia. /The capitalists from the kings through commissariats 135/. Press of California University-Berkley-Los Angeles-London-Ulaanbaatar.

Gunchinsuren, B. and others. 2011 *The I-stage project report to develop a program of the cultural legacy of the South Gobi region*. Ulaanbaatar.

Gunchinsuren, B. and Chuluun, S. 2011. *Legacy program of Oyu Tolgoi project*. Ulaanbaatar.

Humphrey, Caroline and Smith, David. (red.) 2006 [1999] *Nüüdellekhüi Yoson Etseslekh üü?* (Ts. Ochirbal). Ulaanbaatar: Interpress.

Simukov, A.D. 1934 Mongolian migrations. Modern Mongolia. No. 4/7/. Moscow; 40-46 /vicarious citation. Caroline Humphrey, David Smith. 2006. The end nomadism? Ulaanbaatar (Ub); 258.

Tserenkhand, G. 2005 *Mongolians: ethno-cultural behavior I*. Ulaanbaatar.

Ölziikhutag, N. 1981 *Flora and Vegetation Survey of PRM III*. Ulaanbaatar.

第4章

鉱山を渡り歩くシャーマン

——モンゴルにおける地下資源開発と『依存的抵抗』としての宗教実践

島村　一平

はじめに

「精霊は、地下資源が好きなんだよ」

　その奇妙な語りを耳にしたのは、2010年の春のことだった。ウランバートル郊外にあるガチョールトという炭鉱の町でのことである。近年モンゴル、とりわけ首都ウランバートルではこうしたシャーマンになる人があたかも感染症のように激増しており、貧富や老若男女にかかわらず、一般の市民から政治家や歌手といった有名人にいたるまでシャーマンになる者が続出している。シャーマンとは、特殊な衣装を身に着け皮製の太鼓を打ち鳴らしながら精霊（多くは先祖霊）を降ろすことで人々に託宣を行う宗教的職能者のことである。

　モンゴルにおいて社会主義時代を通じてシャーマニズムが密かに実践されてきたのは、ダルハドやブリヤートといったエスニック・マイノリティであった。人口の80％を占めるハルハ・モンゴル人たちは社会主義時代に無神論者になるか、清朝期に普及したチベット・モンゴル仏教を密かに信仰する者が多かった。そうした中、社会主義崩壊以降のモンゴルのブリヤート人居住区域で始まった「シャーマン増殖現象」は首都ウランバートルやそのほかに急速に伝播していった［島村2011、Shimamura 2014］。

　こうして蘇ったシャーマニズムは現地人研究者によって伝統文化の復興とし

写真1　現代モンゴルのシャーマン

て評価される一方で、詐欺事件や儀礼を巡る事故死といった問題をも引き起こしている。とまれ私はモンゴルにおいて「感染症」のようにシャーマンが増え続ける［島村 2014］理由を知るために文化人類学的なフィールドワークを行っていた。

　私がインタビューをしていたのは、33歳の男性シャーマンであった。彼は、かつて職を失い、肝硬変を患っていたが友人の文化人類学者（モンゴル人）の薦めでシャーマンとなった。その結果、病気が劇的に改善し暮らしむきもよくなったのだという。さらに彼は、ガチョールトやバガノールといったウランバートル近郊の鉱山都市だけでなく、他の鉱山都市でもシャーマンが増え続けていることを教えてくれた。その理由を尋ねたとき、彼はおもむろに答えたのである。「俺は、（シャーマンに降りてくる）精霊が、地下資源が好きだからだと思っている」と。

　私は面食らった。なぜなら民間信仰に根ざしたモンゴルの伝統的な価値観の中では「大地を掘り返すこと」は、タブーとされてきたからだ。遊牧民たるモンゴルの人々にとって土を掘り返す耕作を伴う農業とは、牧草地を破壊する「悪しき習俗」であった。

　田中克彦［2002］によると、歴史的に見てモンゴル人が耕作を行ってこなかったのは、本来、牧草地の保全のためのエコロジカルな警戒心に発するものであるという。そしてそうした遊牧の原理を犯す者に対して憎悪の念を持ってきたのだという。例えば、かつて内モンゴルに大挙して侵入、占拠して草をはぎとる漢族は、遊牧民の生活の原理そのものを破壊する、妥協の余地のない敵であった。本来、モンゴルのような草原地帯には、外から鍬や鋤を入れることに耐えられない敏感な地帯であり、ひとたび表皮の草をはぎとられると回復がのぞめず、荒蕪の地が残されることとなる。内モンゴルにおいては、特に東部地方に

おいて 17、18 世紀ころから、侵入した漢族によって強い農耕化が進んだ。その結果、モンゴル牧民の自然発生的な蜂起を引き起こし、漢族への襲撃が繰り返された。こうしてモンゴル人のほとんど「民族的性格」の一部になった漢族への民族的憎悪が形成された。

　一方、ロシア領内に住まうモンゴル系のブリヤートも遊牧組織に基づいた行政組織を持っていたが、近代化を目的とするロシア政府による村落制度の導入によって、ロシア人との対決が避けられないものとなっていた。ロシア人とブリヤート人の間には、さらに宗教の対立があった。仏教徒をロシア正教徒に改宗・洗礼させようとする圧力である。こうしてモンゴル人の価値体系と、彼らの生活圏を侵し、自らの原理によって開化を奨めようとする漢族やロシア人との間の矛盾は、自然発生的な憎悪の表現としてあらわれるようになったのである［田中 2002: 80-82］。

　こうした文化的背景を持つモンゴル人たちの間で、なぜ地下資源開発が積極的に進められ、しかも伝統文化に根ざしているはずのシャーマンから「精霊は、地下資源が好きなのだ」というお墨付きをもらっているのか。そしてなぜシャーマンたちは、鉱山を渡り歩いて「布教活動」に励んでいるのか。

　そもそもモンゴルを含めた北アジアのシャーマニズムは狩猟牧畜文化に根ざした伝統的な宗教的実践として理解されてきた。しかし、どうやらシャーマニズムは、そうした伝統的信仰というよりもむしろ都市化や地下資源開発という社会変容に対応する中で柔軟に変容していく宗教的実践と考えたほうがよさそうである。イギリスの社会人類学者 C. ハンフリーは、ポスト社会主義期のロシアのモンゴル系集団ブリヤート人が住まうブリヤート共和国の首都ウランウデにおいて、シャーマニズム実践を調査した。その中で彼女は都市というものがシャーマニックな活動の背景（コンテキスト）であると同時に、シャーマンたちが、ミシェル・ド・セルトーの言うところの「空間を活性化させる」存在であり、それゆえに彼らは都市のコンテキストを新たに創造するのだと論じた［Humphrey 2002: 203-4］。

　事実、シャーマンたちは、自身に憑依してきた「精霊のお告げ」という形をとることで、新しい「伝統」や「習慣」を創り出す。それと同時に新しく創られた伝統を正当化したり、場合によっては社会を操作したりすることが可能と

なる。言い換えるならばシャーマンたちは、政治・社会的状況に応じて、ときには伝統の破壊者ともなったし、またときには未来の創造者としての役割を果たすのである［島村 2011：144-146］。

では、地下資源開発という社会変容に対して「伝統宗教」の側はいかに対応あるいは対峙するのだろうか。一般的に自然環境の破壊を伴う開発に対して、先住民が自らの価値観に基づいて反対運動を行うような事例は、世界各地で報告されている。

南シベリアのモンゴル系のブリヤート人たちの事例を紹介すると、2000 年頃、彼らの「聖地」とされてきた山にロシアの巨大石油会社ユコスがパイプライン建設を進めようとした。これに対して、シャーマンや仏教ラマといったローカルな宗教的実践者たちが協力して儀礼を伴った反対運動を行い、建設中止に追い込んだのだという。ロシアの民族学者 N. ジュコフスカヤは、こうした宗教的実践者たちの運動を「土着主義運動（nativist movement）」として論じている［Zhukovskaya 2009］。

鉱山開発に対してローカルな宗教実践者たちは、反対運動を展開するばかりではない。例えばイギリスの人類学者 M. ハイは、モンゴル国中央県のザーマル金鉱の鉱山都市オヤンガにおいて仏教ラマたちが、むしろ高額な謝礼を伴う儀礼を行うことで鉱山利権を「自由に」むさぼる姿を皮肉たっぷりに描き出している。その理由をハイは、ポスト社会主義時代を生きるラマたちが、ソビエト的物質主義とネオリベラリズム的な個人主義、そして自己流に変容させた仏教倫理の 3 つを混ぜ合わすことで生み出した「自由」という概念にあると論じた［High 2013］。

これに対して本稿で提示するのは、以上のような「開発に抵抗する伝統文化」といった単純な図式や「開発に便乗して利権をむさぼる変わり果てた伝統文化」といった極端な図式に収斂されない宗教実践のかたちである。すなわち、本事例のシャーマンたちは鉱山開発に経済的に依存しながらも、鉱山開発による環境破壊や貧富の格差に「抵抗」している。シャーマン自体も、伝統的な存在というよりもむしろ鉱山開発がもたらした貧富の格差によって生み出された副産物である。その一方で開発がもたらした自然環境の悪化に対して、シャーマンたちが「抵抗運動」を開始している。ここでは彼らのこうしたあり方を「依存

的抵抗」と呼んでおこう。

　物語の舞台となるのは、世界最大級の金・銅を埋蔵するといわれるモンゴル国南ゴビ県のオユートルゴイ鉱山である。筆者は、オユートルゴイ鉱山および鉱山が属するハンボグド郡において2011年の夏から2013年の夏まで3回、1回につき10日〜2週間程度の調査を行った。

　本稿では、まずオユートルゴイ鉱山の概要を紹介した上で、その鉱山都市であるハンボグド郡における社会変容を論じる。そうした上でハンボグド郡において、なぜシャーマンになっているのか、そしていかなるシャーマニズムが実践されているのか、「依存的抵抗」をキーワードに読み解いていきたい。

第1節　オユートルゴイ鉱山

　オユートルゴイ鉱山（Oyu Tolgoi）は、ゴビ砂漠東南部に位置する世界最大級の埋蔵量を誇る金・銅鉱山である。行政区画で言うならば南ゴビ県ハンボグド郡に属する。首都ウランバートルから約650km離れている一方で中国国境までわずか80kmのところに位置する。オユートルゴイとは現地語で「トルコ石の丘」を意味する。

　同鉱山を実質上運営しているイギリス・オーストラリア系の資源メジャーRio Tint社（以下RT社）によると推定埋蔵量は、銅270万トン、金170万オンス（約482トン）だとされている［Rio Tinto 2013］。しかしながら、それよりも埋蔵量がはるかに多いとする情報もある。また同社によると、鉱山寿命は50年ほどあり、ゆくゆくはモンゴルのGDPの3分の1を担うようになるのだという。

　2012年夏、我々滋賀県立大学の調査隊は現地協力者のはからいのもとで、オユートルゴイ鉱山施設を見

写真2　オユートルゴイ鉱山全景

学した。見学は訪問者用のガイドがついた上で、専用のバスに乗せられて進められていった。ガイドは、巨大なシャフトや工場、発電所といった施設をひとつひとつ紹介していく。我々は、ゴビの大平原に浮かぶ巨大施設群に圧倒されるばかりだった。しかしガイドの解説によると、この鉱山には金の精錬工場はなく、掘った鉱石を物理学的方法で粉砕し水を混ぜて沈殿させることで金の含有率を 20% 程度に高める（bayajuulakh － enrichment〔選鉱〕）までの工程を行っているのだという。金の精錬は中国で行うことになっており、精錬時に発生する有毒な水銀はここでは排出されないらしい。その一方で、後にここで働く鉱山労働者たちに話を聞くと、「砒素中毒」による病気や流産があることをひそかに語ってくれた。

　労働者の居住区にも案内された。驚いたことにこの居住区はゲル型とアパート型の二種類が用意されているが、数百のゲルがところ狭しと並んでいる。本来、遊牧民は分散居住しているので、このような光景がモンゴルで見られることはない。おそらく世界中でここだけであろう。

　施設を見学した後、我々は労働者の利用するレストランで食事をご馳走になった。そこには「ここは本当にモンゴルか？」と見紛うくらい近未来的な別世界が開けていた。数百人が一度に食事をできると巨大なレストランのデザインはまるで宇宙船の内部のようで、従業員たちは SF 映画に出てくるようなツナギのユニフォームに身を包んでいる。彼らの出身も多様だ。ヨーロッパ系、アフリカ系、インド系など、驚くほど様々な国の人々が入り混じって談笑しながら食事をしていた。ガイドの説明によると 40 カ国以上の労働者がここに集まっているのだという。耳をすませると、モンゴル語よりも英語のほうが多く聞こえてくる。

　食事は、モンゴル料理とヨーロッパ料理に分かれており、バイキング形式となっていた。料理には、モンゴルの地方ではほとんど見かけることのないレタスやほうれん草といった葉モノの野菜も豊富に使われており、味もウランバートルの高級店並みのレベルである。聞くところによると食材は毎日ウランバートルから空輸しているのだという。ちなみに、ここには多国籍の労働者が働いているが、中国人の労働者だけは、食堂も居住空間も分けられていた。おそらくモンゴル人に根強い反中感情を考慮してのことであろう。

ガイドの女性は自信に満ち溢れた態度でいかに環境に目をくばりながら、すばらしい開発が行われているのかを強調した。だが、それだけ広報活動に力を入れなくてはならないほど、この鉱山の評判がよくないことを意味しているのだろう。事実、オユートルゴイ鉱山は、政府の要人や国会議員のほか、現地メディアや現地の地方政府の関係者にも見学会を催したりしてきたのだという。

そもそもオユートルゴイの地に鉱床があることは、社会主義時代よりソ連とモンゴルの共同地質調査によって知られていた［前川 2014］。しかし操業にいたるまでの道は一筋縄ではいかなかったと言ってよい。

2001 年、採掘権を譲渡されたアメリカ人ロバート・フリードランドが率いる Ivanhoe Mines 社（以下 IM 社）がこの地で鉱床を「発見」すると、同社がその開発を主導していくことになった。しかし、このフリーランドという人物は、かつてコロラド州において鉱山開発を通じて壊滅的な環境破壊を行ったことで知られていた。コロラドでの一件で彼は「有毒ボブ」の悪名を轟かせていたことから、一部のモンゴル人とモンゴル在住の外国人との間で不安が広がった［ロッサビ 2007: 136-137］。

こうした中、2003 年より IM 社とモンゴル政府は生産開始に必要な手続きを開始したがその契約は難航し、契約まで 6 年の月日を要した。その理由として、2004 年にモンゴルの総選挙により協議が中断したこと、世界的に資源ナショナリズムが高まり、モンゴル人の間でも資源を外国人に取られるのではという危惧が高まったこと、そしてモンゴル政府も「超過利得税」と呼ばれる税法（金と銅の国際市場価格が一定額を超えた場合、超えた差額分については 68％の税を課すという法律）を導入したことなどが挙げられる。この税法は企業に大幅な利益減をもたらすものであり、それによって IM 社の株は 20％以上急落した。紆余曲折を経て 2009 年にこの法律は廃止され、その直後に政府と IM 社および RT 社によって投資協定が締結された［岩田 2009: 40-41；前川 2014: 116 など］。

この 3 者によって設立されたオユートルゴイ社は、現在、株式の 66％を Turquoise Hill Resources 社（IM 社と RT 社の合弁会社、RT 社が株式の 51％を所有）を保有し、モンゴル国営企業の Erdenes Mongol 社が 34％を保有している［RioTint 2014］。

しかし、モンゴル側は外資に対して、新規の鉱物探査のライセンスの発行と

移譲を禁じたり、モンゴル側の株式保有率を上げるように外資に要求したりと揺さぶりをかけた。すなわちモンゴル側は急に法律を変えることで戦略的であろうとしているのである。しかもその意思決定が 3 週間ほどと非常に早い。前川はその背景に「自分たちのものは、自分たちの利益にしたい」というモンゴル人の認識があるのだとする［前川 2014: 118］。

　確かにこうしたモンゴル側の戦略的思考は、何も政府や国会議員に限ったことではなく、現地の人々にも通底している発想法であると言えよう。ただし、鉱山周辺域に住む人々の取れる「戦略」はごくごく限定されたものであり、戦略と呼べるようなものではない。とはいえ彼ら地元住民は自らが置かれている状況の中でできる限りの利益を享受しようと務めている。それが、本稿でこれから論じる「依存的抵抗」という戦術である。

第 2 節　ハンボグド郡における社会変容

1　貧富の格差と雇われ牧民の誕生

　オユートルゴイ鉱山を擁するハンボグド郡（Khanbogd）は、南ゴビ県の東南端に位置している。郡の南側は中国と国境を接しており、郡センター（郡役場や病院、学校などのある定住区）は、オユートルゴイ鉱山から 40km ほど離れている。郡はノムゴン（Nomgon）、ハイルハン（khairkhan）、ジャヴハラント（Javkhlant）、ガヴィロード（Gaviluud）、バヤン（Bayan）の 5 つの行政区（Bag）に分かれている。面積は 1 万 5,100 平方キロメートル（岩手県とほぼ同じ）で、そこに 4,300 人（2012 年）が暮らしている。しかし、郡長によると鉱山関連で働きにきている一時的な居住者をあわせると 1 万 2,000 人強となるのだという。

　そもそもハンボグド郡は、鉱山開発が行われるまでは、牧畜以外にこれといった産業のないいわゆる遊牧民の郡であった。郡の人口もオユートルゴイ鉱床が発見された 2001 年の時点では 2,400 人に過ぎなかった。しかし鉱山開発とともに 2012 年には人口は 1.8 倍の 4,300 人に達した。1 万 2,000 人という実質上の居住者で言うならば、10 年前の 5 倍に膨れ上がったことになる。郡内にある会社（店舗やホテルなどを含む）の数も 2001 年の時点では 6 社であったが、2012 年には 99 社に激増している[1]。ソム政府の予算も 2009 年で 7 億 2,000

万トゥグルク（約4,000万円）であったが2012年には79億7,000万T（約4億6,880万円）と4年で10倍以上に跳ね上がっている［Khanbogd 2013］。それだけ税収も国からの交付金も増えたというわけである。

2011年の夏、最初にハンボグドに訪れたとき、郡センター周辺をあちらこち

写真3　鉱山周辺を行きかうタンクローリー

らで大型のタンクローリーが走り回り粉塵を巻き上げていた。聞くところによると鉱山施設の建設のために資材を運ぶ中国系の会社の車なのだという。郡センター内の道路舗装工事が始まっており、ホテルの建設も進んでいた。

何よりも驚かされたのは、ここの郡にはトヨタ・ランドクルーザーを中心に大型のSUV車が走り回っていたことだ。地元の人々の話によると2011年の時点で100台以上のランドクルーザーの所有者がこの郡にはいるとのことだった。また、欧米式の一戸建て住宅（現地では khaus と呼ばれる。英語の House が語源）も郡センターには散見された。一般的にゴビ地域の郡センターでは、住宅はゲル（遊牧民の移動式家屋）であることが多く、木が貴重なゴビ地域においては木造建築も少ない。車もロシア製の中古ジープが中心であり、ゴビでこのような高級車や高級住宅が見かけられることはなかった。明らかにハンボグド郡はモンゴルの一般的な地方の郡と異なり、豊かさが目に見えるようになっている。その一方で貧富の差も拡大していっているのも事実である。鉱山開発はある種の社会階層を生み出したと言っても過言ではない。

意外なことにハンボグド郡で一番の富裕層を生み出したのは、実はオユートルゴイ鉱山ではない。オユートルゴイ鉱山は、外資ということもあり地元住民の雇用数は比較的少ない。また給料はいいが知識と技術を必要とするエンジニアは、モンゴル人でもウランバートル出身の高学歴者が雇われることがほとんどである。

ところが 2003 年、鉱山の敷地外で地元住民の手によって金の鉱床が発見されたのである。この情報を得た人々は金を求めて群がった。この鉱床は、イラク丘 (Irak Tolgoi) と名づけられた。アメリカのブッシュ大統領がイラクに侵攻した年に鉱床を見つけたからだという。この「イラク丘」に群がったのは、遊牧民というより、むしろ元から郡センターの定住区に住む公務員や商売人が多かった。というのも遊牧民はその情報を知っていても家畜をほったらかして金を掘りにいくわけにいかなかったからだ。こうして郡センターの住民の中には、金を掘って富裕化する者がでてきた。採掘した金は高級車や高級住宅に化けていった。また、中には鉱山関係者を相手にホテルやレストランの経営に乗り出す者も出てきた。

イラク丘で儲けた人々の次に豊かになっていったのは、鉱山労働者となった牧民たちであった。現地の牧民たちの語るところによると、「働ける子供の数が多ければ多いほどその家は潤っていった」のだという。

地元住民たちが鉱山関連企業に採用されたのは、鉱山敷地内での工場建設や警備員、車両の運転手、あるいは敷地周辺の飛行場建設や巨大な工場に水を供給するためのパイプラインの建設作業員といった仕事である。これらの仕事は 30 万 T から 100 万 T（約 1 万 8,000 円〜 6 万円）の月収を得ることができる。牧民たちは家畜を親戚や知人に預けて、青年層の子供たちをこうした労働に従事させるようになったのである。親戚や知人に家畜を委託放牧する場合、その謝礼は 30 万 T 〜 40 万 T であるという。したがって、鉱山関係の仕事につく子供がたくさんいれば、家畜を委託してもその家の現金収入は何倍にも増えるわけである。とはいえイラク丘で儲けた連中に比べれば、牧民出身の労働者たちの収入はしれたものである。しかし家畜を委託した牧民たちの中には、定住地区である郡センターに移り住み、商店や食堂などを経営する者も現れてきた。

そうした中、イラク丘やオユートルゴイ鉱山の利権に与れない者たちは、「雇われ牧民」として牧地に残されていくようになった。2010 年を前後してこの地域ではゾドと呼ばれる大寒害が起こった結果、多くの牧民たちが家畜を失った。虚弱者や老人や女性といった社会的弱者も鉱山関連の仕事を得るのが難しい。このような家畜を失った人々や社会的弱者は、当然にして人の家畜を委託放牧する「雇われ牧民」に身をやつすほか道はなくなったのである。こうして

ハンボグド郡の遊牧民の多くは、雇われ牧民となっていったのである。ある雇われ牧民は以下のようにつぶやいた。

> 「郡センターの人たちは机に座って暖かい暖房つきの部屋で仕事をしている。我々牧民は、天候が悪くなったらどうしよう、雨が降らなかったらどうしようとそんなことだけ考えて暮らしている。センターの人たちは自分の専門に関する仕事だけをしているので田舎（草原地帯）で何が起こっているのか、知らないんだよ」

しかし、こうした雇われ牧民より経済的苦境を強いられているのは、郡センターに住む失業者たちである。牧民たちは、雇われに身をやつしたとしても食料となる家畜があるので食べていくのに困ることはない。これに対して郡センターに住む人々の中には家畜を持たず、職にも恵まれない者たちがいる。ハンボグドの人々の語るところによると、鉱山関連企業での求人は常にあるものの、10人面接したら採用されるのは3～4人に過ぎないのだという。運転免許などのなんらかの技能があれば採用されやすいが、中には何度受けても雇ってもらえない人もいるらしい。実は、こうした者たちの中からシャーマンが誕生している。

2　家畜の「減少」・水不足・粉塵被害

シャーマンの話に入る前に牧民たちの窮状にもう少し耳をそばだててみよう。現在、彼らは家畜の減少や水不足、粉塵による健康被害といった問題に悩まされている。牧民たちは水不足と牧草地の悪化の原因をオユートルゴイの鉱山開発が原因だと理解している。彼らの語るところによると、鉱山建設には莫大な量の水を要する。オユートルゴイ鉱山は地下水脈を掘り当てて、そこからパイプラインで水を鉱山敷地内に供給するという方法をとった。そうした中、牧民たちが使う井戸の水量は減り、中には干上がるものも出てきたのだという。現地住民の情報によると、鉱山は毎秒180リットルの地下水を汲み上げているのだという。また鉱山開発によって牧草地の草の生え具合も悪くなったのだとも語る。

そんな矢先、ゾドと呼ばれる大寒害が 2008 年から 3 年続いてこの地域を襲い、多くの家畜が凍死した。ある牧民は家畜の数が 700 頭から 250 頭にまで減少したのだという。あるいは 500 頭から 300 頭に減ったと答えた牧民もいた。鉱山敷地に程近いある井戸の近くに夏営地を置く牧民 (63) によると、かつてその井戸を利用していた牧戸は 10 軒ほどあったが、今は彼の家のみになってしまったのだと言う。

不思議なことにハンボグド郡の統計資料によると 2001 年から 2012 年にかけて、総家畜頭数は 4 万 7,768 頭（ラクダ 1 万 1,417、馬 2,861、牛 694、羊 1 万 5,686、山羊 1 万 7,110）から、12 万 3,279 頭（ラクダ 2 万 389、馬 5,878、牛 2,982、羊 3 万 3,613、山羊 6 万 417）とおよそ 3 倍弱に増えている。2009 年から 2010 年にかけて総家畜頭数は 11 万 6,283 頭から 9 万 6,084 頭に一時的に減少したものの、翌年の 2011 年には 11 万 2,143 頭と増加に転じている。増加の一因は、他県や他郡から牧民世帯が人口流入することで、それに伴って家畜も連れてこられたものだと考えられる。ちなみに元からこの郡に暮らす牧民の家畜頭数がどう変移したのかというデータは取られていない。

とまれ家畜の減少を口にする牧民は少なくなかった。その理由は不明なのであるが、こうした「水不足」にさらなる拍車をかけているのが「井戸の私有化」である。すなわち裕福な郡センターに住む不在畜主たちは掘削ドリルを使って深井戸を掘り、ポンプ式の汲み上げ施設をつくった。そして、こうした井戸のポンプ小屋に鍵をつけて井戸の「所有者」以外の人間が使えないようにしたのである。本来、モンゴルの遊牧民にとって井戸は誰の所有物でもなく、地域の牧民なら誰もが利用できるというのが慣わしであった。こうした井戸の「私有化」によって、貧しい牧民たちはさらなる「水不足」へと追いやられたのかもしれない。水のないところでは、

写真 4　鍵のかかった井戸のポンプ小屋

人も家畜も生きてはいけない。

　水のない草原は牧草地にはならず、単なる草原でしかない。川や湖といった地表水がほとんど存在しないゴビ地域において井戸の私有化は、牧草地の事実上の私有化であると言っても過言ではない。しかしここで重要なのは、牧民たちは水不足と牧草地の悪化の原因をオユートルゴイの鉱山開発が原因だと理解しているという点である。

> 「(鉱山会社が) あちらこちらで土地を掘り返したので、大地が怒っているのだ (*gazar delkhii uurlaj baina*)」

　彼らは口を揃えたかのようにそう語る。オユートルゴイ鉱山側も、この事態に対処すべく鉱山周辺域に住む牧民たちのために冬の家畜小屋（*khashaa*）を建設してあげたり、井戸を新たに掘って牧民に提供したりした。また、鉱山敷地の中心から直径20km圏内を影響圏（*nolöölöliin büs*）と呼び、その圏内で放牧をしていた牧民に対して、補償金（一種の立ち退き料）が支払われたのだという。牧草の不足を補うために干草が鉱山会社から提供されたこともあった。しかし、それでもなお、（あるいはそれがゆえに）牧民たちは不満を口にする。「オユートルゴイは俺たちのことを相手にしてくれない」と。

　こうした不満は家畜の「減少」や水不足だけではない。鉱山周辺域には、ひっきりなしに建築資材を運ぶトラックやガソリンなどを運ぶタンクローリーが行きかっており、未舗装の道路が多いこともあり、草原に粉塵を撒き散らしているのである。こうした資材は陸路で中国から入ってくる。中国人のドライバーたちは近道をするために草原、すなわち牧草地を通過することも少なくないのだという。その結果、鉱山周辺の牧民たちの生活圏である草原は常に粉塵にさらされることとなった。ある牧民（40歳、女性）は以下のように語る。

> 「車があちこち走るようになって粉塵の影響が出ているよ。朝の4時5時頃から始まって夜の9時10時に至るまでひっきりなしにダンプカーが走っているんだよ。羊を（肉を食べるために）屠ったら、肺が黒まだらになって

いる。ちょうどタバコを吸っている人の肺のような感じだよ。だからジャヴハラント区の人たちは羊の内臓は食べずに捨てるようになったんだ」

　彼女は、オユートルゴイのおかげで郡の生活水準が上がったことや失業者が減ったことを認める一方で、雨が降らなくなったことや牧草地の劣化について、やはり鉱山開発によって「自然や大地が怒っているのだ」と答えた。
　また、トラックが巻き上げる粉塵による被害は家畜だけではない。牧民たちの中には呼吸器系健康不安を抱えていることを訴える者も少なくない。聞き取り調査をした牧民たちの中には咳き込みながらインタビューに答える者も多くいた。また、家畜の原因不明の死や下痢といった問題を口にするものもいた。
　オユートルゴイ鉱山は労働者や物資を迅速に輸送するために飛行場を建設した。その飛行場の近くに住む60代の女性も粉塵被害を訴える。彼女は牧民であるが、飛行場の警備員の仕事もやっているのだという。咳き込むようになり、心臓も悪かったので北京で心臓手術を受けたのだという。2,000万T以上の手術費用がかかったことを鉱山会社に言ったら、1,000万Tだけ補助してくれたのだという。また井戸の水位が下がり、牧草も生えなくなったので干草が鉱山会社から提供されたが、一冬も越せない量だったのだという。
　オユートルゴイ鉱山は開発に伴う地元住民への補償を行ってはいるが、決して地元の人々は満足していない。

第3節　鉱山都市におけるシャーマニズム

1　シャーマンの誕生

　さて、本題に入ろう。そんなハンボグド郡でシャーマンが増えている。2012年現在、ハンボグド郡には30人ほどのシャーマンがいるといわれている。このハンボグドのシャーマンたちは鉱山が生み出したと言っても過言ではない。では、どのようにしてシャーマンは鉱山都市で生み出されているのだろうか。
　地元の老人によると、そもそもこの地域でシャーマンがいたという話は聞いたことはないという。住民の多くはモンゴルの他の地域と同様に仏教を信じてきた。そんな場所にシャーマニズムが広まるきっかけとなったのは、2007年

のことである。ちょうど、オユートルゴイ鉱山の工場建設が開始されて間もない頃のことだった。1人の足の不自由な老人（シャーマン）がバガノール（ウランバートルの東 100km ほどに位置する炭鉱都市）からこの地にやってきて「布教」を開始したのだという。人々は彼のことを「バガノールのシャーマン（*Baganuuriin böö*）」と呼んだ。

　バガノールのシャーマンは、当初ハンボグドの人々に全く相手にされなかった。しかし徐々に占いや相談をする地元住民も出てき始めた。やがてバガノールの老人は、仲間のシャーマンを 2 人ほど呼んできたのだという。そんな中、2008 年、ハンボグド郡の住民の中から、バガノールのシャーマンに弟子入りし、2 人のシャーマンが誕生した。1 人はテルビシ（仮名）といい 20 代半ばの男性であり、もう 1 人は彼のオバでもある 50 代のチムゲー（仮名）である。彼らはともに郡センターの住人だった。やがてバガノールのシャーマンとその仲間は故郷に帰り、この 2 人が次々と弟子をとることでハンボグドにおいてシャーマンとその信者が増えていった。

　聞き取りを通じてわかってきたのは、ハンボグド郡でシャーマンとなった者たちは、第一に鉱山開発の利権にまったく与ってこなかった者たちだということである。彼らの中にはイラク丘で儲けた者もいなければ、鉱山関連の職についていた者もいない。例えば、病院の看護師であったり、ただの学生であったり、失業者といった者たちである。また牧民の中からシャーマンは誕生していない。言い換えるならば、定住区である郡センター住民の中で比較的貧しい者たちがシャーマンとなっているというわけである。

　最初にシャーマンとなり、シャーマンたちの師匠であるテルビシも次のように語る。

　　「われわれシャーマンは、みな疲れ果てた貧しい人々だったんだ。俺も仕事もなく郡センターで喧嘩に明け暮れていたんだよ」

　周囲の人々によると、テルビシは仕事もなく喧嘩による傷害罪で服役していたこともあるのだという。お金もない。家族ともうまくいかない。そんな彼がシャーマンとなったのは、師匠に「おまえは精霊を受け入れないと死ぬぞ」

(*shüteen avakhgui bol chi ükhne shüü*) と言われたからである。

　こうした不幸や災厄の原因を精霊に求める災因論的思考は、モンゴル国内のブリヤートのシャーマニズムに由来するものだと言ってよい。かつてドルノド県のブリヤート人たちの間でシャーマンが増え始めたとき語られていたのは「おまえはルーツにねだられている。シャーマンになってルーツ霊を憑依させないと死ぬぞ」という文句だった。ここでいうルーツ（現地語ではオグ：ug）とは、その人をシャーマンにさせるべく病気や悩みで知らせていた先祖霊のことである。そしてこの思考法は、ルーツを「天（*tenger*）」や「崇拝の対象（*shüteen*）」といったふうに表現を変えながらウランバートルやそのほかの地域に伝播していった［島村 2011］。仏教の場合、災厄の原因の説明は行われずにラマが厄除けの経を読むという形で対処する場合が多い。現代モンゴルのシャーマニズムの特徴は、「何か悪いことがあればその原因を精霊に帰せしめる」と同時に「それを解決するにはシャーマンになるほかに道はない」と思う思考法であると言ってよい。

　すなわち鉱山開発によって派生した貧富の格差がこの災因論的思考と結合した結果、周縁化された者たちがシャーマンになっているのである。

　新たにシャーマンとなった者たちは想像上の社会的地位を獲得することで、親族や信者から崇敬と畏怖の念を得ている。すなわち、シャーマンに憑依してきた精霊は、そのシャーマンの地位をタイジ（*taij*、旗長レベルの王侯）、ノヨン（*noyon*、貴族）、トゥシメル（*tüshmel*、官吏）といった清朝時代の王侯貴族の名で与えるのである。こうした地位はシャーマンに憑依する精霊＝先祖霊の生前の地位であると解釈されている。ウランバートルでは、「名誉教授」や「博士」といった想像上の地位を持っているシャーマンがいたが、ハンボグドでは基本的に清朝時代の王侯貴族でシャーマンの叙階が行われている。

　こうした想像上の社会的地位は、シャーマンの衣装

写真5　シャーマンの帽子

にも反映されている。いわゆる伝統的なモンゴルのシャーマンたちは鹿の角を模倣したヘルメットか、鷲の羽根のついた帽子を被るのが一般的であったが、ハンボグドのシャーマンたちは将軍帽（*janjin malgai*）と呼ばれるかつての王侯貴族が被るような帽子を被るのである。ただし、帽子の前部に２つの目玉がついているという点でシャーマンの帽子はただの将軍帽とは異なる。

2　富の再分配か、マルチ商法か

　ひとたびシャーマンとなると、彼／彼女の精神的および肉体的不調は劇的に改善されるといわれている。しかしそれ以上に目に見える改善点はその人の生活水準である。新たにシャーマンとなると信者（圧倒的にほとんどが家族・親戚）たちからの経済的な援助を得ることができる。

　例えば前出のテルビシは「精霊の導きにより、すべてがうまくいくようになった」という。というのも彼に憑依してきた精霊が「私のメッセンジャー（*ulaach*、すなわち精霊のメッセージを伝えるシャーマンのこと）は、新しい6枚壁のゲル（遊牧民の移動式住居）に住まなくてはいけない」と言ったので親族や弟子たちが新しいゲルを提供してくれたのだという。ゲルは折りたたみ式のハナと呼ばれる格子状の壁で作られている。6枚壁とはかなりの大型のゲルである。彼は郡センターに固定式のゲルを構えており、中には大型のフラットTVや冷蔵庫、立派な家具が置かれていた。こうしたものもどうやら精霊の託宣によって信者や弟子から提供されたものであるらしい。

　シャーマンにとって収入を得る最も大きな機会は、誰かをシャーマンにすることである。弟子をとりシャーマンにするためのイニシエーション儀礼「チャナル（*chanar*）」において、師匠シャーマンに対して高額の謝礼が支払われるのである。チャナルはそもそもブリヤートのシャーマニズムにおけるイニシエーション「シャナル（*shanar*）」の発音がハルハ化して、ハルハ・モンゴル人に取り入れられたものである。師匠への謝礼は、ハンボグド郡において100万T〜300万T（約6万円〜18万円）ほどかかるといわれている。それに加えて、太鼓などのシャーマンの道具やシャーマンの帽子やコート、靴といった衣装の製作など儀礼に100万〜200万Tほどかかる。当然にして貧しいシャーマン候補には、その出費は耐えられるものではなく、家族や親戚が分担して支払うこ

94　第1部　地下資源開発の歴史と社会変容——モンゴル

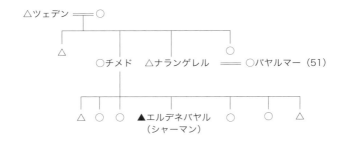

図1　バヤルマーの夫の系譜

とになる。こうした親戚のことを「血統を同じくする人々（udamyn ulsuud）」という。親族のうち、誰が何に関する費用を支払うかは、精霊の託宣によって決められる。つまり、シャーマンの信者は、一義的には新シャーマンの家族や親戚ということになる。

　例えば、バヤルマー（仮名、51歳）という女性は、夫のオイがシャーマンになると言うので、衣装代として100万Tを拠出したのだという（図1参照）。

　彼女は郡の公的セクターで働いており、比較的暮らしぶりも裕福であるようだ。彼女自身は日産のSUVを所有している。また噂によると彼女の夫は、あのイラク丘で一儲けしたともいわれている。興味深いことに彼女は新シャーマンとなる夫のオイに対して、喜んで支援した。その理由は後で述べるとして、他にもシャーマンには収入を得る手段がある。ハンボグド郡のシャーマンたちは一カ月のうちに少なくとも1回、多いときは2回、家族や親戚を集めて会食を伴った儀礼を行う。そのときシャーマンが憑依させる精霊（集まった人々にとっては先祖霊でもある）への捧げものとして現金が渡されるのである。こうした余剰は「鉱山開発」によってもたらされたものである場合が多い。すなわち、シャーマンの誕生とシャーマニズムの実践自体、経済的に鉱山に「依存」しているわけである。しかし、いずれにせよ、ハンボグドにおいてシャーマニズムは偏在が進む富の再分配のシステムとして機能していることは確かであろう。

　そもそもゴビ地域では「ナイル（nair）」と呼ばれる宴会が、伝統的な富の再分配システムとして機能していた。ナイルは新しいゲルを作ったときや年長者の70歳、75歳といった長寿によって催され、父系および母系親族、そして友

人たちといったゲストからホストに対して多くの家畜のプレゼントがなされていた。平均すると1人ゲストにつき馬4頭、羊15頭が贈られていた。このナイルの習慣は、社会主義時代を経て1990年初頭まで続いていたのだという [Potkanski & Szynkiwicz 1993: 72]。このような習慣があったがゆえにシャーマン儀礼における富の再分配も人々に受容されやすかったとも考えられよう。

　しかし、こうしたシャーマンたちの活動は必ずしも皆に受け入れられるものではない。事実、シャーマニズムに否定的なある郡政府の管理職の女性は「シャーマニズムは単に親戚から金を集めるためにあるようなものよ」と語った。彼女の話によると、ハンボグドでシャーマンとなったある中年男性が儀礼を通じて金を集めて会社を設立したのだという。彼女によると「ストリートの失業者（gudamjiin ajilgui yumnuud）であった彼も今や社長」なのだそうだ。確かに信じない人々にとってシャーマニズムは、一種の金儲けにしか映らないかもしれない。首都ウランバートルにおいて同様の問題が詐欺事件として扱われることもあり、シャーマニズムはマルチ商法ではないか、という記事が新聞に掲載されたりもしていた。ハンボグドにおいてシャーマンたちのカネの流れについては現在のところ不明である。彼らの資金集めがマルチ商法的な方法論をとっているのか否かは、今後さらなる検証が必要であろう。

　ところでハンボグドにおけるシャーマンの資金集めは、一見するとM.ハイが論じたオヤンガの仏教ラマたちの強欲さと重なって見えるかもしれない。ザーマル金鉱を擁するオヤンガは「ニンジャ」と呼ばれる不法個人採掘者で有名で「ニンジャの都（ninjyagiin niislel）」として名を馳せていた場所である。ハイによると、オヤンガの仏教ラマたちはランドクルーザーを乗り回し、コンピューターを所有して地元のビジネスに投資するなど明らかに裕福な暮らしを満喫していた。中には海外旅行にまで出かけるラマもいたのだという。ラマたちは鉱山会社の社長たちやニンジャたちの求めに応じて、鉱山開発に支障が来たさぬようロス（lus, 河川や湖沼の主）を鎮撫するため読経を伴った儀礼を行う。こうした儀礼の謝礼は時に非常に高額であり、それゆえラマたちが豊かになっているのだという。その一方でラマたちは地元の貧しい人々を助けることもしないのだという [High 2013]。

　これに対してハンボグドのシャーマンたちの資金集めは、ハイが報告した

ザーマル金鉱のラマたちのように鉱山会社や労働者や郡の人々など「自由」に広げられるものではないことに注意したい。彼らの資金集めは、シャーマンたちの親族に限られているのである。また、鉱山会社の経営主体がザーマル金鉱はそのほとんどがモンゴル人であるのに対して、オユートルゴイ鉱山は外資である。オユートルゴイ鉱山は、有刺鉄線で敷地内が囲まれており、ニンジャのような不法採掘者を敷地内に入れることも許さない。またイギリス・オーストラリア系のグローバル企業 RT 社が、「大地の主」の怒りを恐れてラマやシャーマンといったローカルな宗教実践者に鎮撫儀礼の実施を依頼することは考え難い。つまりシャーマンたちの金集めの「自由」は非常に限定的であると言えよう。

3　親族ネットワークの再構築

シャーマンの誕生は富の再分配をもたらすと同時に、それを可能とする親族ネットワークを再構築している。社会主義以前のモンゴル遊牧社会は、いわゆる父系親族集団によって組織されてきたことは知られている。ただし、前出の Potkanski と Szynkiwicz［1993］が指摘しているように、ゴビ地域には 18 世紀に遡ることができる母系中心的な習慣（matrifocalcustom）があった。というのも家族の男性の半分がラマになっていたからである。しかし 20 世紀半ば、社会主義による牧畜の集団化が完成することによって、遊牧民の父系親族集団に基づく生産組織は解体され、牧畜協同組合（negdel）に統合されていった。この協同組合は社会主義が崩壊する 1992 年ごろまで続くことになる。こうした中、シャーマニズムは親族ネットワークを再構築する役割を担っていると考えられる。ただし、ここでいう親族ネットワークは従来の父系に基づくものでもなければ、生産組織を伴っているものでもない。親族間の相互扶助意識によって富の再分配をもたらすような、境界のあいまいな情動的ネットワークである。

前述したとおり、シャーマンとなることは個人だけで解決できる問題ではなく、家族や親族を巻き込んだ問題となる。イニシエーション儀礼に対する高額な謝礼や衣装、儀礼道具一式を負担するのは「血統を同じくする者たち（udamyn ulsuud）」と呼ばれる親族だからである。この「血統を同じくする者」とは、父系・母系・姻族にかかわらず現在彼らが認知している親戚関係のある者たちで、その境界にはっきりとした定義があるわけではないようだ。

いずれにせよ、イニシエーション儀礼における負担をいかに分担するかは師匠シャーマンに憑依してきた精霊によって決定されるが、信者である親族は自発的に喜んで差し出しているように見えた。

　その背景には、シャーマンを擬制的な「祖父」にした親族ネットワークの構築があるからだと考えられる。ハンボグドのシャーマニズムにおいてシャーマンに憑依してくる精霊はたいていの場合男性の先祖霊であり、それがゆえに彼らは「お爺さん（övöö）」と呼ばれる。不思議なことに信者≒親族たちの間でシャーマン自身もその精霊の名前で呼ばれ尊敬されるようになる。例えば26歳のテルビシは、「ダンザンお爺さん（Danzan övöö）」と呼ばれている。前出のチムゲーも、女性であるにもかかわらず「ガナーお爺さん（Ganaa övöö）」と呼ばれている[2]。

　さらに信者には、シャーマニストたちの間でのみ通用する「洗礼名」のようなものがシャーマンから与えられる。前出のバヤルマーという女性は「澄み切った、透明」という意味のトンガラグ（Tungalag）という名前が与えられていた。これを「秘密の名前（nuuts ner）」というのだという。彼女によると、この秘密の名前は、美しく肯定的な意味を持つ単語で与えられるとのことであった。また、彼らシャーマニストたちは、儀礼の最中やシャーマニスト間の会話は実名ではなく、秘密の名前で呼び合わなくてはならないとされている。

　こうした親族ネットワークがいかに情動性を持っているのかに関して、バヤルマーの語りは説得的であろう。彼女は、何不自由ない豊かな暮らしをしているが、孤独に苛まされていた。なぜなら、彼女は親族のつながりに飢えていたからだった。

　　「私は生まれた直後に養子に出されたのよ。本当は7人の弟や妹がいたんだけど、養子に出た後は、全くつきあいがなくなったわ」

　しかし、そんな彼女に転機が訪れる。彼女のオイ、すなわち実の妹の息子がシャーマンになることになり、バヤルマーに会いに来たのだった。話を聞くと「精霊のお告げ」により、お姉さんに会いに行けといわれたからだという。彼女は妹の願いに応じて、オイをシャーマンにするための費用を出した。オイに憑依してきた精霊（＝「お爺さん」）は、彼女のキョウダイたちに対して「大き

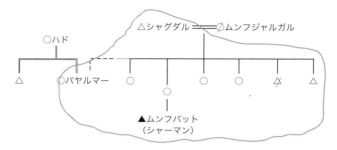

図2　バヤルマーの系譜（曲線内は再構築された親族ネットワーク）

いお姉さん（Tom egch）」と呼ぶように言った。それ以降、何か相談ごとがあると弟や妹たちが「大きいお姉さん！」と言ってやってきれくれるようになった。「本当にうれしかったわ」と彼女は語る（図2参照）。

また、シャーマンの儀礼に参加するのも楽しみなのだという。

> 「シャーマン儀礼は楽しいのよ。『お爺さん』ともお話ができるし、みんな集まるし、まるで旧正月（tsagaan sar）みたいよ。素敵でしょう！」

彼女は嬉々としてそう語った。事実、彼らの儀礼に参加してみると、普通の旧正月で会食しながらなごやかに親族の長老と語らう景色とさして変わらぬものであった。ただし、この「旧正月」で子どもや孫と語らう「お爺さん」が20歳そこそこの若者で、独特なシャーマンの衣装に身を包んでいることを除けば。また、バヤルマーは、シャーマンを信じるようになってから、夫と口げんかすることがなくなったのだという。なぜなら『お爺さん』に怒られるからだという。彼女は以下のように語る。

> 「私たちは、掟を守らなくてはいけないの（jayag barikh yostoi）。でなければ、『お爺さん』に罰せられてしまう」

すなわち、シャーマンによる親族ネットワークは、精霊たちの託宣によって道徳観や情動性を伴いながら構築されていると言えよう。こうした道徳観や情

動性だけではなく、シャーマニズムの「教え」も親族ネットワークの構築に寄与している。ハンボグドのシャーマニストたちによると、精霊たちはシャーマンを介在して以下のように語るのだという。

「(儀礼に)多くの人が来れば来るほど、シャーマンは力を獲得するのだ(*Olon khün irekh tusmaa böö khün khüchee avdag*)」

人間のネットワークが広ければ何らしかの力を獲得することをモンゴルの伝統的なことわざも教えている。精霊たちの語りの背景には以下のことわざに見られる発想法があるのかもしれない。

知人多き人は、広大な草原のような能力を持つ
(*Taniltai khün talyn chineetei*)
知人無き人は、手のひらほどの能力しかない
(*Tanilgui khün algyn chineetei*)

このことわざに出てくる能力と訳した *chinee* という語は、「能力」の他、「暮らし向き」といった意味を持つ。一方、精霊の語りに登場する「力 (*khüch*)」というものが一体何を意味するかは不明である。が、少なくともシャーマンは人が来れば来るほど、名声と同時にカネを得ることができるのは確かであろう。
なぜならモンゴルでは、旧正月で一族の長老に年賀の挨拶に訪れた折、お金を渡す習慣があるからである。シャーマニズム儀礼においても、このしきたりは踏襲されている。日本と反対で、モンゴルでは「お年玉」は子供ではなく老人に贈られるものなのである。もっともシャーマニズムにおいては『お爺さん』が実際は、若者や女性であったりするのであるのが。
その一方でシャーマニズムが親族ネットワークを切断するような側面もあることは否めない。ウランバートルでの事例であるが、ある大学教員の男性 (43) は、彼のオイがシャーマンとなったことで、弟 (オイの父) の家族とは疎遠になってしまったのだという。彼はその理由をこう語った。

「オイには会いたいと思うよ。オイが子供のころ、よくかわいがってやったし。しかし、『お爺さん』にはもう会いたくないんだよ」

実は筆者はハンボグドではこのような語りは採集できていない。しかしシャーマニズムを「カネ集めの手段」と見なしている公務員女性がいたことからも、同様のことが起こっている可能性は否定できないだろう。このようにシャーマニズムは情動性を伴いながら親族ネットワークを再構築する一方で、それを受け入れない人もいる。社会主義を70年間にわたって経験してきたモンゴルの人々の中には無神論者も少なくない。シャーマニズムは無条件に親族ネットワークを再びつなぎ合わせるわけではない。

4　環境ナショナリズムと「抵抗運動」

シャーマニズムは、ハンボグド郡においては鉱山開発によって生まれた貧富の格差の中で生まれたと言ってよい。そしてそうした格差を是正するような親族内の富の再分配や親族ネットワークの再構築といった新たな社会コンテキストを生み出している。仮に貧富の格差が、鉱山開発が生み出した「第一次副産物」であるとするならば、シャーマニズムは鉱山開発の「第二次副産物」であるといってよい。こうした第二の副産物は、第一次副産物への反作用のような形で生み出されていた。

さらに牧民たちの家畜の減少や水不足といった第一次副産物に対しても、シャーマニズムは反作用的な副産物、すなわち鉱山会社に対して環境ナショナリズム的な一種の「抵抗運動」を開始している。

2012年の夏、シャーマンたちのリーダー、テルビシは鉱山会社への一種の「宣戦布告」をしたことを私に語った。

「牧草は生えなくなった。水を飲むことも食べていくこともできなくなった。俺は、正直言って、彼ら（鉱山会社）の業務、つまり地下深くにある設備に妨害行為をしかけようと思っている。地下水を汲み上げている装置をつぶしてやるのさ。もし水が涸れ牧草にも家畜にも水をやることができなくなったならば、地下にある設備のすべてを引っこ抜いてやる。もう最

第 4 章　鉱山を渡り歩くシャーマン

後の手段をとらざるを得なくなっているんだ。（私に憑依する）精霊たちも言っている。本当にどうしようもないなら、人的被害が出ない形で設備に秘密の力（dald khüch）で被害を与える。人間のいのちや健康に危害を与えない形で。俺に憑依してくる守護霊や天空神（shüteen sakhius tenger）も、『やれ』とアドバスしていることだし」

　実はテルビシはこのインタビューの 1 年ほど前（2011 年）、人を介して一度、オユートルゴイ鉱山の経営者側に接触を試みている。彼は、牧草地の井戸の水位が非常に低下していることを憂慮していた。そこで鉱山側に伝えたのは「ゴビの 3 つの県の自然を仕切っているのは、私だ。私に会に来い。山や水の主（lus savdag）を鎮撫してやる」というメッセージだった。彼は明言を避けたものの、現地の人々によるとテルビシは鉱山会社に対して儀礼を執行するための謝礼を要求したらしい。しかし鉱山側は「我々は、水の主や山の主なんてよくわからない。だから（定められた）業務を遂行するだけだ」と答えるのみであったのだという。

　テルビシは憤りながら話を続けた。

　「鉱山会社は、俺に会って話をしない。私の山や水、そして俺を無視するならば、俺も彼らを無視せざるを得ないだろう。人がせっかくこういう態度で接しているのに。俺の中に『モンゴル人のプライド（omogshil）』というものがあるんだろう。俺がなんとかしてやると言っているのに無視するならば、こちらだって対抗手段をとる（arga khemjeeg avna）までだ。現在、首都から俺の配下のシャーマンたちが集まってきている。彼らをみんな連れてオユートルゴイに行き、守護霊（shüteen sakhius）を降ろす。俺自身も 90 の守護霊を降ろそうとしている。3、4 日後には、ハンボグドに 99 人のシャーマンを連れてくる。全て俺の弟子たちだ」

　筆者は今にも鉱山会社に対して戦いを挑もうとしている彼の話を聞いて、その成り行きを見守りたくも思った。しかし我々の調査隊は 2 日後には日本に帰

らなくてはならなかった。1年後、ハンボグドを再び訪れた私はテルビシの戦いが果たしてどうなったのかが気になり、再び彼の元を訪ねた。しかしあいにく彼はウランバートルへ行って留守にしており、ついぞ会うことはできなかった。しかし、地元の牧民たちの話によるとテルビシは30人ほどのシャーマンを率いて行動を起こしたようである。モンゴルでは9という数字は最も縁起がよい数字であるとされる。テルビシが99人と言ったのは、こうした背景を持つ誇張表現であったようだ。

　いずれにせよ地元の牧民によると、彼は本当にシャーマンを集めてオユートルゴイを見下ろせる丘の上で盛大に儀礼を行った。キャンプファイアーが焚かれ、一晩中シャーマン太鼓の音が草原に響き渡った。その結果、家畜が騒ぐので驚いた牧民たちが警察を呼ぶという騒ぎにもなった。しかし、テルビシが語っていたような鉱山の地下施設の破壊がなされたという話は聞かなかった。また警察も夜中に儀礼を行っているという理由で彼らを逮捕するわけにもいかず、注意をして帰っていった。ただ、その儀礼の後、山の上にいくつかのオボー（積石塚）がシャーマンとその信者たちによって築かれていたのだという。

　ここで重要なのは、シャーマンが水の主や山の主という概念が象徴する自然環境を仕切るのは「モンゴル人のプライド」に関わる行為と見なしている点である。言い換えるならば自然環境保護とナショナリズムがセットとなって新たな宗教実践を生み出されているわけである。

　話をテルビシとのインタビューに戻すと、中国人を中心にした外国人との軋轢について私は彼の意見を聞きたかった。あえて彼の「本音」を探るために彼の精霊が中国人労働者についてどう思っているのか、尋ねたところ、彼は饒舌に語り始めた。

　　「今、俺が話そうとしていることを聞いてくるね。かゆいところに手が届くというか。俺はこの点について話したかったんだよ。確かに中国人はここにたくさんいる。でも中国人は我々と同じ人ではあるよな。いい人もいれば、悪い人もいる。モンゴル人に似た風貌をしており、給料をもらって働いているんだよ。ひとつだけ大事なことは、我々が間違っているということだ。我々はここにいる多くのモンゴル人を就労させることができるに

もかかわらず、彼ら（中国人）を連れてきてここで働かせている。それは我々（モンゴル人）の間違いなんだよ。政府の政策が間違っているのさ。ここで働いている人々（中国人）は、かわいそうに遠くにいる家族を養うために頑張っている人々だ。我々と同じだ。我々モンゴル人だって、韓国や日本に行って働いているだろう。それと何ら変わることはないと俺は心の中で思っている」

非常に冷静な彼の対応に驚いたが、次の瞬間、テルビシは主語を「精霊」に置き換えて全く正反対のことを主張し始めた。

「しかし、守護霊（*sahius shüteen*）はこんなふうに話しているよ。『彼らは以前に何百年もモンゴル人を抑圧してきた。このことは、彼らの血に染みついてしまっているのだ（*tsusand shingeechikhsen*）。それを忘れてはいけない』とね。我々を支配してきた国だよ。満洲人は何百年も我々を支配してきた。その当時のことは、中国人の血や遺伝子に埋め込まれているのさ」

ここで言う「何百年も中国人がモンゴル人を抑圧してきた」とは、満洲人の清朝によるモンゴル支配のことを指している。現在のモンゴル国とほぼ領域が重なるかつての外モンゴル地域は、1691年より辛亥革命によって清朝が崩壊する20世紀の初めまで、清朝によって支配されていた。満洲人は言語的にも文化的にも漢民族よりモンゴル人に近いが、一般的にモンゴル人は満洲人と中国人（漢人）を同一視する傾向が強い。

また歴史学が明らかにしてきたように清朝は、モンゴル王侯と同盟関係にあり、外モンゴルは高度な自治が保たれてきた［cf. 岡 2007］。そうした中でむしろモンゴル人は満洲人に次ぐ支配者として漢土を支配してきたといわれている。もちろん、本論の冒頭で紹介した田中克彦が語るとおり、清末に内モンゴルにおいて漢人たちによる牧草地の収奪、農耕地化が行われてきたことは事実である［田中 2002］。

しかし「清朝時代の二百数十年の間、モンゴル人は抑圧されてきた」とする言説は、明らかに外モンゴルに関しては言い過ぎであろう。とまれ、これがモ

ンゴルの一般市民たちの共通認識なのである。その背景には、中国とモンゴルを切り離そうとしたソ連のプロパガンダがあったと言われている。どうやらテルビシに憑依する精霊もソ連によるプロパガンダと歴史認識を共有しているらしい。

　テルビシは話を続ける。

「我々モンゴル人は、女性であろうが子供であろうが皆『このふざけやがって中国人が！(ene muu davarsan khyatad!)』とか『この悪い中国人どもを殴ってやる。この悪いホジャー (khujaa) [3] どもめ！』なんて言うよな。我々の血にもこんなふうになっているんだよ。モンゴル人は、この悪しき中国人は我々を何百年も抑えつけてきた。と心の中で思っている。これはどんなモンゴル人の血の中にあるものだ。中国人も同様だろう。遺伝子だよ。守護霊たちは『中国人はモンゴル人を何百年も抑圧してきたが、今再び抑圧しようとしているから、振り払う必要がある』と言っているよ」

テルビシは一気にそう語った後、少し間を開けて以下のように付け加えた。

「でも俺は個人的には、さっき言ったように守護霊とは別の考えを持っている。同じ人間で同じように家庭を養うためにモンゴルに来ているだけだと考えている。しかし守護霊たちは違うみたいだ。守護霊が私の中に入っているときは、俺は守護霊が何を言ったのかわからない。でも守護霊が俺の体から出て行ったあと、妻に訊くとそういうことを言っているらしいよ」

　ここで中国人に対するテルビシと彼の精霊の意見の相違あるいは非一貫性は、驚くにあたらない。なぜなら、一般的に憑霊型のシャーマニズムは、首尾一貫したアイデンティティではなく、複数形のアイデンティティを生み出す役割をそもそも備えているからである［島村2011: 385-366］。むしろここで重要なのは、テルビシの２つの人格の中国人への相反する態度はシャーマン≒持たざる者たちのとまどいの表出であるとも考えられよう。

現在のところ、シャーマンたちが中国人労働者に危害を加えるような行動を とったという話は寡聞にして聞かない。もちろん鉱山内で中国人とモンゴル人 の間にいさかいごとや喧嘩があったことは耳にしたのであるが。いずれにせよ、 テルビシは鉱山開発による自然環境の破壊に憤りを感じながらも、敵は中国人 ではないことを理解している。2014年夏現在、鉱山施設の建設に動員された 中国人労働者は、建設の完了に伴い帰国してしまっており、中国人との大規模 なコンフリクトが起きることは考え難い。しかし、鉱山開発による自然破壊に 対して、これからどのような「抵抗運動」をシャーマンたちが起こしていくの か、予断を許さない状況にあると言えよう。

おわりに

　本稿では、オユートルゴイ鉱山を擁するハンボグド郡においていかなる社会 経済的変化がもたらされ、それに対して新たに登場したシャーマンたちがどの ような対応をしているのかを見てきた。ここでその要点をもう一度まとめてお こう。

　まず明らかになったのは、鉱山開発によって貧富の格差が拡大したというこ とである。イラク丘や鉱山関連企業で働くことによって豊かになっていく人々 がいる一方で、牧民や一部の定住区に住む人々の中には鉱山利権に与れない者 たちも少なくなかった。さらに大寒害がこの地域を襲い、家畜を失った牧民た ちは町へ流入した。家畜を失った牧民たちの中には、他人の家畜を委託放牧す ることで賃金を得る「雇われ牧民」になる者が多く出てきた。

　こうした富の偏在によって生み出された「持たざる者たち」がシャーマンと なっている。ただしハンボグド郡にはもともとシャーマニズム文化は存在しな かった。すなわち、ハンボグドにおけるシャーマンたちは鉱山開発の副産物 であるともいえ、その誕生そのものが鉱山開発に「依存」していると言えよう。 さらにシャーマンたちは儀礼を通じて親族ネットワークを再構築すると同時に 「富める親族」から富の再分配を受ける。この富める親族は鉱山開発の利権に 与った者たちでもある。言い換えるならば、シャーマンの経済的基盤は、鉱山 の利権に依存していると言えよう。こうしたシャーマンたちのあり方は、現地

でも単なるカネ集めだという批判があることにもふれた。

　また鉱山開発によって、井戸の水位が下がり水不足や牧草地の不足、鉱山に資材を運ぶトラックが巻き上げる粉塵の恒常的発生といった環境の悪化によって、健康被害を訴える牧民や家畜の原因不明の死といった問題が出てきた。シャーマンたちは、こうした環境の悪化に対して、鉱山会社を相手どり交渉を始めたが受け入れられなかった。シャーマンたちのリーダー、テルビシとの対話からわかるとおり、彼らは環境ナショナリスト的な発想を持っており、鉱山に対して宗教的な儀礼による「抵抗運動」を開始した。

　ジュコフスカヤの論じたブリヤートにおける土着主義的な反開発運動と本事例とが異なるのは、明らかにシャーマンは誕生そのものが鉱山開発の副産物であり、レーゾンデートルが鉱山そのものであるという点である。もっと言うならば、彼らは「鉱山に依存しながらも鉱山に抵抗する」という戦術をとることで変容する自分たちの世界を生きているのである。

　また、ハイ［High 2013］が論じたオヤンガのラマたちが「自由」に鉱山のオーナーやニンジャたちと駆け引きとして富を得るのとは異なり、ハンボグドのシャーマンたちは鉱山利権に依存しているとは言え、彼らの収入を伴う宗教的実践は鉱山会社そのものに対して自由に発揮できるものではない。繰り返しになるが、イギリス系のグローバル企業は、「大地の精霊が怒っている」というモンゴル的な宗教観を共有するわけもなく、したがって、大地の精霊たちを鎮撫する儀礼に金を払うこともなかったし、これからもないだろう。その結果、シャーマンたちは、決して意のままにならないオユートルゴイ鉱山に対して宗教的な「抵抗運動」に走るわけである。

　こうしたシャーマンたちの「依存」しているが「抵抗」もするという活動は、一見すると矛盾・混乱しているものとして理解されるかもしれない。しかし彼らのやり方は、敵の武器や食料を奪いながら抵抗戦をするゲリラやパルチザンと呼ばれる人々が使う戦術と近似していると言えよう。この「依存的抵抗」の行為主体たるシャーマンは、存在そのものが外圧の副産物である。シャーマンもオユートルゴイ鉱山の開発がなければ、ハンボグドに生まれなかったに違いない。ちょうど、米軍がベトナムに侵攻しなければ、ベトコンという存在は生まれなかったと考えるのと同じ理屈である。したがって、本論の冒頭で挙げた

「精霊は地下資源が好きである」と「鉱山開発に抵抗するシャーマン」という矛盾するローカルな言説・活動もこれまで論じてきた「依存的抵抗」という文脈に沿うならば、了解可能な事柄なのかもしれない。

ゲリラ戦が「依存的抵抗」という戦術をとるのは、相手が強大過ぎて、まともに正面から戦えないからである。グローバル資源メジャーという巨大な資本とそれがもたらす社会・環境の急激な変化という脅威に対して、シャーマンたちは今まさに宗教的なゲリラ戦を開始しているのである。

本論を終えるにあたり、オユートルゴイと並んでモンゴルを代表する鉱山であるタワントルゴイ炭鉱での社会変容とシャーマニズムの関係を少しだけ紹介しておこう。タワントルゴイも世界最大級の炭鉱である。その鉱山都市であるツォグトツェツィー郡は、2012年の時点でインフラを含めて町の整備がハンボグドよりかなり進んでいると感じられた。ハンボグドと異なり、恒常的に電力は供給されているし、高層アパート群の建設もなされている。増え続ける人口に対して鉱山会社は学校や保育園・幼稚園などを造るなどの地元への還元に力を入れている。その背景には、この鉱山を運営している3つの企業体がいずれもモンゴル資本あるいは国営会社であることに関係しているのかもしれない。

しかしながら鉱山周辺域の牧民たちは水不足や家畜の減少、粉塵といった問題に悩まされているという点においては、ハンボグドと同様であった。また貧富の格差も出てきており、雇われ牧民も誕生している。こうした中、ツォグトツェツィーの人々によると（調査時の）2年前（2010年）、チムゲーという名の女性シャーマンがハンボグドからやってきた。ハンボグド同様にこの郡にもシャーマンはいなかった。ところが今やチムゲーに弟子入りした多くのシャーマンが郡の定住区を中心に活動しているのだという。夜にもなると、ツォグトツェツィーでは、あちらこちらでシャーマン太鼓の音が聞こえてくる。

シャーマンは鉱山から鉱山を渡り歩きながら新たにシャーマンを生み出していっている。ある意味、精霊たちは本当に地下資源が好きなのかもしれない。

註
(1) ハンボグド郡統計課提供の資料による。
(2) これらの名前もシャーマンの名前の特定を避けるため仮名とした。
(3) モンゴル人による中国人に対する蔑称である。

参考文献

High, Mette M. 2008. 'Wealth and Envy in the Mongolian Gold Mines'. *Cambridge Anthropology* 27/3, 1–19.

—— 2013. Cosmologies of Freedom and Buddhist Self-Transformation in the Mongolian Gold Rush. *Journal of the Royal Anthropological Institute*. 19 (4): 753–770.

Humphrey, Caroline 2002. *The Unmaking of Soviet Life: Everyday economies after socialism*. Ithaca and Cambridge: Cornell University Press.

岩田伸人 2009「モンゴルの資源開発に関わる一考察」『青山経営論集』第44巻第3号、pp.32-44。

Khanbogd（Ömnögov'Aimag Khanbogd Sum）2013 *Galba Nutag*,（郡紹介パンフレット）。

前川 愛 2014「戦略的鉱床オユトルゴイ──国際企業とのかけひき」小長谷有紀・前川愛編『現代モンゴルを知るための50章』明石書店、pp.115-120。

岡 洋樹 2007『清代モンゴル盟旗制度の研究』東方書店。

Potkanski, T. and Szynkiewicz, S. 1993. *The Social Context of Liberalisation of the Mongolian Pastoral Economy: Report of Anthropological Fieldwork*, PALD Research Report No. 4, Brighton: IDS.

ロッサビ、モーリス（小長谷有紀監訳、小林志保訳）2007『現代モンゴル──迷走するグローバリゼーション』明石書店。

Shimamura, Ippei 2014. *The Roots Seekers: Shamanism and Ethnicity among the Mongol Buryats*. Yokohama: Shumpusha Publishing.

島村一平 2011『増殖するシャーマン──モンゴル・ブリヤートのシャーマニズムとエスニシティ』春風社。

—— 2014「シャーマニズムの新世紀──感染症のようにシャーマンが増え続けている理由」小長谷有紀・前川愛編『現代モンゴルを知るための50章』、明石書店、pp.280-285。

田中克彦 2002「国家なくして民族は生き残れるか ブリヤート＝モンゴルの知識人たち」黒田悦子編『民族の運動と指導者たち』、山川出版社、pp74-95。

Zhukovskaya, Natalia 2009. 'Heritage versus Big Business: Lessons from the YUKOS Affair'. *Inner Asia* 11,157-167.

インターネットサイト

Erdene, B. 2011. 'Böö bolokh geed butslamtgai khaluun usand shalzarch ükhjee' (Burned to death in boiling water for becoming a shaman). Zindaa.mn, 2011.8.31. http://news.zindaa.mn/6r9

Byambadulam, Ch. 2012. 'Böö E.Mönkhbat möngöör zasal khiilgüüleegui gej J.Bayarsaikhany mashinyg delverjee' (Shaman E.Mönkhbat blew up a client's car because the clients didn't pay for shamanic rite). Ödöriin sonin, 2012.1.3. http://top.mn/2alt

Gerelt 2013. Böögiin uls buyu bidnii mukhar süseg (Shamans' state, or superstition), Gerelt.tk, 2013.1.16. http://g-star.miniih.com/index.php/home/post/1996

Rio Tint 2014 'Oyu Tolgoi'
http://www.riotinto.com/copper/oyu-tolgoi-4025.aspx

第 2 部
地下資源開発による環境への影響
──モンゴル

第 5 章

モンゴル国の鉱山と自然環境

Ch. ジャブザン
堀田あゆみ訳

はじめに

　現在、モンゴル国では地質学探査や鉱物の採掘、道路や建物の建設といった事業が急激に推し進められている。そうした中、人間のテクノロジーによって草原の表土が剥ぎ取られ、残土が山積みにされるといった景観破壊が進行している。また、大型車両が草原を無秩序に走り回るようになった結果、草原は車の轍だらけとなり、車の巻きあげる粉塵によって周辺環境も乱されている。その一方で、満足のいくような環境修復がなされていないのが現状である。
　例えば、モンゴル国内で地面が掘り返されて環境が破壊された土地は9,856.3ha に及ぶ。そのうち地質探査によるものが 699.4ha、鉱物の採掘によるものが 8,028.6ha、国防・安全保障関連の設備建設によるものが 205ha、建設機械用電気配線の設置、修理作業によるものが 797.2ha である［BONKhY 2011-2012］。
　また、2012 年の統計によると、鉱山開発の特別許可（ライセンス）がおりた土地は、全 3,497 件で、その総面積は 2008 万 883.85ha に及ぶ。総件数のうち 64％（2,268 件、1920 万 7,584.9ha）が探鉱目的のものであり、総件数の 36％（1,229 件、87 万 3,298.4ha）が採掘目的のものである。こうした採掘ライセンスは年々増加している［BONKhY 2011-2012］。
　また採掘ライセンスの中でも上位を占めているのは、金、建築資材、石炭、

表1 採掘に関する特別許可（ライセンス）と鉱物の種類

鉱物の種類	特別許可取得地数（件）	特別許可が総件数の中で占める割合（%）	特別許可の土地面積（ha）	総許可面積に占める割合（%）
金	420	34.2	144,915.83	16.6
建築資材	250	20.4	22,669.52	2.6
石炭	211	17.2	510,490.22	58.5
蛍石	154	12.5	15,146.41	1.7
鉄	49	4.0	16,141.78	1.8
タングステン鋼	12	1.0	3,865.73	0.4
石膏	10	0.8	1,187.79	0.1
塩	11	0.9	526.62	0.1
混成金属	8	0.7	17,529.42	2.0
その他	106	8.4	140,825.63	16.1
合計	1,229 [i]	100.0 [i]	873,289.95	100.0 [i]

（BONKhY〔モンゴル国自然環境緑化省〕発表のデータより）

蛍石などを対象としたものである（表1参照）[BONKhY 2011-2012]。

　鉱物資源庁の情報によると、2014年の上半期において、銅鉱の生産量が47万9,900トン、石炭の生産量が1,170万トン、金の生産量が3トン、蛍石の生産量が15万9,500トン、鉄鉱石の生産量が270万トン、亜鉛鉱の生産量が4万6,800トン、石油生産量が360万バレルであった[UUY 2014]。

　鉱物生産に関して2013年の上半期と比較すると、2014年上半期では銅鉱の生産が57.4％、鉄鉱石の生産が17.5％、蛍石の生産が17.1％、石油の生産が53.4％、それぞれ伸びている[UUY 2014]。

　こうした2014年上半期における生産量の増加によって、940万トンの石炭が輸出され、銅鉱が58万3,500トン、モリブデン鉱が1,700トン、金が2.5トン、蛍石が13万8,400トン、鉄鉱石が260万トン、亜鉛4万5,400トン、石油3,400バレルがそれぞれ輸出された。2013年の半年間における輸出量と比較してみると、亜鉛の輸出が34.5％、石油の輸出が39.4％伸びている[UUY 2014]。

　金に関して言うならば、モンゴル銀行（国立銀行）には、2014年上半期の時点で4.1トンの金が預託されている。2013年の上半期に2.5トンの金が預託されていたことと比べるならば、65.5％の成長があったことがわかる。その理由に関して、鉱山省は「金取り引きの透明性を図るべく鉱山資源法が改正され、それが有効に機能したからだ」と考えている。

一方、石油に関して言えば、モンゴル国は 2014 年度に合計 585 万バレル、つまり 78 万 2,600 トンを採掘し輸出する計画であるのに対し、今年（2014 年）の 7 月 16 日時点で合わせて 360 万バレル、つまり 48 万 8,000 トンの石油を採掘し、340 万バレル（45 万 8,000 トン）を輸出しており、計画の 58.63% を達成している［UUY 2014］。

　ところでモンゴルでは、法令によって鉱山開発が制限されている土地と、自然環境緑化省が操業禁止区域に指定しようとしている土地が相互に重複しており、それらは 64.6% を占めている。探鉱ライセンスが取得可能な土地を、先述の土地面積と重複しないように計算したところ、国土の 27.7% であった。それは、「審査によってライセンス取得が可能な土地（songon shalgaluulaltyn talbai）」1,134 万 ha（7.2%）と、「申請によって取得可能な土地（örgödlöör olgokh talbai）」3,208 万 ha（20.5%）が含まれる。

　こうした中、7 月 3 日の政府第 216 号決議によって、裁判所の命令でライセンスが無効となった 106 の探鉱、採掘特別許可地に対し鉱物資源法に基づいて選考が行われ、ライセンスが新たに付与されることとなった［UUY 2014］。

　以上のような鉱山開発を巡る状況の下、モンゴル国では自然環境に対していかなる影響が出ているのか。本章では、モンゴル国における鉱山開発による自然環境への影響およびその対策を概観していくものとする。ただし本稿が特に扱っているのは、自然環境に重大な被害をもたらしている金鉱と炭鉱および蛍石鉱山の開発とその影響であることを断っておきたい。

第 1 節　調査資料と方法

　2003 年、モンゴル議会の自然環境・地方開発常任委員会は、科学アカデミー地球環境学研究所に対して「鉱山開発が自然環境に及ぼす負の影響に関する調査」を委託した。委託を受けた地球環境学研究所の研究者たちは、国内で操業中の多くの鉱山に赴き、フィールド調査を行い、サンプル採取に励んだ。その結果は 2005 年、報告書としてまとめられているので、本稿でも参照した。

　また本稿では、「トゥブ県・ボルガン県・セレンゲ県における鉱山採掘放棄地に係る統計記録」を利用した。本研究所は、「鉱山が自然環境に及ぼす負の

影響」に関して多くのプロジェクトやテーマ研究、委託研究を行ってきたが、いくつかの調査地に関しては詳細な報告書も出ているので、それも利用した。

さらにこれらの資料に加え、自然環境緑化省と地質鉱山省の年次報告書やニュースレター、資料のほか、自然環境に関連する法令、政府決定、規則・規程などの公文書も用いた。

第2節　調査の結果

1　炭鉱開発とその影響

モンゴル国は、石炭資源の豊富な15カ国の内の1つに数えられている。実際に、モンゴル国では現時点で、12カ所の河川流域と3カ所の平野部において200以上の石炭鉱床が発見されている。その内の70以上の鉱床において様々な地質学的地層調査が行われた結果、ほぼすべての県で露天掘りが可能な状態にある鉱床の存在が確認され、国や県の燃料、エネルギー部門の安定的な供給源となっている。現在、モンゴル全土で31の鉱山が稼働しており、これらの鉱山で国内の石炭需要を100％まかなっている。

モンゴルの炭鉱開発の歴史は、ナライハ鉱山に発する。そもそもこの炭鉱の採掘は、1912年中国人商人によって始められた。彼らは石炭を首都フレーに運んで売っていた。1922年12月25日、ナライハ鉱山は国営化され、国の石炭鉱業の礎となった。しかしその稼動は暖かい季節に限られていた。そうした中1932年、技術革新により恒常的な操業が可能となり、さらに1958年には規模を拡大し、大鉱山となったのである。

その後、新しい石炭鉱山の開発事業が進められ、1940年にはバヤンボラグ、サインシャンド、ズーンボラグ、ウンドゥルハーン鉱山のほか、ナライハの第4、第5、第6、第7番目の鉱山、1954年にはドルノド県のアドーンチョローン鉱山が開山した。1960年から1965年の間にドンドゴビ県、ヘンティー県、ウブルハンガイ県、バヤンウルギー県のツァガーン・オボー、ウルジート、バヤンテーグ、ヌールスホトゴル、シャリンゴル大鉱山の操業が始まった。1963年から1970年の間には、ウムヌゴビ県のタワントルゴイ、ゴビ・アルタイ県のツァヒョールト、ボルガン県のサイハン・オボー、ボブド県のホショート、フブス

グル県のモゴイン・ゴルが、1971年から1980年の間には、ドルノゴビ県のアラグトルゴイ、スフバートル県のタルボラグ、トゥブ県のマーニト、オブス県のフデン、バヤンホンゴル県のウブルチョロート、ゴビ・アルタイ県のゼーグト鉱山が操業を開始した。1980年から1990年にかけては、ドンドゴビ県のテウシーン・ゴビ、ゴビスンベル県のシウェー・オボー、バヤンホンゴル県のシンジンスト、ウランバートルのバガノール石炭鉱山の利用が開始され、シャリンゴル鉱山の拡張が行われた。技術の向上により石炭生産は急増し、1980年には440万トンの石炭を産出しており、これは1960年の水準の7.3倍である。しかし、1998年には1980年の1.1倍レベルの成長に止まった。

モンゴル国の気候は非常に厳しく、一年のうち寒冷な季節が6カ月間続き、気温はマイナス40度まで低下する。主要な暖房源は石炭であり、電力発電所、セントラルヒーティング用の温水供給基地、蒸気ボイラーや家庭用ストーブのすべてが石炭を動力源としている。モンゴルの一般家庭では暖房や食事の準備に石炭と薪を併用しているが、一世帯あたり年間平均で3〜4トンの石炭、あるいは2〜3.5m^3の薪を消費している。2000年に520万トンの石炭を採掘していたが、2009年には1,440万トンと3倍に増加した。このうちの77%を暖房用電力発電所で、10%を家庭用ストーブで、残りをその他の部門で使用している。2014年上半期における石炭の生産量は1,170万トンであった［UUY 2014］。

最新の情報によると、モンゴル国で発行された1,229件の採掘ライセンスのうち211件（17.2%、なおかつ採掘ライセンスが発行された土地の58.5%にあたる）が石炭採掘を対象としたものであった［BONKhY 2011-2012］。

いくつかの鉱床の石炭を対象に行った化学組成調査によって、バガノールの石炭から0.23ppm、ナライハの石炭から0.16 ppm、タワントルゴイの石炭から0.1 ppmの水銀が検出されている。また、金鉱石1トンあたりに約0.19〜4.38gの水銀が、エルデネトの銅・モリブデン鉱石には1トンあたり3.4gの水銀が含まれているという調査報告もある［Erdenetiin zes-molibdyenii khüdriin standart gazar］。

2　砂金採掘と自然環境への負の影響

1900年にロシア、ベルギー、フランス、中国など数カ国の資本によって「モンゴロル」協会が設立され、本部がペトログラード市に置かれた。この協会は

モンゴル国のユルー川、ハラー川、ボロー川などの流域で金を採掘し、15 年間でおよそ 15 トンの金を採掘し利用したという数字があるが、モンゴル国民の生活に何ら積極的な役割を果たさなかった。1912 年以降、ユルー、ハラー金鉱山の資源の減少によって、金採掘が激減したという。モンゴロルが株式を保有する金鉱山のほかに、ロシアの貿易商たちが賃借した金鉱山が当時のトゥシェート・ハン、セツェン・ハン部の中心部であるハラー川、トーラ川、ユルー川の周辺で操業していた［Internet News］。モンゴロル所管の金鉱山は以下の 15 鉱山であった。

1. テレルジ川金鉱（*Terelj golyn altny uurkhai*）
2. フドゥリーン川金鉱（*Khüdriin golyn altny uurkhai*）
3. ツァガーン川金鉱（*Tsgagaan gorkhiin altny uurkhai*）
4. ヤルバグ金鉱（*Yalbagiin altny uurkhai*）
5. モゴイ川金鉱（*Mogoin golyn altny uurkhai*）
6. ユルー川金鉱（*Yeröö golyn altny uurkhai*）
7. ハラー川金鉱（*Kharaa golyn altny uurkhai*）
8. ズルフフズー金鉱（*Zürkh khüzüü altny uurkhai*）
9. ボガント金鉱（*Bugantyn altny uurkhai*）
10. ナリーン・ハルガナト金鉱（*Nariin kharganatyn altny uurkhai*）
11. トゥネル川金鉱（*Tünel golyn altny uurkhai*）
12. ゾーンモド金鉱（*Zuun modny altny uurkhai*）
13. ツァガーン・チョロート金鉱（*Tsagaan chuluutyn altny uurkhai*）
14. イヒ・ハルガナト金鉱（*Ikh Kharganatyn altny uurkhai*）
15. ボロー金鉱（*Boroogiin altny uurkhai*）

これらの鉱山では、合計 2,500 人以上の中国人、250 人のロシア人、70 人のモンゴル人が働いていた［Internet News］。

中でも、現在のセレンゲ県マンダル郡にあるボロー川流域では、1913 年からモンゴロル協会の金精錬工場が水銀を使用して金抽出を行っていた。これが、現在明らかになっている水銀を精錬目的で使用した最初のケースであった。そ

の工場において 1956 年に産業事故が発生し、精錬釜の破損によって大量の水銀がボロー川周辺に流れ出て、派生的な鉱床が形成された。

また 2003 年には、JICA（日本の国際協力機構）の支援によってボロー川周辺の水銀汚染に対して行われたが、その調査の結果、金精錬工場の跡地が最も汚染されていたことが明らかになった（水銀含有量は 177mg/kg、すなわち許容水準の 89 倍に相当する）［BOY 2003］。

一方、チェコの自然環境省は「セレンゲ川流域における金精錬による汚染調査」を実施した。この調査では、2006 年にボロー川の汚染を川沿いの土壌および堆積物から測定したが、汚染は水銀が流出した精錬釜付近で最大であった。そこでは水銀などが $1.8 \sim 69.5 g/m^3$ 検出された。またボロー川流域に沿って栽培されていた食用野菜と川魚から採取したサンプルから、水銀濃度が許容水準を超過していることが明らかになった［BOY 2006］。

1992 年から始まった政府の「ゴールド・プロジェクト」（"*Alt tösöl*"）が始まったが、その中で、新たに登場した工業の一部門が、砂金鉱床の砂を洗浄することで選鉱し金を抽出する工場である。この種の選鉱を行う小・中規模の 100 以上の工場が、トゥブ県、バヤンホンゴル県、セレンゲ県、ドルノド県、ウブルハンガイ県、アルハンガイ県で操業している［Gkh 2003］。

確かに金の採掘量の増加は国家経済に利益をもたらした。しかしその一方で自然環境に負の影響を及ぼしていることは否めない。重機を用いて表土を剥ぎ取り、金属を含んだ地層を運搬し、水で選鉱を行う。こうしたことは、森林や植物を消滅させ、表土を崩し、生態系を破壊する。また水資源や水質にダイレクトな影響を及ぼす。すなわち鉱山開発は自然の秩序を攪乱しているのである。

2003 年の調査時点では、モンゴル国内で探鉱および採掘のライセンスが交付されていたのは 784 の企業体でそれは、4,336 ヵ所あった。その中でも特に水環境や水質に影響を及ぼしていたのが金鉱山だった。陸水調査の結果、実に 8 つの県の 28 の河川流域において、金採掘による水質汚染が検出されたのである［GKh 2003］。

2012 年のデータによると、モンゴル国で発行された鉱業ライセンスは 1,229 件に増えている。そのうち金の採掘ライセンスは、420 件で全ライセンス中の 34.2％、土地の面積にして 16.6％を占めている［BONKhY 2011-2012］。

金属を含んだ 1m³ の土を洗浄するために平均で 4 トンの水が消費されるということは、砂金鉱床から年間 18 トンの金を採掘するために 8,000 万 m³ の水が繰り返し利用され、そのうち 20%、つまり 1,600 万 m³ の水が蒸発、浸透などによって失われている計算になる［GKh 2003］。

金脈は多くの場合、河川に沿って存在するため、モンゴル国のほとんどの河川は多かれ少なかれ金開発の影響下にある。例えば、トーラ川に関して言うならばトゥブ県ザーマル郡周辺において、ユルー川に関しては、セレンゲ県ユルー郡地域で汚染されている。その他、ユルー川の支流ブフレー、モゴイ川流域、ウブルハンガイ県オヤンガ郡のウルト、ブールジュート川、アルハンガイ県ツェンヘル郡のボドント川など、オルホン川の源流である多くの小河川が金鉱山群の影響によって汚染されている。また、トゥブ県ムングンモリト郡にあるテレルジ川はボルゾン・トレイド社による金の精錬の影響によって汚染され、ヘンティー県ツェンヘルマンダル郡のハダクタイン泉、ウムヌデルゲル郡のジャルガラント川、オルホン川の水源、ユルー川やトーラ川流域では金洗浄者たちの活動によって河川水が著しく汚染されていた［GKh 2003］。

2009 年に「河川源流域・水源涵養地・森林保護区における探鉱・採鉱禁止法」

図1　トーラ川河床ザーマル周辺、**2014** 年にサンプルを採取したポイント

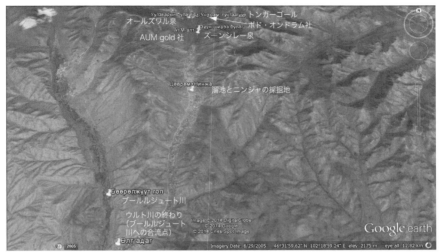

図2　ウルト川河床、2014年にサンプルを採取したポイント

が制定されたことにより、流域に沿って操業していた多くの企業が休止状態となり、上述の河川は相対的に水質が回復している。

　トゥブ県では、県内にある金脈のうち、70以上の鉱床と90以上の埋蔵地が発見されたが、鉱山開発によって合計25.57haの土地が掘り返されたまま放置されている［BONKh 2011-2012］。トゥブ県内で発行されたライセンスのうち47.3％がザーマル郡に集中している［BONKh 2011-2012］。ザーマル渓谷では30以上の金鉱床で採掘が行われており、5～6基の「ドラグ」と呼ばれる採金船や、30基以上のポンプが稼働している。そこで約9,000haの肥沃な土壌や植物群落が根こそぎ削り取られた。その結果、トーラ川とその支流であるトソン、ツァガーン・ボラグ、オルト、バヤン、ハイラースト、アル・ナイムガン川の多くの流域で、河床、水流、河川水の化学組成や水質が変容している［BOAJY 2011］。

　ボルガン県内では、2010年時点において鉱山事業を行う26の企業のうち、19社が金を採掘していた。同県の場合、採掘ライセンスの39.55％を占めたのは、ブレグハンガイ郡（トーラ川の北側地域）であった［BONKhY 2011-2012］。

　また、ウブルハンガイ県ウルティーン金鉱山は、1992年に創業したエレル社が、1,303.8ha（縦12km、横0.8～1.2km）の土地のライセンスを取得して採掘を行っ

ていた鉱床である［BONKhY 2011］。しかし、ここ数年間に個人にライセンスを売却し続けた結果、無秩序に採掘が行われるようになった。しかし、ここではいわゆる「長い名称の法律」[ii]が適用されていない。

3　個人金採掘業者が自然環境に及ぼす負の影響

モンゴル国が市場経済に移行した1990年代の初頭、多くの工場が閉鎖され、ネグデル（牧畜協同組合）や国営農場が解体された。その結果、失業者数が増加し、人々の生活水準は大きく低下した。このような状況のなかで、不法に手作業で金を採掘する「ニンジャ」と呼ばれる人々が登場した。ニンジャたちは砂金場や鉱床において金採掘を行っているが、鉱石を精錬する際に、違法に水銀やシアン化ナトリウムを使用するため、自然環境に深刻な汚染を引き起こしている。このような目的で使用されていた水銀は2つの入手経路があった。1つは密輸であり、もう1つはボロー川の河床から抽出したものである。

鉱物資源管理局によれば、3万人以上の人々が手掘りの鉱物採掘で生計を立てているという。こうした事実からニンジャが社会現象化していることが理解できよう。この違法採掘問題に対して法整備が企図され、2002年に「小規模鉱物採掘に関する暫定規定」（産業通商大臣令）が発せられたものの、それほど効果は上がっていない。すなわち、このような規程では違法行為を働く人々に法的責任を負わせることができていないのである。むしろ、このような違法行為に対する監視を強化し、状況を改善し、個人採掘者の安全や公衆衛生を充実させるために、個人採掘者を保険に加入させる、鉱物の採掘や探査の過程で破

写真1　ニンジャたちが掘った穴

写真2　ニンジャたちが金を洗浄した水

壊された土地を修復する、修復が図られていない状況に対して責任を負わせるといった、住民、政府、企業、組織間の関係調整に向けた法整備が早急に必要であろう。しかし、上述のような法整備の遅れや不十分な制度設計によって、環境のみならず、人命や健康にも深刻な被害が出続けているのである。

　もし手掘りの個人採掘業者が地域ごとに組合を作り、1人の代表者の下に団結すれば、順調に問題は解決されていくことになるだろう。そして組合員は、手掘り採掘契約を地方行政と結ぶと同時に、その地方の税務課に一定額の所得税を、個人事業税法に従って納入すればよいわけである。

　こうした中、2006年に「毒性化学物質・危険物質管理法」が制定され、2007年に政府の第95号決議によって、モンゴル国で使用が禁止（82の物質および化合物）、制限（28の物質および化合物）された毒性化学物質および危険物質のリストが策定された。2009年4月4日には自然環境観光大臣および保健大臣が共同で、「毒性化学物質および危険物質の分類にかかる規則」を発令した。

　この決定によって「水銀およびその化合物」はモンゴル国内で使用することが制限されるようになった。これらの法令では、「使用制限化学物質」に関して、「許可された場所において、法に定められた目的や分量、技術に基づいて監視の下で使用が許可された毒性化学物質および危険物質とそれらの化合物を指す」と規定されている。しかし、モンゴル国では、こうした法規定があまり適用されてこなかったのである。

　以上のような立法を受けてモンゴル国政府は、2007年から2008年にかけて化学物質を用いた事業を行っている住民や企業に対し、二度の一斉監査を実施した。そこで明らかになったのは、手掘りの金採掘者および一部の企業の違法操業によって、10県120カ所以上の地点において水銀やシアンで汚染された約20万トンの残滓が発生し、53haの土地と数十基の井戸が汚染されているといったことであった。また政府は、水銀を用いて金鉱石を精錬していた145の工場の稼働を停止させた［BOAJY 2011］。さらに、9つの県の37郡、230カ所に堆積していた13万1,792m^3の廃棄物や残滓を、専用埋立地へ搬入して処理し、化学物質で汚染された12万8,444m^2の土地の除染を行った。

　ボロー川流域では、モンゴロル社の事故で生じた汚染を除去し、そこから1万9,868トンの汚染された土砂を運び出して埋め立て、1万245m^2の土地の除

染や環境修復を行った。その際、ボロー川から105kgの金属水銀を抽出して回収した［BOAJY 2011］。

こうした政府による対策の結果として、モンゴル国内における水銀を用いた違法な金鉱石の精錬によって汚染された全ての地点の除染が完了したと自然環境緑化省は見ている。

その一方でモンゴル国では、年間577トンの水銀が放出されている。そのうちの543.9トン（94.3%）は人間活動に起因しており、第一の排出源となっている。その99.6%は金属の最初の精錬過程で発生し（金合金の精錬を除く）、0.33%は石炭の燃焼によって、残りは他の固形燃料やバイオマスの燃焼、石油やガスの製造、セメント工場から生じている［BOAJY 2011］。

2006年から自然環境観光省（BOAJY）[iii]の肝煎りで、外国の研究者と共同で化学物質による汚染の実態調査および汚染廃棄物の中和・埋め立て事業が始められた。この事業の後続として2011年に、「水銀リスク管理計画」が打ち出され、戦略的計画が実施されている。

金属の最初の精錬段階において発生する542.1トン／年の水銀排出量の89.6%は土壌に、4%は大気中に、2%は水中に放出されており、4.2%は中間生成物と共に放出されている［BOAJY 2011］。石炭の燃焼から生じる水銀排出量（1.2トン／年）の90%が大気中に放出され、10%が灰となって廃棄物と共に廃棄されている。

こうした状況に対して、モンゴル自然環境緑化省は、人為由来で排出された水銀リスクを軽減し、人間の健康と自然環境を守るための戦略を策定している［BOAJY 2011］。

4 蛍石鉱山が自然環境に及ぼす負の影響

蛍石の生産はモンゴル国の平原地帯とゴビ地帯で行われており、とりわけドルノゴビ県に集中している。2003年の調査によると、ドルノゴビ県アイラグ郡では、1973年から操業を開始したアイラグ鉱山が、194.3haの保有地で年間5万4,000トンの蛍石を採掘しており、2万m^2の土地で環境修復を行ったとされている。ウルグン郡のウルグン鉱山は1981年から操業しており、年間15万トンの蛍石を採掘している。しかし、土地を保有している235haの修復は行わ

第 5 章 モンゴル国の鉱山と自然環境　123

写真3　ボル・トルゴイ蛍石鉱山

写真4　ボジガル蛍石鉱山

れていない。イヒヘト郡ハジョー・オラーン鉱山は 1973 年に創業し、年間 12 万 8,200 トンの蛍石を採掘している。しかし、38.4ha の保有地の修復は行われていない。1999 年から操業を開始したジョンシ・エルデネ社は、71ha の土地を保有しているが、修復を行ったのはそのうちの 0.5ha であった。また同郡では、チョンソン社が 30ha の保有地で操業している。ダランジャルガラン郡ではスポット・コンストラクツ社が 39.8ha、ジョンシト・オール社が 29ha の保有地でそれぞれ蛍石を採掘しているほか、ウランバートル鉄道も当郡に 29.2ha の土地を保有し、砂岩を採掘している。イヒ・エルチ社は 53ha の保有地で石膏を採掘し、エレル社は 126.8ha の保有地で石灰岩の採掘を準備している。エレル社は、サイハンドラーン郡にも 17ha の土地を有し、石膏採掘を行っている。この郡にはボルゾン・トレイド社も 55ha の土地を保有しており、ゼオライトを採掘する予定であったが、市場の問題が解決されなかったため現在のところ採掘は始まっていない。また、ヤルゴーン・インターナショナル社はウルグン郡に 29ha の土地を保有し、石灰岩を採掘しようと準備を進めている。しかし、この地域で採掘を行っている企業のほとんどが環境修復の措置を取っていない［GKh 2003］。

　以上、蛍石鉱山の開発の概況と環境修復への取り組みを概観してきた。その状況から環境への影響をまとめると、以下の 3 点になる。

1. 蛍石の鉱脈に沿って採掘を行った結果、人間や家畜、動物にとって非常に危険な地下 50 〜 110 m まで深く掘られた巨大な穴が出現したが、それら

にはいかなる監視や安全対策もなされていない。
2. 蛍石採掘の過程で発生した巨大な堆積物の山は周囲の景観、土壌、植物、大気に負の影響を与えている。
3. 蛍石の個人採掘者が採掘ライセンスではなく、探鉱を行い、蛍石鉱山を破壊し始めている。環境修復を行わず、穴や用水路を放置してあるのは人間や家畜にとって極めて危険な状態にあると言えよう。

第3節　鉱山利用が自然環境に及ぼす負の影響

2003年に地球環境学研究所は、「鉱山利用が自然環境に及ぼす負の影響調査」の一環として 1:3000000 縮尺の地図を作成した（図3）。地図上で自然生態系が負の影響を受けている状況を示すために、モンゴル全国を郡ごとに分けて操業中の鉱山数を算出した上で、以下のように分類した。

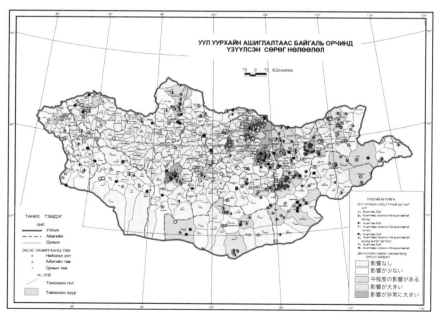

図3　鉱山開発が環境に変化を及ぼした地域（**2003年、縮尺 1：3000000**）

●影響なし（鉱山事業が全く行われていない、もしくは鉱床が存在しない）
●影響が少ない（当該郡に1～3の鉱山が存在する）
●中程度の影響がある（当該郡に4～6の鉱山が存在する）
●影響が大きい（当該郡に7～9の鉱山が存在する）
●影響が非常に大きい（当該郡に10以上の鉱山が存在する）

　地図では、鉱山鉱床を金、蛍石、石炭、その他の卑金属に分類し、さらに操業状況から、「現在、操業中の鉱山」、「操業終了後、放置された鉱山」、「未開発鉱山」にそれぞれ分類した［GKh 2003］。こうした分類の結果、「環境への影響が非常に大きい」、「影響が大きい」および「中程度」だとされた郡は以下のとおりである。

図4に見る環境への負の影響が非常に大きい郡：
1. バヤンホンゴル県ガロート郡（合計12の鉱山のうち、金鉱山が10、その中の8は未開発のまま、2カ所は操業中。1カ所の石炭鉱床が操業中、その他の卑金属鉱床1つが未開発である）
2. 同県ブンブグル郡（金鉱山14のうち、10は未開発のまま、4カ所が操業中である）
3. トゥブ県ザーマル郡（24の金生産地で企業が操業している）
4. 同県エルデネ郡（合計16の鉱山のうち、1つの金生産地が操業している。その他の卑金属鉱床の内12は未開発のまま、3つの鉱床が操業している）
5. 同県セルゲレン郡（24の金鉱床のうち9カ所で操業し、15カ所は未開発のままである）
6. ウブルハンガイ県（33件の採掘ライセンスが交付されており、23の企業が6つの鉱床で採掘を行った）
7. セレンゲ県バヤンゴル郡（12の金生産地で企業が操業している）
8. 同県ユルー郡（合計33の鉱山のうち、32が金鉱山。そのうちの2つは未開発のまま、30は操業中である、その他の卑金属鉱床の1つが操業中である）
9. ダルハン・オール県シャリン・ゴル郡（合計14の鉱山のうち、12の金鉱山、1つの石炭鉱山、その他の卑金属鉱床の1つがそれぞれ操業中である）
10. ヘンティー県ツェンヘル・マンダル郡（11の卑金属鉱床が操業中であり、2つの金鉱床が未開発であり、合計13の鉱床がある）

11. 同県バットノロブ郡（13 の蛍石鉱床が操業中である）
12. ドルノゴビ県ダランジャルガラン郡（合計 14 の鉱床のうち、4 つの卑金属鉱床、1 つの石炭鉱床、3 つの蛍石鉱床はどれも操業しておらず、6 つの蛍石鉱床が操業中である）

環境への負の影響が大きい郡：
1. トゥブ県バヤン郡（合計 7 の鉱山のうち、金鉱山 1 つ、その他の卑金属鉱床 1 つがそれぞれ操業中で、金鉱床 2 つ、石炭鉱床 3 つが未開発である）
2. セレンゲ県マンダル郡（7 つの金生産地で企業が操業している）
3. ヘンティー県ウムヌデルゲル郡（卑金属鉱床の 1 つ、石炭鉱床の 1 つが操業中であり、その他の卑金属鉱床の 5 つが未開発である。合計 7 つの鉱床がある）
4. ドルノゴビ県アイラグ郡（合計 9 つの鉱床のうち、3 つの蛍石鉱床は未開発で、6 つの鉱床が操業中である）
5. ドルノド県バヤンドン郡（卑金属鉱床 3 つと蛍石鉱床 1 つは未開発で、その他の卑金属鉱床 3 つが操業中である。合計で 7 つの鉱床がある）
6. 同県ダシバルバル郡（卑金属鉱床の 1 つ、石炭鉱床の 1 つが操業中であり、その他の卑金属鉱床 5 つが未開発である。合計で 7 つの鉱床がある）
7. ウムヌゴビ県ノムゴン郡（卑金属鉱床の 5 つが未開発である）

環境への負の影響が中程度の郡：25 郡
1. オブス県　タリャーラン
2. フブスグル県　ツァガーン・ノール、レンチムリュンベ、ハンハ、ハトガル、アラグ・エルデネ
3. バヤンホンゴル県　バヤン・オボー
4. ウムヌゴビ県　マンダル・オボー、ツォグトツツィー、ゴルワンテス
5. ドルノゴビ県　マンダハ、オラーンバドラハ、ウルグン、イヒヘト
6. ドンドゴビ県　ゴルワンサイハン、バヤンジャルガラン
7. トゥブ県　ムングンモリト
8. ヘンティー県　バトシレート、ノロブリン
9. スフバートル県　トゥメンツォグト、スフバートル、エルデネツァガーン

表2 有効採掘ライセンス総数（県別）

県	ライセンス数	ライセンスの土地面積（ヘクタール）	ライセンスの総数に占める割合（%）	ライセンスの土地面積に占める割合（%）	モンゴル国土面積に占める割合（%）
アルハンガイ	21	8543.67	1.71	0.98	0.005
アルハンガイ＋ウブルハンガイ	5	3990.48	0.41	0.46	0.003
バヤンウルギー	24	8661.54	1.95	0.99	0.006
バヤンホンゴル	67	41887.81	5.44	4.79	0.027
ボルガン	28	6275.77	2.27	0.72	0.004
ボルガン＋セレンゲ	2	2351.28	0.16	0.27	0.002
ボルガン＋トゥブ	15	6360.73	1.22	0.73	0.004
ゴビ・アルタイ	15	2672.49	1.22	0.31	0.002
ゴビスンベル	4	4379.98	0.32	0.50	0.003
ゴビスンベル＋ドンドゴビ	2	505.17	0.16	0.06	0.000
ゴビスンベル＋トゥブ	1	523.63	0.08	0.06	0.000
ダルハン・オール	51	8178.16	4.14	0.93	0.005
ダルハン・オール＋セレンゲ	6	498.62	0.49	0.06	0.000
ドルノゴビ	125	58976.74	10.15	6.74	0.038
ドルノゴビ＋ヘンティー	1	59.54	0.08	0.01	0.000
ドルノド	55	34387.81	4.47	3.93	0.022
ドンドゴビ	56	54044.87	4.55	6.17	0.034
ザウハン	4	6804.84	0.32	0.78	0.004
ザウハン＋オブス	1	20.30	0.08	0.00	0.000
オルホン	4	2620.25	0.32	0.30	0.002
ウブルハンガイ	27	8629.23	2.19	0.99	0.006
ウムヌゴビ	68	479590.10	5.52	54.79	0.306
スフバートル	41	19074.29	3.33	2.18	0.012
セレンゲ	94	20914.62	7.64	2.39	0.013
セレンゲ＋トゥブ	4	5629.81	0.32	0.64	0.004
トゥブ	184	41149.90	14.95	4.70	0.026
トゥブ＋ウランバートル	13	5393.27	1.06	0.62	0.003
オブス	40	5830.62	3.25	0.67	0.004
ウランバートル	148	6661.92	12.02	0.76	0.004
ホブト	18	4433.97	1.46	0.51	0.003
フブスグル	17	7097.21	1.38	0.81	0.005
ヘンティー	90	19198.59	7.31	2.19	0.012
合計	**1229**	**875347.21**	**100.0**	**100.0**	**0.559**

10. ドルノド県　セルゲレン、マタド
11. セレンゲ県　フデル

環境への負の影響が少ない郡：
　バヤンウルギー県の6郡。オブス県の6郡。ホブト県の9郡。ザウハン県の1郡。ゴビ・アルタイ県の7郡。バヤンホンゴル県の5郡。フブスグル県の10郡。アルハンガイ県の4郡。ウブルハンガイ県の7郡。ウムヌゴビ県の3郡。ドンドゴビ県の8郡。ゴビスンベル県の2郡。トゥブ県の9郡。ボルガン県の6郡。セレンゲ県の2郡。ヘンティー県の7郡。ドルノゴビ県の4郡。スフバートル県の4郡。ドルノド県の7郡。合計105の郡が含まれる［GKh 2003］。

ただし、ここで示した調査結果は2003年のものであり、むしろ近年では採掘ライセンス数が急激に増加している。2012年時点で採掘ライセンスが交

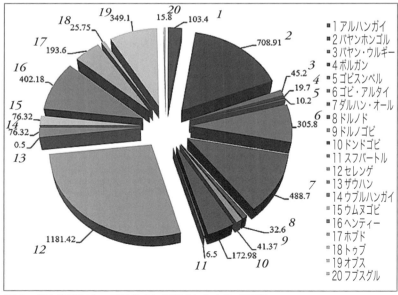

図4　鉱山事業によって浸食され放棄された土地（県別）

付されている土地の件数を県ごとに集計したものが表2である［BONKhY 2011-2012］。

　最新の調査によると、鉱山事業によって破壊された1万9292.6haの土地の内、工学的な環境修復が行われたのは9,541.5ha、生物学的な修復が行われたのは4,476.2haであった。

　こうした中、自然環境緑化省は、2009年から2012年にかけてモンゴル全国で、鉱山開発によって環境が破壊され放棄された場所を調べて記録し、統計をとる作業を行ってきた。この事業の枠組みにおいて、20の県の699カ所、合計4,256haの土地が鉱山開発による浸食を受け、修復も行われずに放棄されていることが明らかになった（図4）［BONKhY 2011-2012］。

第4節　結　論

　以上、本章では、モンゴル国における鉱山開発とそれによる環境への影響および政府の対策を概説してきた。今後の課題として、以下の2点を指摘し、本章を締めくくりたい。

　1）鉱山採掘に関するデータや情報は、情報源ごとに異なっている。今後はデータを一本化し、情報の精度を高める必要がある。

　2）モンゴル国では、水銀使用を完全に規制したとはいえ、場所によっては個人で使用を続けているという証拠も存在している。これを関係省庁が監査すると同時に、研究機関がさらなる調査を行うことで、水銀が周辺環境にどの程度拡散しているのかを把握する必要がある。

【付録】自然環境に関連する法令・政府決定
・地下資源法　1988年　　（*Gazryn khevliin tukhai khuul'*）
・特別自然保護区法　1994年　　（*Tusgai khamgaalalttai gazar nutgiin tukhai khuul'*）
・自然環境保護法　1995年　　（*Baigal' orchnyg khamgaalakh tukhai khuul'*）
・大気汚染防止法　1995年　　（*Agaaryn tukhai khuul'*）
・野生植物保全法　1995年　　（*Baigaliin urgamalyn tukhai khuul'*）

・国有地貸付料金法　1997 年　（*Gazryn törlböriin tukhai khuul'*）
・水文気象モニタリング調査法　1997 年　（*Us tsag uur, orchny khyanal shinjilgeenii tukhai khuul'*）
・特別自然保護区周辺域法　1997 年　（*Tusgai khamgaalalttai gazar nutgiin orchny büsiin tukhai khuul'*）
・水資源汚濁防止規則［環境大臣・保険社会福祉大臣共同命令］　1997 年　（*Usny nöötsiig bokhirdloos khamgaalakh dürem, Baigal' Orchny Said, Erüül Mend, Niigmiin Khamgaallyn Saidyn khamtarsan tushaal*）
・土地法　2002 年　（*Gazryn tukhai khuul'*）
・土地所有法および土地所有法施行令　2002 年　（*Mongol ulsyn irgend gazar ömchlüülekh tukhai khuul', tüüniig dagaj mördökh jurmyn tukhai khuul'*）
・一般・産業廃棄物法　2003 年　（*Akhuin bolon üildveriin khog khayagdlyn tukhai khuul'*）
・鉱物資源法　2006 年　（*Ashigt maltmalyn tukhai khuul'*）
・毒性化学物質・危険物質管理法　2006 年　（*Khimiin khort bolon ayultai bodisyn tukhai khuul'*）
・植物保護法　2007 年　（*Urgamal khamgaallyn tukhai khuul'*）
・河川源流域・水資涵養地・森林保護区における探鉱・採鉱禁止法　2009 年　（*Gol mörnii ursats büreldekh ekh, usny san bükhii gazaryn khamgaalaltyn bus, oin san bükhii gazart ashigt maltmal khaikh, ashiglakhyg khoriglokh tukhai khuul'*）
・大気汚染賠償法　2010 年　（*Agaaryn bokhirdlyn tölböriin tukhai khuul'*）
・環境被害にかかる補償額の算出規程［自然環境観光大臣命令］　2010 年　（*Baigal' orchny khokhirlyn ünelgee, nökhön tölbör tootsokh argachlal, Baigal' Orchin Ayalal Juulchlalyn Saidyn tushaal*）
・水環境評価と被害額評価の修正にかかる政府決定　2011 年　（*Usny ekologiediin zasgiin ünelgeeg shinechlen batlakh tukhai ZG (Zasgiin Gazar)-yn togtool*）
・改正鉱物資源法　2012 年　（*Ashigt maltmalyn tukhai khuul'd nemelt, öörchlölt oruulakh tukhai khuul'*）
・天然資源利用税法　2012 年　（*Baigaliin nööts ashiglasny tölböriin tukhai khuul'*）
・生物保全法　2012 年　（*Amitny aimgiin tukhai khuul'*）

・環境アセスメント法　2012 年　(Baigal' orchind nölöölökh baidlyn ünelgeenii tukhai khuul')
・土壌保護・砂漠化防止法　2012 年　(Khörs khamgaalakh, tsöljiltöös sergiilekh tukhai khuul')
・廃棄物法　2012 年　(Khog khayagdlyn tukhai khuul')
・水資源保全法　2012 年　(Usny tukhai khuul')
・水質汚染賠償法　2012 年　(Us bokhirduulsny tölböriin tukhai khuul')
・森林保全法　2012 年　(Oin tukhai khuul')
・水資源使用料の設定および軽減措置に関する政府決定　2013 年　(Usny nööts ashiglasny tölböriin khuvi khemjeeg togtookh, khöngölökh tukhai ZG-yn togtool)

　これらの他に、「自然環境」に関連する 40 以上の規準、10 以上の方策が定められている。

訳　註
(i) 数値に若干の誤差があるが、著者に問い合わせたところ、「自然環境緑化省の発表データをそのまま使用した」とのことであった。
(ii) 河川源流域・水源涵養地・森林保護区における探鉱・採鉱禁止法（2009 年制定）のことをモンゴルでは「長い名称の法律（Urt nertei khuul'）」と呼びなわしている。
(iii) 自然環境緑化省（BONKhY）の前身。

参考資料
BOY (Baigal' Orchny Yaam) 2003 "*Boroo golyn orchmyn möngön usny bokhirdold khiisen sudalgaany tailan*". Ulaanbaatar.（自然環境省 2003『ボロー川周辺の水銀汚染調査報告書』ウランバートル）.

BOY (Baigal' Orchny Yaam) 2006 "*Selengiin sav gazart altny khüder bolovsruulakh üil ajillagaanaas üüssen bokhirdlyn sudalgaa*" tösliin tailan. Ulaanbaatar.（自然環境省 2006『セレンゲ川流域における砂金精錬由来の汚染の調査プロジェクト報告書』ウランバートル）.

BOAJY (Baigal' Orchin Ayalal Juulchlalyn Yaam) 2009 "*Khimiin bodisoor bokhirdson shlam, khayagdlyg saarmagjuulj bulshlakh üil ajillagaa*"-ny tailan. Ulaanbaatar.（自然環境観光省 2009『化学物質に汚染された残滓および廃棄物の中和埋立事業報告書』ウランバートル）.

BOAJY (Baigal' Orchin Ayalal Juulchlalyn Yaam) 2011 "*Möngön usny ersdliin menejmentiin tölövlögöö*" Ulaanbaatar.（自然環境観光省 2011『水銀リスク管理計画』ウランバートル）.

BONKhY (Baigal' Orchin Nogoon Khögjiliin Yaam) 2012 "*Mongol ulsyn baigal' orchny tölöv baidlyn tailan 2011-2012*". Ulaanbaatar.（自然環境観光省 2012『モンゴル国の自然環境

状態報告書 2011-2012』ウランバートル）.

BONKhY (Baigal' Orchin Nogoon Khögjiliin Yaam) 2012 "*Baigal' orchin" khuuliin emkhetgel*. Ulaanbaatar.（自然環境緑化省　2012『自然環境法令集』ウランバートル）.

GKh (Gyeoekologiin Khüreelen) 2003 "*Uul uurkhain üil ajillagaany ulmaas baigali orchind üzüülj bui sörög nölöölliin sudalgaa" daalgavart ajlyn tailan*. Ulaanbaatar.（地球環境学研究所　2003『「鉱山開発が自然環境に及ぼす負の影響調査」政府委託事業報告書』ウランバートル）.

GKh (Gyeoekologiin Khüreelen) 2010 "*Töv, Bulgan, Selenge aimguudyn nutagt uul uurkhain olborloltyn ulmaas evdreld orj orkhigdson gazryn toollogo bürtgel" sudalgaany ajlyn tailan*. Ulaanbaatar.（地球環境学研究所 2010『トゥブ、ボルガン、セレンゲ県で鉱山採掘によって浸食され放棄された土地の統計記録調査事業報告書』ウランバートル）.

UUY (Uul Uurkhain Yaam) -ny medee /www.uul uuthai, www.ashigt maltmal saituud, 2014.（鉱山省ニュース 2014）.

Erdenetiin zes-molibdyenii khüdriin standart zagvar.（エルデネット銅モリブデン鉱石基準モデル）.

Internet medee. ChNTV (Chölööt nevterkhii tol'Vikipyedi) "Mongolor niigemleg" https://mn.wikipedia.org/wiki/

第 6 章

鉱山開発とヒトへの健康影響

中澤　暦、永淵　修、岡野寛治

はじめに

　モンゴルでは古くから地下資源が豊富であることが知られ、1960 年代には地下資源に関する大規模な調査が行われてきた。国連環境計画（UNEP）によれば、モンゴルには 800 の鉱床があり、約 600 の地点で地下資源の採掘が行われている［UNEP 2002］。レアアースやレアメタルが多くの採掘地点で豊富であり、世界資本が採掘地点の開発に投入されている［Oyu Tolgoi LCC 2014］。そのため、金、銀、銅、鉄、亜鉛、石炭、蛍石、ウラン［藤田ら 2013］などの地下資源採掘が巨大な経済的な富を生み出しており、モンゴル経済の高い成長率を生み出している。しかし、このような急激な鉱業開発は深刻な地域的な環境汚染を招いている可能性があり、大気、水質、土壌、動物相、植物相を変えてしまう可能性がある。本章では懸念されるこれらの環境劣化の中で、特に鉱山周辺の地下水を取り上げる。地下水は採掘の過程で多量に使用されており、質・量ともに劣化している可能性が高い。これらの地下水は牧民が井戸から汲み上げ、牧民自身の飲料水として、また、家畜の飲み水として利用している。そのため、地下水の化学物質汚染が進行すれば、牧民や家畜はこれらの化学物質を体内に日々蓄積する可能性がある。

　現在までにもモンゴルの環境汚染状況に関する研究は、いくつか報告されている［たとえば Badrakh *et al.* 2008; Batjargal *et al.* 2010; Allen *et al.* 2013; Sikder *et al.* 2013］も

のの、大規模鉱山開発地周辺の地下水水質の特徴とそのヒトへの健康影響に関する研究はいまだなされていない。また地下資源開発がモンゴルの伝統的な牧畜社会に様々な変容をもたらすことも指摘されており、持続可能な鉱山開発を行うためには、地下水水質の特徴を把握することは重要な課題の1つである。

さらに一歩進めて、現在の地下水水質がどの程度ヒトの健康に影響を与えるかを推定する（ヒト健康リスク評価を行う）ことは極めて重要である。なぜなら地下水水質の特徴を検討することで明らかとなった、地下水中の化学物質がヒトの健康に影響を与えるかどうかは、ヒトがどの程度、化学物質を体内に取り込んでいるか（摂取量）と有害性で決まるからである。すなわち化学物質の管理は、調査で明らかとなった地下水中の化学物質濃度で単純に判断できるものではなく、その化学物質の摂取量と有害性をあわせて化学物質のヒト健康リスク評価を行い、その結果に基づいて実施されることが求められる。

このようにして評価されたリスク評価の結果は化学物質の適正なリスク管理（リスクが受け入れ可能かどうかを検討する、リスク削減が必要か否かを検討する）やリスクコミュニケーション（行政、企業、市民等の利害関係者間でリスクに関する情報を共有し、意見交換や討議を通して共通認識と信頼関係を築くこと）を行っていく上で、重要な材料となる［化学物質管理センター 2013］。

筆者らは 2012 年からモンゴルにおいて、環境劣化の状況把握と評価について検討を行っている。本章では、2012 年にオユートルゴイとタワントルゴイにおける地下水汚染の状況についてスクリーニング調査を行った［Nagafuchi et.al., 2014］結果から地下水水質の特徴とヒト健康リスクについて考えてみたい。

第1節　調査地点と方法

1　調査地点

地下水の試料は南ゴビのオユートルゴイとタワントルゴイ、およびウランバートル近郊の廃坑となった金採掘サイトで行った（図1）。オユートルゴイは世界最大規模の銅－金採掘サイトであり、ウランバートルから南へ約 550 km、中国とモンゴル国境から北へ約 80 km に位置する。タワントルゴイはオユートルゴイの北東約 150 km、中国とモンゴル国境約 240 km に位置し、世界最大

第 6 章　鉱山開発とヒトへの健康影響　　*135*

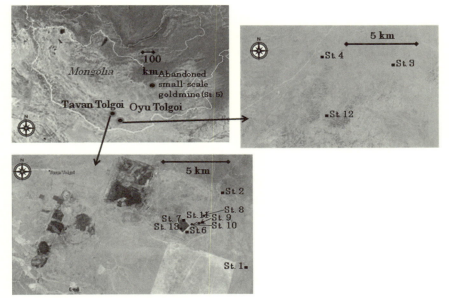

図1　調査地（St. は調査地点をあらわす）

規模の石炭鉱山である。調査は地下水を 10 地点、表層水を 3 地点で採取した。採取した試料は以下の 4 つの特徴に分類できる。すなわち、採掘地帯の地下水、牧草地帯の地下水、採掘地帯の貯留水、そして、ウランバートル近郊の廃坑となった金採掘サイトの表層水である。採掘地帯の地下水は採掘現場の井戸から採取した。牧草地帯の地下水は牧民や家畜が利用する井戸で採取した。採掘地帯の貯留水は採掘地帯にある沈殿池から採取した。採掘地帯の貯留水は地下水であるがポンプにより汲み上げられた後、洗炭後、一定期間貯留されたものである。オユートルゴイでは採掘地帯の地下水（Site 12）と牧草地帯の地下水（Site 3 と 4）、タワントルゴイでは採掘地帯の地下水（Site 7, 8, 9, 10, 11）と牧草地帯の地下水（Site 1 と 2）、採掘地帯の貯留水（Site 6 と 13）で採取を行った。ウランバートル近郊では廃坑となった金採掘サイトの表層水を採取した（Site 5）。

2 試料の採取および分析

試料の採取は 2013 年 8 月 29 日から 9 月 5 日の間に行った。分析項目のうち、pH、電気伝導度（EC）および水温は現地で測定した。試料は 250-mL 容のポリエチレンボトルとテフロン加工ビンに採取し、速やかに研究室に持ち帰り分析に供した。主要イオンはろ過（Dismic CS-25, Advantec 社製）後、イオンクロマトグラフ法（761 Compact IC, Metrohm 社製）により分析した。重金属のうち Hg の測定はアルカリ還元冷原子蛍光法（還元気化－金アマルガム水銀測定装置マーキュリー/ RA 3320FG+、日本インスツルメンツ社製）を用いた。As の測定には原子吸光光度法（AAS 800, Perkin Elmer 社製）、Al, V, Cr, Mn, Co, Ni, Cu, Zn, Se, Mo, Cd, In Sb, Te, Pb, Bi の分析には ICP-MS（NexION 300, Perkin Elmer 社製）を用いた。溶存有機炭素（DOC）および溶存態の窒素（DN）は TOC-V CSH/CSN analyser（Shimadzu Co. Ltd 社製）で分析した。

3 元素濃縮率の算出、多変量解析およびトリリニアダイアグラム

元素濃縮率（Enrichment Factor ratio, EF 値）は、地下水が土壌起源由来であるか、もしくは別の起源に由来するかを推定するために利用されてきた。EF 値は地下水中の対象元素の Al 相対濃度比とその地域の土壌中の同一元素の Al 相対濃度比によって求められ、以下の式で定義される［たとえば、Chester *et. al*., 1993; Hsu *et. al*., 2005］。

$$\text{EF ratio}_{crust} = (C_X/C_{Al})_{groundwater}/(C_X/C_{Al})_{crust} \tag{1}$$

ここで、$(C_X/C_{Al})_{groundwater}$ は対象元素に対する地下水中元素の存在比であり $(C_X/C_{Al})_{crust}$ は対象元素に対する土壌中元素の存在比である［Taylor 1964］。

調査地点における地下水の特徴を検討するために、多変量解析を行った。多変量解析は表層水や地下水の特徴解析のために多用されてきた［Giri *et. al*., 2012; Atanacković *et. al*., 2013; Devic *et. al*., 2014］。本研究では多変量解析ソフト（College Analysis, ver. 5.1）を用いて解析を行った。

トリリニアダイアグラムは地下水の化学的な特徴を明らかにするために用いられており［たとえば、Güler *et. al*., 2002］、これを解析に用いた。トリリニアダイ

アグラムの中のひし形で示されるキーダイアグラムはⅠ型からⅣ型に分類でき、それぞれⅠ型はアルカリ土類非炭酸塩、Ⅱ型はアルカリ土類炭酸塩、Ⅲ型はアルカリ炭酸塩、Ⅳ型はアルカリ非炭酸塩と分類される。これはきわめて大まかな分類法であるが、水質を区分するには有効とされている［日本地下水学会編 1994］。

4　非発ガン性ヒト健康リスクの推定

　非発ガン性ヒト健康リスクは一般的に暴露（摂取）量と有害性で判断される［吉田・中西 2006；平石次郎ほか訳編 1998］。非発がん性ヒト健康リスク評価はUS EPA［US EPA 2010a., 2010b］の方法を用いた。地下水中化学物質に由来するヒト健康リスクによる影響は主に飲料水の摂取に由来すると考えられる。本研究で評価対象とした牧草地帯の井戸水は牧民のみならず、牧民が所有する家畜も利用している。そのため、牧民は、飲料水を直接摂取することによって地下水中化学物質を取り込むだけでなく、間接的には家畜に蓄積された地下水中の化学物質を畜肉や乳製品として摂取していると考えられる。しかし、牧民の蓄肉や乳製品の摂取量に関する知見が得られなかったので、本研究では食品由来の化学物質摂取については評価の範囲外として取り扱わなかった。

　地下水中化学物質摂取量は US EPA［US EPA, 2010a］により式（2）のように算出した。各パラメータは地域特異的な値が可能な限り用いられるべきであるが［平石次郎ほか訳編 1998］、詳細な値が得られなかったため、本研究では US EPA［US EPA 1989］を参考に設定した。

$$D_i = \frac{C_w \times IR \times FE \times ED}{BW \times AT} \quad (2)$$

　ここで、D_i（μg kg^{-1} day^{-1}）は飲料水からの化学物質 i の摂取量である。C_w（μg l^{-1}）は飲料水中の化学物質濃度であり、本研究で対象とした牧草地帯の井戸水の平均値とした。IR（L day^{-1}）は飲料水の摂取量で 2 L day^{-1} とした。FE（day year^{-1}）：暴露頻度であり、350 days year^{-1} とした。ED（year）：飲料水摂取の継続時間、国民の一カ所への居住期間の上限（90 パーセンタイル値）とし、30 年とした。BW

(kg)：平均体重であり、70kg とした。AT（day）：非発がん影響の暴露を受ける特定の期間であり、$ED \times 365 \text{ days year}^{-1}$ として推定し 10,950 days とした。

ハザード（HQ）比は式（3）により推定した。

$$HQ_i = \frac{D_i}{RfD_i} \tag{3}$$

ここで HQ_i は化学物質 i のハザード比である。D_i は飲料水からの化学物質 i の摂取量であり、式（2）によって推定された値である。RfD_i は化学物質 i の Reference of Dose、すなわち参照用量であり EPA［US EPA 2012］によって推定された値である。

さらに、1つ以上の化学物質の非発がん性ヒト健康リスクを推定するために、ハザードインデックス（HI）を用いることが提案されている［US EPA 1986; US EPA 2012］。この方法は同時に閾値以下の暴露を複数の化学物質から受けると影響が起こる、と仮定した推定法である［US EPA, 1986］。HI は式（4）によって推定される。

$$HI = \sum_{i=1}^{n} HQ_i \tag{4}$$

第 2 節　結果と考察

1　地下水の化学的特徴

解析は 29 の項目（pH, EC, DN, DOC, F⁻, Cl⁻, SO_4^{2-}, NO_3^-, Na^+, K^+, Ca^{2+}, Mg^{2+}, Hg, Mn, Ni, Zn, Cd, Pb, Cr, As, Se, Li, Al, V, Co, Mo, In, Sb, Te）について実施した。基本統計量を 表 1 に示した。pH は 7.33 から 11.6 の間で変動した。高濃度 Hg（209 ng L⁻¹）はウランバートル近郊の廃坑となった金採掘サイトの表層水で観測された。採掘地

表1　試料水の基本統計量

parameter	Unit	all data (n=13)				mining area (n=8)			pasture area (n=4)			Abandoned small-scale gold mine (n=1)
		ave	SD*	min	max	ave	min	max	ave	min	max	-
pH	-	8.36	1.12	7.33	11.6	8.68	7.99	11.6	7.85	7.33	8.33	7.70
EC	mS/cm	1.71	0.95	0.59	3.91	1.51	0.59	3.91	2.06	1.62	2.92	1.99
DN	mg L^{-1}	10.1	5.63	0.33	22.3	8.16	0.33	12.9	10.4	8.69	11.2	22.3
DOC	mg L^{-1}	4.71	7.25	0.49	21.5	1.34	0.49	3.46	8.60	2.02	21.5	16.7
F$^-$	mg L^{-1}	3.10	1.13	1.00	4.77	3.00	1.00	4.77	4.01	3.80	4.23	2.03
Cl$^-$	mg L^{-1}	224	236	27.5	733	194	40.2	733	357	203	616	27.5
NO$_3^-$	mg L^{-1}	44.2	24.9	2.3	97.4	37.4	2.3	57.3	42.5	27.6	50.3	97.4
SO$_4^{2-}$	mg L^{-1}	336	327	55.2	984	258	55.2	984	325	214	520	918
Na$^+$	mg L^{-1}	287	172	69.2	687	258	69.2	687	378	315	495	209
K$^+$	mg L^{-1}	21.3	16.2	9.2	39.7	N.D.	N.D.	N.D.	21.3	9.20	39.7	N.D.
Mg^{2+}	mg L^{-1}	20.1	25.0	4.3	83.0	13.8	4.3	43.1	11.8	7.00	20.7	83.0
Ca^{2+}	mg L^{-1}	47.3	71.6	9.8	249	30.9	9.8	99.1	18.1	16.6	20.4	249
Hg	ng L^{-1}	53.2	55.6	9.00	209	28.1	9.00	54.4	59.7	56.5	64.8	209
Li	μg L^{-1}	79.12	37.6	13.78	136	69.6	13.8	136	91.0	49.4	115	79.3
Al	μg L^{-1}	7610	25900	4.28	93800	34.0	4.28	94.1	47.3	6.44	91.3	93700
V	μg L^{-1}	24.1	46.7	0.53	166	2.42	0.53	6.58	21.6	3.42	63.3	165
Cr	μg L^{-1}	6.92	16.6	0.36	58.7	1.03	0.44	1.62	0.58	0.36	0.970	58.70
Mn	μg L^{-1}	685	2370	0.38	8570	7.55	0.38	36.9	38.5	0.87	144	8570
Co	μg L^{-1}	8.01	25.8	0.04	93.8	0.19	0.04	0.70	0.90	0.08	3.32	93.8
Ni	μg L^{-1}	14.5	37.1	0.30	135	1.81	0.36	4.72	3.54	0.30	1301	135
Zn	μg L^{-1}	39.4	98.3	2.19	354	16.7	2.19	100	5.62	3.21	10.6	354
As	μg L^{-1}	29.0	85.4	0.47	313	2.89	0.47	6.25	9.92	5.37	13.0	313
Se	μg L^{-1}	10.7	16.6	0.94	53.6	11.0	0.94	53.6	4.12	1.09	5.53	4.31
Mo	μg L^{-1}	75.8	82.6	8.46	259	73.5	8.46	259	55.0	12.6	108	9.86
Cd	μg L^{-1}	0.118	0.319	N.D.	1.14	0.004	N.D.	0.024	0.016	N.D.	0.048	1.14
In	μg L^{-1}	0.011	0.032	N.D.	0.117	N.D.	N.D.	0.001	0.002	N.D.	0.007	0.117
Sb	μg L^{-1}	1.818	3.23	0.034	11.7	1.11	0.034	4.60	0.564	0.064	1.27	1.85
Te	μg L^{-1}	N.D.	N.D.	N.D.	N.D.	N.D.	N.D.	N.D.	N.D.	N.D.	N.D.	N.D.
Pb	μg L^{-1}	0.031	0.030	0.008	0.111	0.020	0.011	0.032	0.030	0.008	0.070	0.111

*Standard deviation

帯の地下水および牧草地帯の地下水の平均 Hg 濃度は 28.1 ng/L と 59.7 ng/L であった。金採掘サイトで濃度が高くなったのは金精錬過程で Hg が使用された結果であろう。ウランバートル近郊の廃坑となった金採掘サイトの表層水では、NO$_3^-$, SO$_4^{2-}$, Ca^{2+}, DOC, DN, Al, V, Cr, Mn, Co, Ni, Zn, As もまた高濃度であった。EC および Cl$^-$, NO$_3^-$, F$^-$, Na$^+$, DOC, DN, Hg, Li, Al, V, Mn, Co, Ni, As, Cd, In, Te, Pb 濃度の平均値は採掘地帯の地下水より牧草地帯の地下水で高く、これらの物質

では牧草地帯でより汚染されていることがわかった。

2　採掘地帯と牧草地帯の地下水の特徴

トリリニアダイアグラムの結果から、採掘地帯と牧草地帯の地下水のほとんどはⅢ型のアルカリ炭酸塩型の化石塩水であった（図2）。採掘地帯と牧草地帯の地下水に大きな差は見られなかった。多変量解析の結果を見ると人為起源由来の影響を受けていることが示唆された（表2）。すなわち、Factor 1 の固有値は Mn, Co, Se, Mo, In Sb が高く（寄与率48%）、人為由来元素であると考えられた。Factor 2 は DOC, Al, Ni, Cd で固有値が高く、有機物汚染のグループであった。Factor 3 は As で固有値が高くなった。

EF 値を図3 および表3 に示した。一般的に EF は1 もしくはそれ以下であれば地殻由来と考えられ、1〜10 で地殻由来および人為由来と判断される。また10 以上では人為由来であると定義される [Chiarenzelli et al. 2001]。In, Mn, Co,

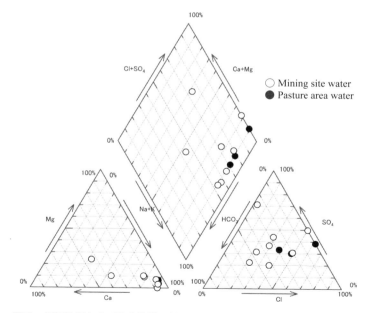

図2　採掘地帯および牧草地帯で採取した試料水のトリリニアダイアグラム

表2 多変量解析結果から得た主成分得点および寄与率

	Factor 1	Factor 2	Factor 3	Factor 4
% variance	0.482	0.209	0.112	0.072
F^-	0.609	-0.112	0.564	-0.008
Cl^-	*0.960*	-0.148	0.181	0.083
NO_3^-	-0.360	0.432	0.439	0.413
SO_4^{2-}	*0.966*	-0.222	0.031	0.104
Na^+	*0.926*	-0.157	0.288	0.031
Mg^{2+}	*0.914*	-0.296	-0.098	0.231
Ca^{2+}	*0.884*	-0.183	-0.199	0.189
pH	-0.078	*0.967*	-0.070	-0.082
EC	*0.972*	-0.034	0.192	0.078
DOC	-0.054	*0.818*	0.524	-0.071
DN	-0.368	0.407	0.457	0.391
Hg	0.249	-0.010	0.663	0.021
Li	0.414	0.467	0.580	-0.162
Al	0.405	*0.855*	-0.200	-0.061
V	-0.324	0.327	0.165	*0.748*
Cr	0.345	0.550	-0.269	-0.325
Mn	*0.986*	0.031	-0.092	0.075
Co	*0.948*	0.272	-0.062	0.063
Ni	0.635	*0.728*	-0.181	-0.048
Zn	-0.244	-0.204	-0.302	*0.807*
As	-0.016	-0.459	*0.806*	-0.130
Se	*0.981*	-0.104	-0.054	0.094
Mo	*0.984*	0.109	0.001	0.082
Cd	-0.025	*0.973*	-0.056	-0.015
In	*0.959*	-0.145	0.027	0.064
Sb	*0.936*	-0.128	-0.134	-0.199
Pb	0.642	0.481	-0.327	0.243

The values grater than 0.7 are showed in italic.

V, Pb, Ni, Cd, Zn の EF 値は 10 から 10^2 の間で変動し、As, Sb, Mo, Se と Hg の EF 値は 10^4 より大きくなった（図3）。ウランバートル近郊の廃坑となった金採掘サイトと、採掘および牧草地帯の地下水の間で大きな違いは見られなかった。ウランバートル近郊の廃坑となった金採掘サイトの V, Cr, Ni の EF 値は 1.48 以下で地殻由来と考えられた。一方、タワントルゴイの V, Cr, Ni の EF 値はそれぞれ 39, 34 と 66 で、オユートルゴイではそれぞれ 445, 45, 38 であった。タワントルゴイとオユートルゴイにおける V, Cr, Ni は人為由来であると考え

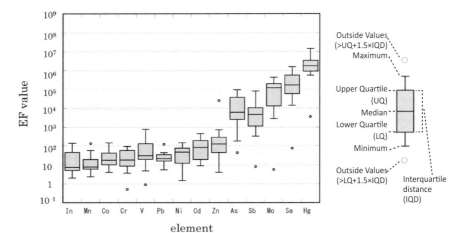

図3　全調査地点の試料水のEF値の変動

表3　タワントルゴイ、オユートルゴイおよびウランバートル近郊の廃坑となった金採掘サイトにおけるEF値

element	Tavan Tolgoi	Oyu Tolgoi	abandoned small-scale gold mine
	n=9	n=3	n=1
V	39	445	0.91
Cr	34	45	0.51
Mn	32	9	7.88
Co	38	33	4.10
Ni	66	38	1.48
Zn	151	5,420	4.13
As	11,300	49,900	182
Se	588,000	821,000	75.3
Mo	137,000	289,000	5.75
Cd	37	182	9.08
In	-	66	2.09
Sb	20,500	5,100	8.10
Te	-	190	-
Hg	1,210	2,130	1.95
Pb	25	45	15.6

られた。ウランバートル近郊の廃坑となった金採掘サイト表層水における As、Se の EF 値は 182 と 75 で、人為汚染由来に分類されるが、タワントルゴイとオユートルゴイにおける地下水の As と Se の EF 値はそれぞれ 11300、499000 と、588000、821000 であり、EF 値で見た場合、人為汚染のレベルが As で 100 のオーダー、Se で 10000 倍のオーダーで地下水の人為汚染が進んでいる可能性が示唆された。

3 非発がん性ヒト健康リスクの推定

「2」で示したように、タワントルゴイとオユートルゴイともに地下水汚染が進んでいることが示唆された。そこで、これらの地下水汚染レベルがヒト健康に影響を与えるレベルかどうかを検討するために、非発がん性ヒト健康リスク評価を行った。ここでは牧民が飲料水として利用している牧草地域の井戸を対象に、ヒト健康リスク評価を行った（表4）。NO_3^- および 13 の金属についての非発ガンリスクを HQ 比および、HI 値で示した。US EPA により HQ 比、HI 値ともに 1 以下であることが推奨されている［US EPA, 1989］。HQ 比を見ると、NO_3^- および 13 の金属のうち、平均値でみると、NO_3^- で 1.70、As で 2.11 とな

表4 タワントルゴイ、オユートルゴイおよびウランバートル近郊の廃坑となった金採掘サイトにおける各項目の **HQ** 比および、調査地点別 **HI** 値

		Pasture area		
		Average	minimum	max
HQ	NO_3^-	1.70	2.01	2.01
	Hg	0.01	0.01	0.01
	As	2.11	1.15	2.77
	Al	0.003	0.000	0.01
	V	0.28	0.04	0.81
	Mn	0.10	0.002	0.38
	Co	0.19	0.02	0.71
	Ni	0.01	0.001	0.04
	Zn	0.001	0.001	0.002
	Se	0.05	0.01	0.07
	Mo	0.70	0.16	1.38
	Cd	0.002	0.00	0.01
	Sb	0.09	0.01	0.20
HI	-	5.26	3.42	8.40

り、これらの物質によるヒト健康影響を考慮すべきレベルであると考えられた。さらに、より安全側に立った評価をすると考えて、本研究結果から得られた牧草地帯の井戸水濃度の最大値を採用すると、HQ 比が NO_3^- で 2.01、As で 2.77、Mo で 1.38 となった。以上のことから、牧草地帯の井戸水を摂取することにより、NO_3^-、As、Mo に由来するヒト健康影響が懸念されるという結果を得た。

第 3 節　おわりに

　本研究ではウランバートル近郊の廃坑となった金採掘サイトおよび南ゴビのタワントルゴイとオユートルゴイを対象に地下水汚染の状況について検討した。その結果、特に南ゴビのタワントルゴイとオユートルゴイ地域では地下水汚染が進んでいることが示唆された。牧民が日常的に利用する飲料水用の井戸水の調査結果から、非発がん性ヒト健康リスクのスクリーニング評価を行うと、その汚染レベルはヒト健康に影響を及ぼすレベルであることがわかった。ただし本研究は限られた試料を用いたことによる不確実性を含む。また、本研究では飲料水を経口摂取することによる非発がん性ヒト健康リスクを評価することに限定した。すなわち、日常的に水に触れることによる経皮由来の化学物質暴露や、食物を経口摂取することによる化学物質暴露は対象としなかった。そのため、牧民の健康に影響を与えるレベルがいかほどかという観点では、本章での解析は不十分であり、今後より詳細な検討を行う必要がある。しかしながら、本章での検討結果は南ゴビでは地下水汚染が進み、ヒト健康が脅かされていることを示しており、持続可能な鉱山資源開発をいかに実施するかについて、住民、企業、政策決定者を含めた議論が必要な時期に来ていることを示唆している。

参考文献

Allen, W.R., E. Gombojav, B. Barkhasragchaa *et al*. 2013 An assessment of air pollution and its attributable mortality in Ulaanbaatar, Mongolia. *Air Quality, Atmosphere & Health* 6: 137-50.

Atanacković, N., V. Dragišić, J. Stojković *et al*. 2013 Hydrochemical characteristics of mine waters from abandoned mining sites in Serbia and their impact on surface water quality. *Environmental Science and Pollution Research* 20 (11): 7615-26.

Badrakh, A., T. Chultemdoriji, R. Hagan *et al*. 2008 A study of the quality and hygienic conditions of spring water in Mongolia. *Journal of Water and Health* 6 (1): 141-8.

Batjargal, T., E. Otgonjargal, K. Baek & J.-S. Yang 2010 Assessment of metal contamination of soils in Ulaanbaatar, Mongolia. Journal of Hazardous Materials 184 (1-3): 872-6.

Chester, R., K.J.T. Murphy, F.J. Lin *et al*. 1993 Factors controlling the solubilities of trace metals from non-remote aerosols deposited to the sea surface by the 'dry' deposition mode. *Marine Chemistry* 42 (2): 107-26.

Chiarenzelli, J., L. Aspler, C. Dunn *et al*. 2001 Multi-element and rare earth element composition of lichens, mosses, and vascular plants from the Central Barrenlands, Nunavut, Canada. *Applied Geochemistry* 16 (2): 245-70.

Devic, G., D. Djordjevic & S. Sakan 2014 Natural and anthropogenic factors affecting the groundwater quality in Serbia. *Science of the Total Environment* 468-469: 933-42.

藤田 昇、加藤聡史、草野栄一、幸田良介 2013『モンゴル――草原生態系ネットワークの崩壊と再生（環境人間学と地域）』京都大学学術出版会。

Giri, S., M.K. Mahato, G. Singh & V.N. Jha. 2012 Risk assessment due to intake of heavy metals through the ingestion of groundwater around two proposed uranium mining areas in Jharkhand, India. *Environmental Monitoring and Assessment* 184(3): 1351-8.

Güler, C., G.D. Thyne, E.J. McCray & A.K. Turner 2002 Evaluation of graphical and multivariate statistical methods for classification of water chemistry data. Hydrogeology Journal 10: 455-74.

平石次郎、池田三郎、下貞 孟、田村昌三、戸村健司、半井豊明、花井荘輔、松尾昌季、吉田喜久雄訳編 1998『リスクアセスメントハンドブック――化学物質総合安全管理のための』丸善株式会社。（邦題 Rao V. Kolluru, Editor in Chief, Steven M. Bartell, Robin M. Pitblado, R. Scott Stricoff. (1998) Risk assessment and management handbook for environmental, Health, and safety professionals）

Hsu, S.C., S.C. Liu, W.L. Jeng *et al*. 2005 Variations of Cd/Pb and Zn/Pb ratios in Taipei aerosols reflecting long-range transport or local pollution emissions. *Science of the Total Environment* 347(1?3): 111-21.

化学物質管理センター 2013『化学物質のリスク評価――よりよく理解するために』。

Nagafuchi, O., Nakazawa, K., Okano, K., Osaka, K., Nishida Y., Hishida N. 2014 Hydrochemical characteristics of the Mongolian plateau and its pollution levels. *Inner Asia* 16: 427-441.

日本地下水学会編 1994『名水を科学する』技報堂出版。

Oyu Tolgoi LCC 2014 Press release: Oyu Tolgoi begins concentrate shipments - Significant milestone for company and Mongolia. Available at http://ot.mn/en/media/press-release/090713 (accessed 10 April 2014).

島村一平 2013「内陸アジアにおける地下資源開発による環境と社会の変容に関する研究――モンゴル高原を中心として」『国立民族学博物館国際シンポジウムプロシーディング集 モンゴル国における鉱業開発の諸問題――歴史的観点から』66-77.

Sikder, M.T., Y. Kihara, M. Yasuda *et al*. 2013 River water pollution in developed and developing countries: Judge and assessment of physicochemical characteristics and selected dissolved metal concentration. *CLEAN-Soil, Air, Water* 41(1): 60-68.

Taylor, S.R. 1964 Abundance of chemical elements in the continental crust: A new table. *Geochimica et Cosmochimica Acta* 28(8), 1237-85.

UNEP 2002 Mongolia: State of the environment, Available at http://www.rrcap.ait.asia/pub/soe/mongoliasoe.cfm (accessed 10 April 2014).

United States Environmental Protection Agency 1986 Guidelines for the health risk assessment if chemical mixtures. 51 Federal Register 34014 (September 24, 1986).

United States Environmental Protection Agency 2012 2012 Edition of the drinking water standards and health advisories. Available at <http://water.epa.gov/action/advisories/drinking/upload/dwstandards2012.pdf> Cited 01 Oct. 2014.

United States Environmental Protection Agency 1989 Risk assessment guidance for superfund volume 1 Human health evaluation manual (part A). Available at < Risk assessment guidance for superfund volume 1 Human health evaluation manual (part A)> Cited 01 Oct. 2014.

United States Environmental Protection Agency 2010a Risk assessment guidance for superfund. Volume I Human health evaluation manual. Available at < http://www.epa.gov/oswer/riskassessment/ragsf/index.htm > Cited 01 Oct. 2014.

United States Environmental Protection Agency 2010b Exposure factors handbook. Available at < http://cfpub.epa.gov/ncea/risk/recordisplay.cfm?deid=236252 > Cited 01 Oct. 2014.

United States Environmental Protection Agency 2014 The screening level (SL) tables Available at Available at < http://www.epa.gov/reg3hwmd/risk/human/rb-concentration_table/Generic_Tables/docs/restap_sl_table_01run_MAY2014.pdf> Cited 01 Oct. 2014.

吉田喜久雄・中西準子 2006『環境リスク解析入門 化学物質編』東京図書。

第 7 章

砂金採掘産業の環境への影響

——モンゴル・トゥブ県・ザーマル金鉱の事例から

ゲレルトオド、厳網林、ジャンチブドルジ

はじめに

　モンゴルでは、ガーナ、インドネシア、中国といった他の多くの途上国と同様、鉱業が国の経済発展を牽引している。Metals Economics Group 社（MEG）の報告書によれば、2004 年から 2006 年における多額の探鉱費から、モンゴルは探鉱投資先として世界上位 10 カ国に入っている［Naranhuu, 2010］。EITI（採取産業透明性イニシアティブ）の 2012 年度の国別報告書によれば、鉱業部門はモンゴル経済に大きく寄与しており、2012 年には GDP の 18%、GIP の 67% を占めた［https://eiti.org/mongol］。中でも金鉱業は、モンゴルでの速やかな経済復興と成長を実現する必要性から、1992 年以降急速に成長している。公式の統計によれば、1997 年時点でモンゴルの金埋蔵量は 2,000 トンにおよび、140 カ所で金の探鉱が行われている。過去 20 年間、ザーマル金鉱では大量の金が採掘されてきており、ザーマル地域で活動する金採掘企業は 40 社を超える。この地域では、約 9,000ha の肥沃な土地が金採掘活動の影響を被っている。産出量は 1993 年から 2003 年にかけて 10 倍の伸びを記録し、2000 年には 11.1 トンの金が産出され、2003 年の産出量は推定 11.2 トンである。Altan-Dornod Mongolia 社が国内の産出量全体の 34.4% を占め、Shijir Alt 社（12.9%）、Gatsuurt 社（7.9%）が続いている［http://www.mbendi.com］。現在までに、60 トンを超える金がこの地域で採掘され、その収入は国立銀行や国庫へ入っている。Byambaa et al. ［2011］は、

2007年にモンゴル自然環境省が行った表層水についての最新の調査（センサス）から、この地域における約20カ所の河川（表層水を含む）、湧水、小川、湖、池が、過去15年間で干上がるか、完全に姿を消してしまったと推定した。浚渫（ドレジング）や河川の形状変更を含む時代遅れの金採掘方法がその原因とされている。水環境の悪化の原因は、金を含んだ砂を、高圧水で洗い流すやり方にある。2010年、ザーマルの金採掘産業の水使用量は、モンゴル政府機関の水公社（Water Authority）による「水使用の定め」に基づく採掘事業体の年間活動計画によれば、5,637.4 m^3/yearである。現在、産業の発展と畜産の発展の間で利害対立が起きている。というのも、以前は遊牧民が使っていた放牧地が、今では金の採掘地に占められているためである。ザーマルのケースでは、非正規の金採掘が環境破壊をもたらし、ひいては地元住民、特に遊牧民の暮らしを困難にしている。遊牧民は、放牧地や水資源を確保しないと生きていけない。金の採掘活動により、水資源の汚染はますます進み、土地も悪影響を被っている。時代遅れの採鉱・加工技術を使用した採掘活動の増加により、天然資源への長期的な被害が生じている。そうした影響には、堆積物の増加、栄養塩負荷、河川の水文学的状態の変更などが挙げられる。トーラ川沿いのザーマル金鉱では、金を含んだ砂等を洗い流すのに使われた水が、十分に浄化されないまま河川に垂れ流されている。これは、地元住民の生活だけでなく、河川の生態系や魚の成長にも悪影響を及ぼしている。このように、採掘活動は水資源を汚染し土地にも悪影響を及ぼしているのである。現地調査の結果、企業等の組織ではなく、一般の個人による小規模の採掘活動は、環境を壊す可能性がさらに高いことがわかった。小規模の採掘活動では、資金も道具も限られており、中には採掘の経験がない者もいる。本稿では、こうした問題に取り組み、現地でのフィールド調査と実験室での水および堆積物サンプルの分析を組み合わせて、ザーマルにおける大規模および小規模な金採掘にかかわる重大な環境問題を調査する。本稿は以下のような構成をとる。次節で、調査地域の概略を述べる。続いて、水および堆積物サンプルの分析の方法論を説明し、そこから得られたデータを提示する。その後、現地調査で得られた知見を報告する。本稿は、ザーマルにおける砂金採掘の現状を概観し、同金鉱における現地当局の環境対策を改善させるため、科学的な測定データを提供するものである。

第1節　実験方法および材料

1-1　研究対象地域

　ザーマル金鉱は、トーラ川河谷の氾濫原東岸沿いにあり、台地および丘陵地を取り囲む長さ50km超および幅10〜20kmの金鉱であり、モンゴルの首都であるウランバートルより約230km北西に位置する（図1a）。トーラ川は、モンゴルにおいて5番目に長い（784km）河川である。ザーマル金鉱は、ザーマル郡（ソム）から約30km、オイル・ザーマルの南西に位置する。砂金鉱床はトーラ川沿い50kmのほぼ全域に広がっており、谷間［アッパー・ザーマル（Upper Zaamar）、ブンバット（Bumbat）、トソン（Toson）、アル・ナイムガン（Ar Naimgan）、ハイラースト（Khailaast）、Ar khundii］それぞれにかなりの量の金が埋蔵されている。一帯は、遊牧による畜産が行われている農業地帯であり、半乾燥気候帯に属する。アルタンボラグ（Altanbulag）のルン（Lun）測候所の気象データによると、平均年間降雨量は227.3mmであり、1年のうちの冬場における気温が-19℃〜-24℃であるのに対し、夏場は気温18℃〜24℃と比較的温暖で乾燥している。6月から8月にかけての雨量が、年間降雨量の約80%を占める。ザーマルの測候所からの資料には、2008年の6月に豪雨（67.6mm）が発生したことも示されている。

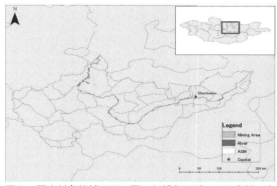

図1a. 研究対象地域：□で囲った部分はザーマル金鉱、太い線はトール川を示す。

図1b. ザーマル金鉱の谷間
出典：www.infomongolia.com, 2014

この地域では洪水が起こってもおかしくはない。前に述べた通り、砂金採掘は、その表層水に完全に依存するものである。

　ザーマル地域のトーラ川の水は、かつては住民の飲料水として使用されていた。現在では、井戸から汲み上げられる地下水が、ザーマル金鉱（662世帯）の主要な飲料水の供給源である。長期的にみると、この地下水は縮小の危機にある。堆積する尾鉱や脈石の管理が行われていないことにより生じる有害な浸透水による汚染や、川床堆積物による汚染が発生しているためである。

1-2　地質学的説明、鉱床、採掘活動

　ザーマル鉱業地には、熱水鉱床および砂鉱床の両方の金鉱床が存在する。カンブリア紀前期からオルドビス紀後期の変成岩およびデボン紀の花崗岩類、石炭紀の砂岩、シルト岩、中生代および新生代の堆積岩により形成されている。この地域における主な採鉱の種類は砂鉱採鉱であり、硬岩採鉱も行われる。砂鉱の深さおよび幅は様々であるが、全般的には、鉱脈は坑外から 2 〜 8m の深さに位置し、厚みは 4 〜 8m になる。Boris *et al*.[2005]が測定したところによると、金粒子の大きさは、「場所により様々であり、極微粒子から金塊大までが存在するが、平均するとおよそ 0.5mm となるソム面積が金の探鉱および採掘のために鉱業会社に支給されており、現時点で、93 件の鉱業権が認められている 1 万 7,308.75ha の土地が公共事業として、29 件の鉱業権が認められている 2 万 7,692.36ha の土地が探鉱用（図2）として存在する。

2　サンプル採取地

　実地調査を 2014 年 9 月上旬に実施した。トーラ川からの河川水や川床堆積物の収集を行うために、ザーマル郡の金鉱地域近郊のトゥブ・アイマグ内で、上流から下流地点にかけて、24 カ所のサンプル採取地を選定した（表1および図3）。水のサンプル（n=14）を川沿いに位置する採鉱場所より収集した。採取地は、トーラ川上流、中流、下流の 3 地点（TR1 〜 TR3）と、砂を洗い落とし金を採る工程に使用される水がためられている沈砂池の 5 カ所（R1 〜 R5）、砂を洗い落とす工程に使用された水（金洗浄水。最終的に川へ排出される）のため池の排出地点（I1）、金鉱閉鎖後は使用されずに残っている尾鉱水の採取地点 5 カ

第 7 章　砂金採掘産業の環境への影響

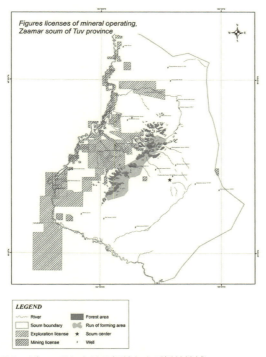

図2　ザーマルにおける探鉱および採鉱地域

である（図3）。トーラ川水 より2、尾鉱より2、排出地点より1、金洗浄水 より5、合計10の底質堆積物のサンプルを収集した。

3　サンプルの採取・調製・分析

　サンプルの収集および取り扱いについては、水質項目を分析するための標準的な方法論に基づき行った。水サンプルは、脱イオン水で洗浄した500mlポリプロピレン（PP）プラスチックボトルに収集した。水のサンプルを収集し、MAS（モンゴル科学院）地生態学研究所の水分析室にて分析を行い、主成分元素（Na^+、K^+、Ca^{2+}、Mg^{2+}、Cl^-、HCO_3^-、NO_3^-等）を測定した。その他の化学的性質（pH、DO、EC、TSS等）については、現場にて携帯型pH、EC、濁度計を用いて測定し、遊離シアン（CN）、化学的酸素要求量（COD）、アンモニウム（NH_4^+）、亜硝酸塩

（NO₂⁻）、硝酸塩（NO₃⁻）、リン酸塩（PO₄³⁻）は、共立理化学研究所が製造した「パックテスト」により計測した。王水分解を行った後、AAS により Ni、Pb、Zn、Cr、Cd を測定した。堆積物サンプルは、0〜10cm の深さのものを採取し、ラベル表示を行った 200ml ポリプロピレン容器に移した。それらの堆積物サンプルを約 24 時間天日干しして水分を除去し、2mm のふるいにかけ、王水分解を行った後、AAS（MAS 地質学研究所）により Ni、Pb、Zn、Cr、Cd という 5 種類の金属を測定した。ガーミン（Germin）社製全地球測位システム（GPS）を用いて、サンプル採取地の GPS 上の位置を特定し、Google Earth から衛星画像を集めた。サンプル採取地を図 3 に示す。

4　水質指標

水質指標（Wqi）とは、数種類の水質パラメータ（2011）に基づいて、特定の場所および時刻における総合的な水質を、単一の番号（等級のようなもの）により表すものである。Wqi においては、水質を「非常に清澄」から「汚濁」までの分類で格付けする。「汚濁」は考えられる上で最も汚濁度が高い段階である。

図 3　ザーマル金鉱付近のサンプル採取地を示す地図
TR- トール川水、**T-** 尾鉱水、**I-** 伏流水、**R-** 金洗浄水

表1　ザーマル金鉱におけるトール川河谷の各サンプル採取地

場所番号	場所の説明	サンプル採取地（河川水）	サンプル採取地（堆積物）
1	トール川（全採鉱場の下流）	TR1	TR1-s
2	「モンポリメット（Mon-Polimet）」採鉱場の金洗浄水	R1	R1-s
3	モンポリメット採鉱場の尾鉱水	T1	T1-s
4	バヤンゴル谷（Bayangol valley）付近の尾鉱水	T2	
5	川へ直接排出される伏流水「ウガルズ・ゴル（Ugalz gol）」採鉱場	I1	I1-s
6	「Pen Su Shiyan」採鉱場の金洗浄水	R2	R2-s
7	「ハイラースト」谷の尾鉱水	T3	
8	シジル・アルト橋下の尾鉱水	T4	
9	トール川（シジル・アルト橋上部）	TR2	TR2-s
10	「ウルス・ザーマル（Uuls-Zaamar）」採鉱場の金洗浄水	R3	R3-s
11	トール川（トール橋上部）	TR3	
12	「Undrakh」小規模採鉱場の金洗浄水	R4	R4-s
13	「Zeregtsee」小規模採鉱場の金洗浄水	R5	R5-s
14	「Tusul」小規模採鉱場背後の尾鉱水	T5	T5-s

水質評価に使用するこれらの分類を、表2に示す。総合的な Wqi がわかれば、それを割合と比較し、その日の水の健全度合いを決定することができる。本研究においては、Wqi を用いて水質評価値を算出し、汚染物質の表流水環境に対する影響のレベルを評価した。Wqi は、溶存酸素（DO）、化学的酸素要求量（COD）、遊離シアン（CN）、アンモニウム（NH_4^+）、亜硝酸塩（NO_2^-）、硝酸塩（NO_3^-）、リン酸塩（PO_4^-）という7つの化学・物理試験の結果に基づいている。これらのパラメータを選出した理由は、水生生物に対する影響が大きく、実施するにあたり安価であるためである。Wqi は、次の公式により算出される。

$$Wqi = \frac{\sum_i \left[\frac{Ci}{Pli}\right]}{n}$$

ここでは、Wqi は全体的な水質指標、Ci は i-th 汚染物質の濃度、Pli は i-th 汚染物質の最大許容レベル、n は汚染物質の総数である。本研究においては、

Pli には、（モンゴルにおける）水質の国家規格（NMS 4586-1998）である上述の Wqi を用いた水質評価を使用した。堆積物における金属汚染を評価するにあたり、モンゴルには堆積物の基準が存在しないことから、堆積物質評価の計算においては、ミューラー分類（Muller classification）を採用した。この分類法に従い「非汚染」から「極度の汚染」の 6 分類に格付けした堆積物質を、表 2 に示す。

表2　Wqi 品質分類

水質分類	水質指標
非常に清澄	0.3 以上
清澄	0.31 ～ 0.89
軽度の汚染	0.9 ～ 2.49
汚染	2.5 ～ 3.99
重度の汚染	4.0 ～ 5.99
汚濁	6.0 以上

出典：　アジア財団　2009 年水質測定データベース

表3　堆積物中の金属濃度のミューラー分類（mg/kg）

分類	Cd	Cr	Pb	Ni	Zn
非汚染	0.00045	0.135	0.03	0.102	0.1425
非汚染～中程度の汚染	0.0009	0.27	0.06	0.204	0.285
中程度の汚染	0.0018	0.54	0.12	0.408	0.57
中程度～重度の汚染	0.0036	1.08	0.24	0.816	1.14
重度の汚染	0.0072	2.16	0.48	1.632	2.28
重度～極度の汚染	0.0144	4.32	0.96	3.264	4.56

第 2 節　結　果

1　水サンプルの水質

収集した表層水のサンプルの理化学データを表 4 に示す。トーラ川の河川水のイオン含有物は、陽イオンであるカルシウム（Ca^{2+}）および陰イオンである水素炭酸塩（HCO_3^-）を含み、$Ca^{2+} > Na^+ + K^+ > Mg^{2+}$ の陽イオン比および $HCO_3^- > Cl^-$

>SO_4^{2-} の陰イオン比がある。金洗浄水におけるイオンの合成成分については、陽イオンでは総カリウムおよびナトリウム（Na^++K^+）が多く、陰イオンでは炭酸水素塩（HCO_3^-）が多い。尾鉱水については、陽イオン比は $Na^++K^+>Mg^{2+}>Ca^{2+}$、陰イオン比は $HCO_3^->Cl^->SO_4^{2-}$ である。尾鉱水および金洗浄水においては、陽イオン組成はカリウムおよびナトリウムからマグネシウムへと割合が変化する傾向がある。尾鉱水、金洗浄水、伏流水においては、陰イオン組成は炭酸水素塩が占めているが、硫酸塩および塩化物はトーラ川水より高い割合で含まれている。「ウガルズ・ゴル」採鉱場からの直接排水により、伏流水において硫黄の最大濃度が計測された。

表4 水質分析データ

サンプル名	標高 (m)	pH (-)	温度 (°C)	EC (mS/cm)	濁度 (NTU)	Na^++K^+ (meq/l)	Ca^{2+} (meq/l)	Mg^{2+} (meq/l)	Cl^- (meq/l)	SO_4^{2-} (meq/l)	HCO_3^- (meq/l)
TR1	902	9.9	20.9	269	23.57	0.99	1.60	0.30	0.50	0.19	2.10
R1	900	9.72	22.5	988	101.1	6.40	1.50	4.00	4.30	3.23	4.30
T1	899	8.99	21.5	1771	2.98	1.30	2.60	5.90	3.30	0.73	5.60
T2	952	9.98	22.3	866	60.13	2.09	1.90	1.50	2.00	0.90	2.60
I1	952	8.78	12.1	1036	459.5	1.74	5.00	3.30	2.00	3.75	4.30
R2	956	9.32	17.6	1406	169	6.94	0.60	2.00	2.20	0.73	6.20
T3	962	8.79	14.9	770	83.78	0.55	3.70	2.60	0.65	0.19	6.00
T4	936	9.25	21	1042	83.48	3.48	2.50	4.60	2.10	2.71	5.70
TR2	935	9.65	18.7	225	26.02	0.62	1.30	0.50	0.45	0.17	1.80
R3	976	8.85	22	913	57.52	4.09	1.40	1.80	1.55	1.35	4.40
TR3	943	9.84	21.4	222	24.3	1.58	1.20	0.50	0.35	1.33	1.60
R4	941	8.92	18.5	1025	54.45	2.82	1.90	2.70	1.70	1.42	4.30
R5	951	8.87	21.7	878	79.7	4.25	1.30	1.90	1.70	1.25	4.50
T5	967	9.12	22.1	1146	86.3	6.52	1.80	2.20	2.30	2.50	5.60

1-1 pH値

研究対象地域における表層水の pH 値は、おおむねアルカリ性（8.8～9.9、平均9.28、図4）である。異なるサンプル採取地（トーラ川、尾鉱、金洗浄水、伏流水）の pH 値は、それぞれ、(9.6～9.9)、(8.79～9.98)、(8.8～9.7)、(8.78) と異なっていた。サンプル採取地 TR1、TR3、TR2 の pH 値は、それぞれ最大値であった。全てのサンプル採取地において、pH 値は基準の許容値を超えていた。Lee[2006]によると、半乾燥気候においては、年間の大部分において水流は主に地下水基底流出により送られるため、比較的高い pH 値を示すとのことである。

1-2 濁度

研究対象地域における表層水の濁度は比較的高く、異なるサンプル採取地（トーラ川、尾鉱、金洗浄水、伏流水）において、23.6～26.0、60.13～298、57.5～101.1、459.5NTU と幅があった。最高値は伏流水にて観測された。これは、「ウガルズ・ゴル（Ugalz gol）」採鉱場より伏流水および未処理の排水が地表を伝ってトーラ川へ排出されるためである。

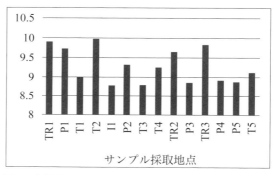

図4　表層水のpH値

1-3 重金属

ザーマル鉱業地内の、トーラ川河谷沿いに位置する10の異なる地点における各重金属（Cu、Ni、Zn、Mn、Cr、Pb、Cd）の濃度を、図5に示す。図5の結果は、重金属の濃度が、少数の例外（Cd、Cu、Mn）を除くと、水質の国家規格（NMS 4586-1998）よりも大幅に高かったことを示すものである。また、トーラ川および金洗浄水におけるCdおよびMnの濃度は、尾鉱水よりも低濃度であった。この結果により、試料水は、Cu（0.2mg/kg）、Zn（1.0mg/kg）、Ni（0.22mg/kg）、Cr（0.22mg/kg）、Pb（0.3mg/kg）といった成分により汚染されているということがわかった。水質指標にて計算された化学物質濃度の測定からも同様の結果が得られ、尾鉱水における重金属の濃度は、トーラ川および金洗浄水よりも高いものであった。全般的に、調査を行った成分に関して、全ての金属濃度は採鉱地帯の中央にて上昇する。さらに、トーラ川（TR1）におけるCrおよびPbの濃度が、下流地点で高い場合もあった。これは、砂金採掘活動によるものである。

第7章 砂金採掘産業の環境への影響

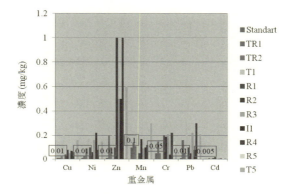

図5　ザーマル鉱業地の表層水における重金属の濃度

　尾鉱水、金洗浄水、川の水、川へ流れ込む廃水における堆積重金属（Ni、Zn、Cr、Pb、Cd）の測定濃度濃度を、表5に示す。表に示した結果によると、採鉱地帯周囲の堆積物は、Niを16.1〜32.5mg/kg、Znを21.5〜60.6mg/kg、Crを6.6〜41.3mg/kg、Pbを0.5〜48.2mg/kg、Cdを0.003〜0.563mg/kgの範囲で含む。重金属の濃度測定結果は、Pbの濃度はTR2にて最も高く、R3において最も低いことを示す。ZnおよびNiの濃度については、いずれもR2にて最も高く、ZnはTR3において、NiはTR2において最も低い。表5よりわかる通り、尾鉱水サンプルにて、Cr（41.3mg/kg）およびCd（0.563mg/kg）というレベルが計

表5　堆積物における重金属の測定濃度範囲

地点	Ni	Zn	Cr	Pb	Cd
TR1	17.7	47.4	6.6	17.1	0.07
TR2	16.3	37.7	23.1	48.2	0.003
TR3	17	21.5	6.6	17.1	0.005
T4	17.8	34.7	41.3	28	0.563
T1	26.9	55.2	14.8	10.1	0.135
R2	40.8	70.7	26.4	23.7	0.003
R3	16.1	41.1	9.2	0.5	0.013
R4	26.6	57.6	28.2	17	0.002
R5	32.5	60.6	15.4	15.8	0.005
T5	31.5	62.1	22.8	30.1	0.121

測された。ミューラー分類に従うと、これらの値は全て「重度〜極度の汚染」に属する。また、尾鉱水における重金属の濃度が、トーラ川および金洗浄水よりも高い場合もあった。これは、採鉱場の閉鎖により水が汚染されているためである。

　研究対象地域の各水サンプルの水質分類（WQC）の結果、各項目の濃度平衡、水質指標（Wqi）を、表6および図6に示す。ザーマル採鉱地帯のトーラ川河谷のWqiおよびWQCについては、おおむね、「軽度の汚染」または「汚染」と評価される。Wqiが「澄清」または「重度に汚染」となる部分もある。本研究においては、採掘活動の影響を受けていないトーラ川上流の水（TR3）を、全てのサンプル採取地の基準としている。従って、上流においては、採掘活動による水質環境への影響は少ないということになる。

　図6よりわかる通り、河谷における14カ所のうち6カ所の水質が、水質指標にて表される「軽度の汚染」または「悪い」と格付けされた。3カ所が「汚染」または「澄清」、2カ所が「重度の汚染」と格付けされた。表4より、バヤンゴル谷付近の尾鉱水（T2）も「Undrakh」小規模採鉱場の金洗浄水（R4）も、アンモニウム濃度、リン酸イオン濃度、および化学的酸素要求量に関しては、基準地であるTR3と比較して「重度の汚染」と分類されることがわかる。ウガ

表6　サンプル採取地における水質指標および水質分類

地点	DO (mg/l)	COD (mg/l)	NH_4 (mg/l)	NO_3 (mg/l)	NO_2 (mg/l)	PO_4 (mg/l)	CN (mg/l)	水質指標 (Wqi)	水質分類 （WQC）
基準	5	10	0.5	9	0.1	0.1	0.05		
TR1	8.3	8	0.6	0.8	0.02	0.1	0.01	0.7	澄清
R1	7.1	10	0.5	1.6	0.01	0.15	0.01	1.13	軽度の汚染
T1	6.5	10	1	2	0.11	0.12	0.01	2.56	汚染
T2	5.3	18	2.5	5.1	0.05	2.4	0.02	4.29	重度の汚染
I1	7.7	10	0.8	2	0.09	1	0.04	1	軽度の汚染
R2	8.62	5	0.4	4	0.05	0.4	0.01	0.75	澄清
T3	7.54	12	1.5	6	0.06	2.5	0.02	2.57	汚染
T4	6.42	4	0.7	3	0.2	0.8	0.01	0.9	軽度の汚染
TR2	10.1	8	0.8	2	0.05	1.5	0.o2	2.93	汚染
R3	8.5	8	0.5	2	0.02	0.3	0.01	0.99	軽度の汚染
TR3	9.2	6	0.2	0.2	0.005	0.08	0.01	0.58	澄清
R4	7.53	10	1	1	0.02	1	0.02	4.42	重度の汚染
R5	8.12	12	0.8	1.5	0.01	1.2	0.01	0.96	軽度の汚染
T5	6.21	15	1.5	2	0.05	2	0.02	1.98	軽度の汚染

第7章 砂金採掘産業の環境への影響　159

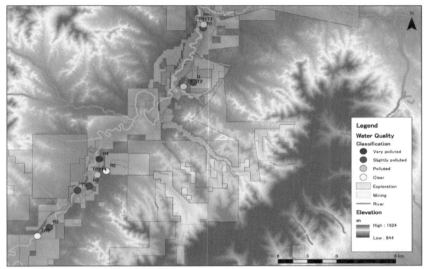

図6　河谷におけるサンプル採取地および水質指標結果

ルズ・ゴル採鉱場（I1）にて使用される水の溶存酸素は上限よりも高く、砂金を洗い落とした鉱石は、ろ過を実施することなくトーラ川へ排出されていた。トーラ川（中流）地点（TR2）は、「汚染」に分類された。一方、トーラ川の上流地点（TR3）および下流地点（TR1）は、「澄清」であった。これは、川の中間部分はI1地点近くに位置しており、そこでは、金洗浄水が直接トーラ川へと流されるためであると言えるだろう。従って、ザーマル地域における金採掘がトーラ川の水質汚染を招いている。基準地（TR3）における水質は、全ての尾鉱水T地点と比較して、良好である。中間部分においては上流部分よりも水質が悪くなり、「汚染」から「重度の汚染」に分類されるということが、図4に示されている。ただし、結果は疑問の余地があるものとして考えなければならない。なぜなら、水質指標は、有機汚染に関する情報のみを示すものであり、鉱業会社によって業務内容が異なっているためである。例えば小規模な採鉱においては金から堆積物を洗い流す技術がない。よって小規模な採鉱場付近における水質は悪いということになるだろう。

第 3 節　現地調査

2014 年 9 月にザーマル金鉱にて実施した調査の結果の通り、砂金採掘により、環境に対する深刻な悪影響が数多く発生している。研究対象地域における大規模、小規模、手作業の金採掘事業のために発生した深刻な環境問題の中には、1. 土地荒廃（不十分な表土保管および尾鉱による）、2. 水質低下（沈殿池の設計、運営およ

図 7　ザーマル金鉱地における採金船の全体　トーラ川河谷の氾濫原では 5 隻の大型採金船が操業を行っているが、ロシアの非効率的な旧式設備が搭載されており、純金の採取率が低く大量の水を必要とする。

図 8　ザーマル金鉱におけるトーラ川河谷中部「ウルズ・ザーマル」採鉱場の大型採金装置

び清掃による)、3. 土壌浸食（金を含む砂利および砂の抜き取りによる)、4. 植生破壊（採鉱後の土地回復の未実施による）など、大規模なものもあった。中央モンゴル北部の砂金採掘工場による、大規模で、大半が予防可能なはずの環境破壊は、南部から北部へ、最終的にはロシアのバイカル湖にまで到達しており、モンゴル政府の目に留まった。しかし、地方行政による環境パフォーマンス向上へ向けた対策の実施に関する極めて重要な科学的情報はあるとはいえ、現地を訪問しその地域の土壌および水を確認すると、環境問題による影響の状況がよく見てとれる。ザーマル金鉱における低水準の採鉱慣行による結果を、写真により示す。

1　土地破壊

採鉱の物理的影響を調べるために、実地調査中に採鉱地帯全体にわたる観察を行った。研究対象地域における砂金採掘が及ぼす深刻な影響の中に、ザーマル地域の自然景観の破壊がある。表土（土の塊）および尾鉱による被害が発生し、図9に見られるように一帯の景観に影響している。

現地訪問にて、金の抽出過程にて生じた土の塊および尾鉱が、覆われていない状態で山積みになっており、腐食管理対策が行われていないことが観察された。写真は、砂金採掘場付近における不適切な尾鉱および地表保管を示している。

図9　不十分な地表管理および尾鉱

2　水の汚染

図10　土地が金採掘による悪影響を受けるにつれ、給水設備の汚染も増加している。

3　土壌の汚染

ザーマル地域における金採掘活動にみられる重大な環境問題は、土壌浸食である。金の抽出過程において使用される載貨機、バックホー(日本におけるパワーショベル)、トラックといった重量車両が通ることによる、土地のかく乱が招いたものである。

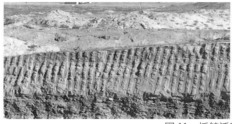 

図11　採鉱活動の結果生じた土壌汚染

4　植生の破壊

図12　ザーマル金鉱におけるトーラ谷沿いでの採鉱活動による影響を受けた植生の喪失

実地調査の結果、採鉱に相関して大量の植生が破壊される環境問題が発生しており、それは土壌浸食の原因にもなり得ることがわかった。これまでの研究により、採鉱活動は全般的に川岸付近の広い放牧地にて実施されており、遊牧民を草の生育が悪い縮小された牧草地へと追いやっていることがわかっている［Farrington 2000］。このような伝統的な放牧地の長期的な被害という問題には、ザーマル郡の採鉱場による長期的な影響を考慮した上で、対処すべきである。

第4節　結　論

ザーマルにおける採掘活動はモンゴル経済にとって重要であるが、大規模、小規模および手作業による職人的な採掘活動は、深刻な環境被害をもたらしている。それにもかかわらず、現時点で、ザーマル郡における環境の保護および回復について十分な注意が払われているとは言い難い。実験室での分析の結果、重金属による環境汚染が生じていることがわかった。重金属汚染は、この地域の人間および家畜の健康を脅かしかねない問題である。

謝　辞

本章は外務省無償人材育成事業（JDS）、文部科学省環境リーダー育成拠点事業（慶應義塾大学・未（来社会創造型環境イノベータの育成）、慶應義塾大学大学院政策・メディア研究科森泰吉郎基金の助成を受けて行われたものである。ここに記して謝意を表したい。

引用文献

Ako, T.A. Onoduku, U.S., Oke, S.A., Adamu, I.A., Ali, S.E., Mamodu, A., Ibrahim, A.T. 2014 Environmental impacts of Artisanal gold mining in Luku, Minna, Niger state. North Central Nigeria. *Journal of Geosciences and Geomatics*, Vol. 2, No. 1, 28-37.

Boris, S., Karpoff, B, Willaim, E., Roscoe 2005 Report on Placer gold properties in the Tuul valley, Zaamar goldfield, Mongolia. Roscoe postle associates inc. pp. 5

Bron, Jan., & Wim, van der Linden 2012 Tuul river basin integrated water resources management. *Assessment report*, pp.406.

Byambaa, B., & Todo, Y. 2011 Technological impact of placer gold mine on water quality: case of Tuul river valley in the Zaamar Goldfield, Mongolia. World Acad. of Science. *Engineering and Technology*, 51, 168.

Cao, Xia. "Regulating mine land reclamation in developing countries: The case of China." *Land Use Policy* 24.2 (2007): 472-483.

Kitula, A.G.N. 2006 The environmental and socio-economic impacts of mining on local livelihoods in Tanzania: A case study of Geita District. Elsevier, *Journal of cleaner production* 14,, pp. 405-414.

Lee Young-Joon., Yun Seoung-Taek., Lee Jeongho., Kwon Jang-Soon., Badarch Mendbayar., Ayur Ochirsukh., Kim Duk-Min 2006 Joint research between Korea and Mongolia on Water Quality and Contamination of Transboundary Watershed in Northern Mongolia. pp. 20.

Naranhuu, B. 2010 Assessing Mongolai's Mining Investment Environment. *Japan Society for Information and Management*. Vol.31, No.2.

https://eiti.org/Mongolia

www.agwaterquality.org

第 8 章

鉱山開発が河川の水質に及ぼす影響

——オルホン川支流域における金採掘を事例として

Ch. ジャブザンほか
堀田あゆみ訳

はじめに

　河川水の化学組成や水質は変動しやすく、気候や外的な要因の影響で常に変化している。一方で地表水は外部環境と直接関わっているため、非常に汚染されやすいという特徴がある。水源が汚染されると、その流域に暮らす人間、動植物、水生生物の生存環境が悪化し、人間の健康にも直接的あるいは間接的な影響を及ぼすようになる。とりわけモンゴルにおいては、国内の水資源および水質が一定でないうえに人口の居住形態も一様ではないため、地域によって水質に大きな偏りがあると言えよう。

　モンゴル国はこの 20 年あまりの間に、鉱業の発展および極度の人口集中による急激な環境悪化を経験してきた。1972 年には $210m^3$ のバケット容量を持つ「ドラグ（Drag）」と呼ばれる採金船（gold dredger、砂金を採掘、水で選鉱する大型機械）の運転が開始され、トルゴイト砂金鉱床の採掘が始まった。また、1973 年に組織された金脈調査隊（*Alt ekspeditsi*）は、ザーマル、ユルー、ボガンタイ、フデル、ボロー、シャリン・ゴルなどで金鉱石資源の豊富な砂金および基盤鉱床を発見し調査を進めていった［BOYA 2006、インターネット・ニュース 2014］。

　だが 1992 年モンゴル政府が「ゴールド・プロジェクト」を開始して以降、砂金鉱床の砂を洗い流して金を選鉱する小規模工場が次々と現れた。いくら金

の採掘が増え、国家経済に利益をもたらしているとはいえ、自然環境に負の影響を与えていることは否めない。金鉱床の表土や砂礫を削り取り、金属を含んだ地層を搬出して大量の河川水で洗い流すといった重機を用いる作業は、植物、森林、土壌を消滅させ、生態系を汚染し、水資源や水質に直接的な影響を及ぼすなど、自然の秩序を撹乱している［Javzan, Jadambaa, Udvaltsetseg and others 2005］。

オルホン川やその支流の水エコシステムに起きている変化に関する調査研究はかなり行われており、重金属の分布調査や［Hofmann, Venohr, Behrendt, Opitz 2010; Hofmann, Hürdler, Ibisch and others 2011; Javzan 2011; Pfeiffer, Batbayar, Hofmann and others 2014］、河床堆積物とその影響に関する調査資料［Hartwig, Theuring, Rode, Borchardt 2011; Theuring, Rode, Behrens and others 2012; Hartwig, Borchardt 2014］などが出版されている。しかしながら、これらの調査研究が対象とする地域は限られており、モンゴル国の重工業地帯であるエルデネット地域に関する調査結果が含まれていない。したがって本章では、ダルハン市、エルデネット市にある重工業地域を流れるオルホン川下流域の支流において、鉱業生産が水質や水の成分や水生生物に対して、どの程度影響を与えているのか明らかにしていくものとしたい。

第1節　調査資料と方法

1　調査地域

本調査は、ダルハン、エルデネット工業地帯を流れるオルホン川下流域に注ぐ支流の川を対象とした（図1）。こうした支流の中でも、特にハラー川およびハンガル川における調査結果を詳しく紹介していきたい。

オルホン川はハンガイ山脈のソウラカ聖山を水源とし、セレンゲ河に流れ込むモンゴル国で最も長い川である。川の全長は1,124km、流域面積は132,835km^{2}である［Myagmarjav, Davaa 1999］。

ハラー川の源流は、ウランバートル市の西北に位置するアル・トルゴイトの北側に流れるフイ川である。ハラー川の全長は291kmであり、流域面積は15,000km^{2}に達する。川幅、水深は下流に行くほど広く深くなり、谷が開ける。川幅の広い地点で約30m、流水速度はどの地点でも0.50～0.67m^3／秒であり、平均水深は0.55cmである。ハラー川は4月初旬に春の増水期を迎える。50日

図1　オルホン川下流の支流流域における鉱山の集中

以上続いた増水期が5月末に終息すると乾燥の季節が到来する。夏の降雨による増水は6〜9月に起きる。ハラー川の涵養源は15%が融雪・氷解由来であり、42%が降雨、43%が地下水由来である［Myagmarjav, Davaa 1999］。

　ハンガル川は、標高約1,600mのエルデネット・オボー山の北側斜面を水源とするエルデネット川（全長17.6km）とゾニー川（全長14.3km）が合流してハンガル川という名称となったものである。その流域面積は1030km^{2}で全長は53.5kmである。このハンガル川は東南に流れてオルホン川に合流する。その流速は0.4〜1.0m／秒である。またエルデネット川には、全長15.5kmのゴビル川が注いでいる［Myagmarjav, Davaa 1999］。

2　調査手法

　2010年から2013年にかけて、調査対象となる川に沿って選定した調査地点において、年に2〜3回フィールド調査を行い、水、堆積物、魚のサンプルを採集した。フィールド調査では、陸水物理学および陸水化学において一般指標となる数種類の有機栄養塩の濃度を測定した。水中や河床の堆積物に含ま

れる微量元素成分は、上下水道管理局（USUG）の陸水学研究センター（Usny töv laboratori）で ICP-EOS を用いて測定し、魚の肉、脳、内臓などの組織病理学検査は国立家畜病院衛生センターの実験室で行った。その結果を解析し、関連する基準値との比較を行った。

第2節　調査結果と考察

　近年の鉱山開発や人為的な活動によって、調査対象となったほとんどの河川流域（特にユルー川流域）において、土砂が山積みされたり、深く掘られた穴や沈殿地などが放置されたままとなっている。また、その周辺域では、野生動物の生息域が狭くなってしまったほか、土砂崩れや洪水によって表土が流出し水質汚染の要因となっている。その結果、対象地の多くの支流は大規模な水質汚染にみまわれており、生態系にも変化を及ぼし始めている［Enkhtuya, Javzan 2014］。

1　表流水の水質および汚染状況

　オルホン川に注ぐハンガル川以外の河川水の化学組成には、炭酸水素塩、カルシウムおよびカルシウム・ナトリウム群の第1～2種が含まれていた。水質に関しては、ユルー川が塩分濃度が非常に低い軟水であり、その他の川は、塩分濃度の低い中軟水であるという結果であった。しかし、ハンガル川の水には他の川とは異なる特徴がみられた。ミネラル含有量[i]と硬度が高く、陰イオンの中で硫酸イオンが優位を示す汚染度3の汚染水であった。図4、図5および表1を見ると、トーラ川、ハラー川、シャリン川、ユルー川の流域に最も多く鉱山が集中していることがわかる。

　ハンガル川の水の重金属および微量元素の成分分析の結果から（図6～図9、表1）、銅濃度がモンゴル国水質評価基準（MNS 4586: 1998）に示された値より3～5倍高いことがわかった。しかし、モリブデンやヒ素は少量が検出されたのみで、基準値を上回らなかった。鉄イオンについては、エルデネット川の水源やオルティン湧泉（Urtyn bulag）の水源で $1.2mg/dm^3$ であり、これは地表水の水質汚染度で言うならば「汚染度小」に相当する。これは、オルティン湧泉の近

第 2 部 地下資源開発による環境への影響——モンゴル

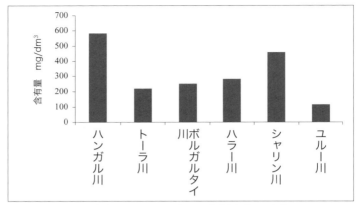

図2　オルホン川支流の河川水のミネラル含有量（2010 年）

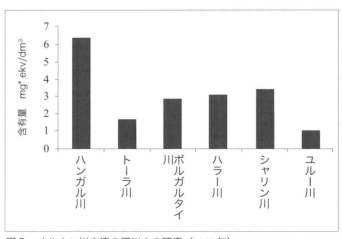

図3　オルホン川支流の河川水の硬度（2010 年）

第 8 章　鉱山開発が河川の水質に及ぼす影響　　169

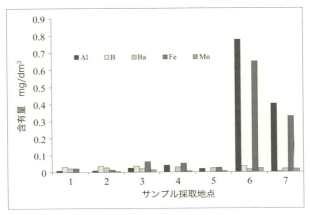

図 4　オルホン川および支流の水に含まれる重金属

サンプル採取地：
1. オルホン川（ハラー川合流前）、2. ハラー川（オルホン川合流前）、
3. オルホン川（ハラー川合流後）、4. シャリン川（オルホン川合流前）、
5. オルホン川（シャリン川合流後）、6. ユルー川（オルホン川合流前）、
7. オルホン川（ユルー川合流後）

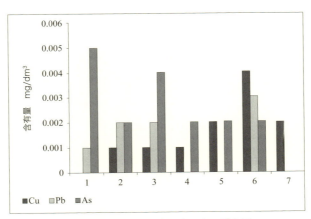

図 5　オルホン川および支流の水に含まれる重金属

サンプル採取地：
1. オルホン川（ハラー川合流前）、2. ハラー川（オルホン川合流前）、
3. オルホン川（ハラー川合流後）、4. シャリン川（オルホン川合流前）、
5. オルホン川（シャリン川合流後）、6. ユルー川（オルホン川合流前）、
7. オルホン川（ユルー川合流後）

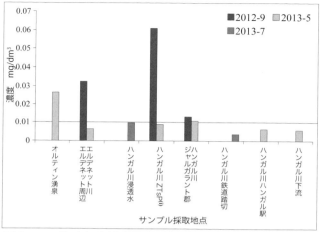

図6　ハンガル川の銅濃度（mg/dm^3）

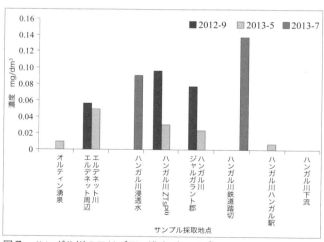

図7　ハンガル川のモリブデン濃度（mg/dm^3）

第8章 鉱山開発が河川の水質に及ぼす影響 | 171

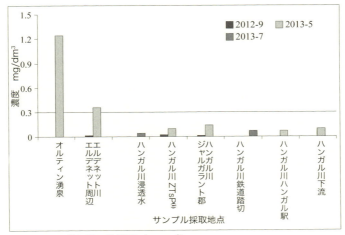

図8 ハンガル川の鉄濃度（mg/dm³）

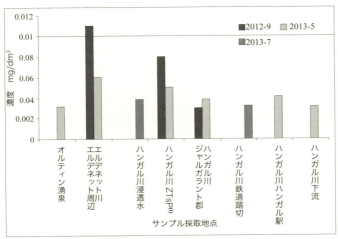

図9 ハンガル川のヒ素濃度（mg/dm³）

表1　ハラー、ボロー川の微量元素濃度（mg/dm³）

サンプル採取地	Cr	Mn	Fe	Hg mkg/d m³	Ni	Cu	Zn	As	Cd	Pb	Sb	Al
MNS 4586:1998	0.01	0.1	0.3*	0.1/1.0	0.01	0.01	0.01	0.01	0.005	0.01	0.006**	0.5**
ハラー川、マンダル	0.0000	0.0052	0.0272		0.0010	0.0010	0.0360	0.0020	0.0000	0.0010	0.0030	0.010
ボロー川、金選鉱地点	0.0000	0.0061	0.0438	0.0000	0.0010	0.0020	0.0020	0.0050	0.0000	0.0000	0.0050	0.023
ボロー川、水銀による金選鉱沈殿池	0.0000	0.0104	0.0255	0.1370	0.0010	0.0030	0.0090	0.0502	0.0000	0.0000	0.0080	0.12
ボロー川、金採掘跡地	0.0000	0.0075	0.0244	0.0280	0.0010	0.0030	0.0020	0.0060	0.0000	0.0000	0.0050	0.017

辺に鉄を含んだ鉱物や鉱石が存在する証拠であると言ってよい。

2　河床堆積物の汚染状況

　調査結果から判断するに、河川水への重金属の混入は、ほとんどの場合、鉱山開発によるものだと言ってよいだろう。そもそも微量元素や重金属は、鉱床の付属元素として地中深くで生成されるものである。しかし、ひとたび土地が掘り返されて地表に現れると、それらは化学反応を起こし酸化分解のプロセスを経て土壌や水質に甚大な影響を与える。そして外的な影響を受けた結果、地表水に混入した重金属は、水流にのって運ばれる過程で、河床堆積物の中に蓄積されていくわけである［Javzan 2011］。

　しかしながらモンゴル国では、自然由来および人為的原因による汚染物質の蓄積（特に重金属や難分解性化学物質による汚染を評価するための河床堆積物の調査）に関する研究や空間変動の動態に関する研究がほとんど行われていないのが実情である。一方、われわれが調査した河川に関しては、すべて鉱山開発の負の影響に晒されており、実際に堆積物から重金属が検出された（図10、表2）。その中でもアルミニウムの濃度が非常に高くなっていることは注目すべきであろう

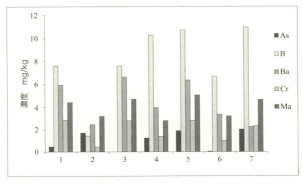

図10 オルホン川およびその支流の河床堆積物から検出された重金属濃度(サンプル採集した地点は前出に同じ)

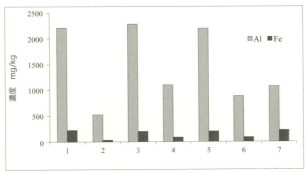

図11 オルホン川およびその支流の河床堆積物から検出された重金属濃度(サンプル採集した地点は前出に同じ)

(図11、表2)。

さらにオルホン川の河床堆積物を分析した結果、重金属の濃度が高いということがわかった。例えば、アルミニウムが1,075〜2,378mg/kg、鉄が148〜230 mg/kgであり、最も濃度が高かった(図11)。この2元素は地表堆積物の基本元素であり、鉱山開発の影響で水中にコロイド状で溶け込み、水流によって河床堆積物に蓄積されたものである。ボロー川の堆積物では、重金属の中でもアルミニウムの濃度が非常に高かったほか、水銀で金を精錬していた窪地の水

表2　ハラー川、ボロー川の河床堆積物から検出された微量元素 (mg/kg)

	Ag	Al	As	B	Ba	Cd	Co	Cr	Cu	Fe	Mn	Mo	Ni	Pb	Sb	Se	Sr	Zn
0	1	2	3	4	5	6	7	8	9	10	11	12	13	14	15	16	17	18
地球環境学研究所 / 上下水管理局研究室 /2010																		
1	0.02	1582.1	0.38	14.5	6.45	0.33	1.49	1.69	5.11	188	7.28	0.34	1.89	0.66	0.00	5.73	3.86	7.00
2	0.00	2626.1	3.67	10.8	9.11	0.24	1.32	3.10	2.40	203	4.61	0.12	1.03	0.00	0.00	2.20	13.4	0.00
3	1.63	4657.0	102	14.9	18.4	0.44	1.77	3.80	8.79	328	6.71	0.00	3.16	3.97	0.00	0.90	18.7	36.7
4	0.65	4024.0	9.56	11.0	16.8	0.28	1.60	4.40	3.76	281	6.13	0.00	3.71	0.60	1.16	1.02	15.5	0.92
5	1.39	1607.3	3.41	16.1	7.01	0.19	0.93	2.06	2.65	206	7.25	0.17	1.57	0.91	0.00	2.90	5.54	6.81
6	0.65	967.3	2.98	0.82	2.26	0.08	0.00	0.80	1.11	71.2	2.63	0.00	0.23	0.00	0.00	0.53	1.20	0.00
7	0.00	676.0	2.81	1.53	1.92	0.09	0.45	0.83	1.62	42.4	1.61	0.00	0.67	0.00	0.00	3.60	0.77	0.00
8	0.00	527.6	1.71	1.45	2.45	0.03	0.08	0.49	0.80	37.3	3.15	0.00	0.76	0.00	0.19	0.00	0.23	0.00
地球環境学研究所 / 上下水管理局研究室 /2011																		
8		13885	4.86	29.7	88.7	0.39	0.77	3.98	14.5	253	8.58	1.27	3.54	2.09	2.84	18.7	11.2	53.9

サンプル採取地：
1. ハラー川（マンダル郡）、2. ボロー川（金精錬を行う地域より上流）、3. Hgで金を精錬した沈殿池、
4. 金を精錬していた古い排水溝、5. ボロー川（ハラー川合流前）、6. ハラー川（バヤンゴル郡）、
7. ザグダル川、8. ハラー川（オルホン川合流前）

からは高濃度のヒ素が検出された（表2）。それらはハラー川の水質に一定の影響を及ぼしている。オルホン川と同様にハラー川の河床堆積物からも高濃度の重金属が検出されている（図10、図11、表2）。また、ボロー川で古くから水銀による金精錬を行っていた痕跡が現在も残っていることが確認された（写真1、写真2）。

　一方、ユルー川は、鉱山開発の影響に長い間晒されてきたため、河床堆積物の重金属濃度が最も高く、特にアルミニウムが324〜2,162mg/kg、鉄が93〜430 mg/kgそれぞれ検出されている。ちなみにこのユルー川河床堆積物のうち数種類の重金属濃度を、ドイツのエルバ河で使用されたミュラーの分類法による汚染度数と比較したところ、ほぼ全ての重毒元素で「重度〜極度の汚染」と

表3　ユルー川の河床堆積物から検出された微量元素 (mg/kg)

	Ag	Al	As	B	Ba	Cd	Co	Cr	Cu	Fe	Mn	Mo	Ni	Pb	Sb	Se	Sr	Zn
地球環境学研究所 / 上下水管理局研究室 /2010																		
3	2.13	893.0	0.05	6.63	3.29	0.19	0.92	1.00	0.00	93.3	3.13	0.00	0.12	2.97	0.00	1.78	0.33	0.00
地球環境学研究所 / 上下水管理局研究室 /2011																		
1	0.51	2162.0	0.55		24.2	0.21	2.29	3.72	1.16	430	81.3	0.00	4.46	2.06	0.91	8.17	6.57	70.2
2	0.41	324.4	0.41	451	3.10	0.02	0.00	1.17	4.84	247	30.6	6.21	1.31	2.75	0.00	0.00	1.83	27.8
3	1.60	1135.8	32.2	36.8	25.2	0.16	0.69	0.71	2.73	203	3.23	2.91	2.18	2.94	0.00	0.57	3.46	41.9

サンプル採取地：
1. ユルー川（フングイチ・ズル・フズー）、2. ユルー川（ユルー郡の南）、3. ユルー川（下流地域）

写真1、写真2　ボロー川脇に造られた水銀による金選鉱のためのため池

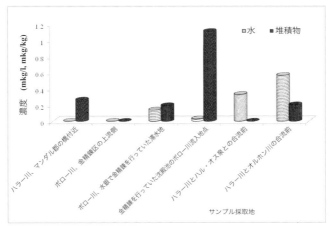

図12　ハラー川流域の水および堆積物に含まれる水銀濃度

いう結果であった。

　前出のボロー川に関しては、地球環境学研究所の研究者達が同川のイヒ・ダシル渓谷付近で河川水を採取したが（図12）、水銀（Hg）濃度が0.19〜0.485mkg/dm^3、ヒ素（As）濃度が0.083〜0.115mg/d m^{3}であった。また2006年から2008年にかけて、「Mo-Mo」プロジェクトがボロー川周辺で実施した検査によると、ヒ素含有量が河川水で0.005〜0.010mg/d m^3、河床堆積物では8〜590mg/kg、土壌では3,490 mg/kgであり、水銀濃度が河川水で＜0.2mkg/dm^3、河床堆積物で0.1〜11.3mg/kg、土壌では13.6 mg/kgであった［Hofmann, Venohr, Behrendt, Opitz

2010; Pfeiffer, Batbayar, Hofmann and others 2014］。ちなみにモンゴル国水質評価基準（MNS 4586-98）では、ヒ素の許容濃度の上限を 0.01 mg/d m^3 に、水銀濃度の上限を 0.1 mkg/d m^3 以下に定めている。すなわちボロー川の河川水がこれらの元素によって確実に汚染されていることが明らかになったのである。

3 魚類の重金属汚染

水銀が魚の体内に大量に蓄積されると、成長障害や体重の減少、活動性の低下がみられるようになる。仮に魚の体内の水銀が 0.5mg/kg 以上になると死に至る危険性があると言われている。ロシアとモンゴルの包括的生態学調査において、水生生物学調査隊が 2010 年にボロー川で行った調査によると、シベリア・オスマンという魚の筋肉に水銀が蓄積されていたことが明らかになっている ［Brumbaugh, Javzan, May and others 2010］。

一方、われわれが 2013 年 5 月に行った調査では、鉱業地帯に生息する 7 種 8 体の魚の肝臓および筋肉のサンプルから 6 種類の重金属濃度を測定するためにサンプルを採集した。肝臓のラボ分析の結果をみると（図 13）、ヒ素（As）は

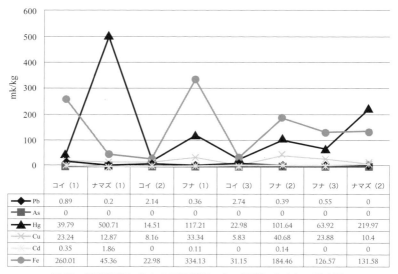

図 13　鉱業地帯に分布する数種類の魚の肝臓に含まれる重金属

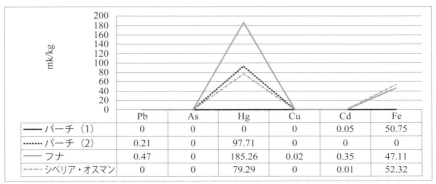

図14 鉱業地帯に分布する数種類の魚の筋肉に含まれる重金属

どの魚の肝臓からも検出されなかったが、オルホン川で捕獲したコイやフナ（*Möngölög khelteg*）、ナマズから鉛（Pb）、銅（Cu）、カドミウム（Cd）、鉄（Fe）、水銀（Hg）などが多く検出された。ハラー川の溜池で捕獲したフナ、およびダルハン市付近のハラー川で捕獲したナマズの肝臓からは、高濃度の重金属は検出されなかったが、水銀濃度がかなり高かった。

ダルハン市周辺でハラー川に注ぐハル・オス泉で捕獲したフナと、ハラー川の下流地域トルゴイン・バリルガ近くの溜池で捕獲したシベリア・オスマンの筋肉には重金属が含まれており、特に水銀が大量に検出された。エルデネット市のGOK（選鉱コンビナート）より南に位置する採石沈殿池で捕獲した2匹のパーチからは、それほど多くの種類の重金属は検出されなかった（図14）。

第3節　結　論

以上の調査結果から、結論として以下の5点が導き出されよう。

1. オルホン川中流および下流域の支流のほとんどが、人間活動が引き起こした負の要因によって環境汚染が進み、水環境および生態系が危機的状況におかれるようになった。

2. ハンガル川の水質は、ミネラルの含有量および硬度が最も高かった。そし

て微量元素の中でも銅およびセレニウムによって汚染されていた。

3. ユルー川の水質は最も純度が高く非常に軟水であったが、その水源において金精錬が集中的に行われているため、重金属による過度の汚染が進んでいる。

4. オルホン川およびその支流の河床堆積物の重金属調査では、高濃度のアルミニウムが検出された。このことは注意を払うべきであり、今後も調査を継続していく必要があろう。

5. 鉱業地帯に生息する数種類の魚の肝臓から鉛、銅、カドミウム、鉄、水銀などの物質が相当量に検出されており、筋肉からは水銀が多く検出された。

訳 註
(i) ミネラルと塩分を陽イオンおよび陰イオンで算出したもの。
(ii) ZTsP とは交通警察詰所（zamyn tsagdaagin post）のことである。著者によると、この詰所付近で採水したとのこと。以下同様。

参考文献

[モンゴル語]

BOY (Baigal' Orchny Yaam) 2006 "Selengiin sav gazart altny khüder bolovsruulakh uil ajillagaanaas üüssen bokhirdlyn sudalgaa" tösliin tailan. Ulaanbaatar.（自然環境省 2006「セレンゲ河流域における砂金精錬由来の汚染の調査プロジェクト報告書」ウランバートル．）

GKh (Gyeoekologiin Khüreelen) 2011 "Orkhon tüünii tögsgöl khesgiin tsutgal goluudyn us, usan o rchny ekologiin sudalgaa" suur' sudalgaany sedevt ajlyn tailan. Ulaanbaatar. pp. 167.（地球環境学研究所 2011「オルホン川下流域の支流の水質および水環境の調査 基盤調査課題事業報告書」pp.167，ウランバートル．）

Javzan, Ch., Jadambaa, Kh., Udvaltsetseg, G., and others. 2005 "Uul Uurkhain üil ajillagaan y ulmaas baigali orchind üzüülj bui sörög nölööliin sudalgaa", UIKh-yn daalgavart ajlyn tailan, Ulaanbaatar. pp. 85.（「鉱山開発が自然環境に及ぼす負の影響調査 国会委託事業報告書」，pp.85，ウランバートル．）

Javzan, Ch. 2011 "*Orkhon golyn sav gazryn gidrokhimi*", Ulaanbaatar. pp.248.（『オルホン川流域の水化学』pp. 248，ウランバートル．）

Intyernyet saituudyn medee. 2014.（インターネット・サイト・ニュース 2014．）

Mongol Ulsyn standart. 1998 "Usan orchny chanaryn üzüülelt" MNS 4586-98. Ulaanbaatar. pp.3.（モンゴル国家基準 1998「モンゴル国水質評価基準」，pp.3，ウランバートル．）

Mongol Ulsyn standart. 2011. "Khüreelen bui orchind niilüülekh tsevershüülsen bokhir us". Yerönkhii shaardlaga. MNS 4943-2011. Ulaanbaatar. pp. 5.（モンゴル国家基準 2011「地域環境へ還元される浄化汚水」一般要請，pp. 5，ウランバートル．）

Möngöntsetseg A．2006. "*Selenge mörnii gidrokhimi*", Ulaanbaatar. pp.187.（『セレンゲ河の水化学』pp.187，ウランバートル．）

Myagmarjav, B., Davaa, G., 1999. "*Mongol orny gadargyn us*" Ulaanbaatar.（『モンゴル国の地表水』，ウランバートル．）

Enkhtuya, M., Javzan, Ch. 2014. Yeröö golyn sav nutgiin baigali orchny tyekhnogyen bokhirdol ba tölöv baidlyn ekologiin ünelgee. "*Selenge-khil khyazgaargüi mörön*" khurlyn emkhetgel. Ulaanbaatar. pp. 55-68.(「ユルー川流域環境の技術に起因する汚染と環境アセスメントの展望」,『セレンゲ——果てしない河』会議プロシーディングス. pp.55-68, ウランバートル.

[英　語]

Brumbaugh, W.G., Ch. Javzan, T. W. May, D. E. illitt, M. Erdenebat, and V. T. Komov. 2010. "Water quality, nutrients, and trace elements in surface waters of the Tuul, Orkhon, and Selenge River Basins in North-Central Mongolia".

Hartwig, M., Theuring P., Rode M. & Borchardt D. 2011. Suspended sediments in the Kharaa River Catchment (Mongolia) and its impact on hyporheic zone functions. *Environmental Earth Sciences*, DOI:10.1007/s12665-011-1198-2.

Hartwig, M., & Borchardt, D. 2014. Alteration of key hyporheic functions through biological and physical clogging along a nutrient and fine-sediment gradient. *Ecohydrology*, DOI: 10.1002/eco.1571.

Hofmann, J., Venohr, M., Behrendt, H. & Opitz, D. 2010. Integrated Water Resources Management in Central Asia: Nutrient and heavy metal emissions and their relevance for the Kharaa River Basin, Mongolia. *Water Science and Technology*, 62, 353–363.

Hofmann, J., Hürdler, J., Ibisch, R., Schaeffer, M. & Borchardt, D. 2011. Analysis of recent nutrient emission pathways, resulting surface water quality and ecological impacts under extreme continental climate: The Kharaa River Basin (Mongolia). *International review of Hydrobiology*, 96, 484-519.

Pfeiffer, M., Batbayar, G., Hofmann, J., Siegfried, K., Karthe, D., Hahn-Tomer, S. 2014. Investigating arsenic (As) occurrence and sources in ground, surface, waste and drinking water in northern Mongolia. *Environmental Earth Science*, DOI 10.1007/s12665-013-3029-0.

Theuring, P., Rode, M., Behrens, S., Kirchner, G. & Jha, A. 2012. Identification of fluvial sedimend sources in the Kharaa River catchment, Northern Mongolia. *Hydrological processes*, DOI: 10.1002/hyp.9684.

第 3 部
資源開発にあらがうのか、適応するのか
―― 内モンゴルと青海チベット

第 9 章

内モンゴルの環境抗争運動

ウチラルト

　はじめに

　中国の内モンゴル自治区では 1990 年代以降において、大規模な資源開発や急速な工業化により環境破壊が深刻化し、またそれに反対する地域住民の活動も様々な形態で確認さるようになっている。とりわけ、2011 年 5 月のシリンゴル盟においては、草原の保護や遊牧民の権益の保護を訴える数千人規模のデモが発生し、事態の深刻さが浮き彫りになる形となった。

　ところが、このような地域住民の反環境汚染、反公害活動について、その「民族性」と「特殊性」が強調され、経済の発展を阻害し、社会の安定を脅かし、さらには民族の団結に悪影響を及ぼすものとする見方がある［孔春梅 2011；許全亮 2014］。そして、これらの研究では、為政者の目線から地域住民の反環境汚染・反公害活動をいかに迅速に察知し、監視、管理すべきかが議論されている

　これに対して、本稿では異なる立場からのアプローチを取りたい。即ち、生活者の目線から地域住民の活動について、自らの生計と生存の環境をなんとかして守りたいという環境抗争運動として捉える。そして、遊牧民の環境抗争運動について、シリンゴル盟における 2 つの具体的な事例に沿って記述し、分析を行う。

　遊牧民の環境抗争運動においては、開発者側と遊牧民の対立、あるいは開発者側、地元政府と遊牧民の対立が基本的な構図となっている。そうした中、遊

牧民たちは問題解決のために、開発者側および政府役人との直接的な交渉、物理的な力による実力行使、街頭および政府機関の前での集会、デモ、それからフォーマルな政治制度の許容範囲の内と外における陳情、法制度に頼った訴訟、和解など多様な活動を展開している。

　そこで、まず確認しておきたいのは、現代の内モンゴルで起きている遊牧民の環境抗争運動は特殊で民族的な現象ではないということである。地域を東アジアに広げてみれば、環境汚染と公害を巡る開発者側、地方政府と地域住民の対立という構図は、歴史としてまたは現在進行形のものとして、日本をはじめ韓国、台湾、そして中国に広く確認されるものである。そして、このような対立構図の中でこれらの国と地域の住民は多様な活動を行ってきた。例えば、1960年代後半から70年代の日本の「住民運動」［藤林 2008］、1980年代後半から90年代前半の台湾の「自力救済 Self-relief」運動［酒井 2011、TERAO 2002］、そして、1990年代から現在に至る中国の「環境抗争」運動［景軍 2014］などがある。

　これらの運動において、地域住民が自らの方式で問題の解決を図ろうとした事例は数多く報告されている。例えば、「自力救済」がその1つである。台湾の文脈において自力救済とは「民衆が自らの資源（リソース）を用いて問題の解決を図ろうとするもの。反公害自力救済運動において、被害者（潜在的な被害者）は汚染源の企業と直接の交渉を行い、法制度による解決を試みる者は少ない。被害者による自力救済活動には対面的な競合、時に物理的な実力行使も含まれる」とされている［TERAO 2002: 284］。そして、現在の中国においても企業の汚染行為が公権力によって抑制されない状況において、「被害者の農民は自力救済を選び、自分たちの方式で問題を解決しようとする」と指摘されている［張 2014: 153］。

　このように、視野を東アジアの国と地域に広げて見れば、住民の環境抗争運動は広く確認され、またそれについての多くの研究蓄積があると言える。従って、現代の内モンゴルにおける遊牧民の環境抗争運動について考える時、東アジア地域を対象とする従来の研究成果との比較する視点が必要とされる。

　ところで、内モンゴル地域における遊牧民の抗争活動についての研究は、数的に相対的に少なく、既存の研究成果との対話もほとんど見られないのが現状

である。例えば、包宝柱は地下資源開発に伴う地域社会の変化について論じる中で、遊牧民が「被害の状況を頻繁に政府に訴えるなど静かな戦いを行っている」と指摘している［包 2013: 164］。また、資源開発とは文脈が異なるが、尾崎は牧草地を巡り中国人民解放軍を相手に抗争するモンゴル族遊牧民を論じる中で、自らの牧草地を何とかして守りたい遊牧民の抗争活動として、対立する中国人民解放軍に雇用されている漢族牧民のヒツジをバイクで追い立てる、抗争相手に離間の策を用いる、中国人民解放軍と直談判する、上級の政府機関へ集団で陳情（上訪）を行うなど多様な抗争の手法を取り上げている［尾崎 2012］。

そこで、本稿では文献資料と現地調査に基づき、今の内モンゴルの遊牧民の環境抗争運動について、具体的な事例を通して記述するとともに、既存のタームとしての「自力救済」と「有権的反抗」という概念を用いて分析したい。なお、本稿の構成は次のようになっている。第 1 節では、まずシリンゴル盟全体における地下資源開発の状況、およびそれに伴う環境破壊を概観したうえで、住民の環境抗争運動として 5 月反対公害運動について記述、分析する。第 2 節では、シリンゴル盟東ウジュムチンの E ガチャーに焦点を当て、工業汚染問題に対峙する地元住民の環境抗争運動について記述、分析する。最後に結論として、遊牧民の環境抗争運動の特徴を分析し、それが特殊で民族的な現象ではないことを再確認するとともに、今後の展開について述べることにしたい。

第 1 節　シリンゴル盟における地下資源開発と住民の「自力救済 Self-relief」運動

1　シリンゴル盟における地下資源の開発状況、露天掘り炭田

シリンゴル盟は内モンゴル自治区の中部に位置し、総面積は 20 万 3,000 平方 km であり、総人口 104 万 600 人のうち 3 分の 1 がモンゴル族である。北はモンゴル国と国境を接し、南は北京市まで直線距離で 180km である。歴史的な名跡も多く、2012 年に元代の夏の都であった上都遺跡が世界遺産に登録されている。また近年では、モンゴル相撲ブフの故郷やモンゴル伝統歌謡オルティーン・ドーの故郷、さらに中国における馬の都と称され、内モンゴルにおいてモンゴル文化が盛んな地域でもある。2000 年までは伝統的な畜産業が経

内モンゴル自治区行政区分図

地図資料出所：『中国 21 Vol.19 特集・内モンゴルは今――民族自治区の素顔』2004 年、3 頁

済の中心であったが、それ以降は資源開発を柱とする急速な工業化が進んでいる。

　中国全体で見てもシリンゴル盟は地下資源が豊富な地域である。今までに 80 種類以上の鉱物資源が発見され、石炭、石油、ゲルマニウム、シリカ、金、銀、鉄、鉛、亜鉛、銅など貯蔵量がわかっているもので 30 種類以上にのぼる。なかでも、石炭の埋蔵量が莫大であり、100 以上の石炭鉱床が発見され、1,448 億トンの埋蔵量がすでに確定され、予測による石炭埋蔵量は 2,600 億トンとなっている。現在、石炭埋蔵量が 100 億トンを超える炭田は 5 カ所あり、10 億トンから 100 億トンの間の炭田が 21 カ所ある。石炭の年間生産量は、例えば 2012 年で 1 億 4,500 万トン以上にのぼる[1]。

　シリンゴル盟の石炭業はほとんどが露天掘り炭鉱であり、大型機械による採掘が行われている。盟の中で現在最も多くの採掘権が発行されているのは、西

ウジュムチン旗とシリンホト市である。西ウジュムチン旗の確定済み石炭埋蔵量は181億トンで、予測値は300億トン以上にのぼる。主な採掘者に白音華海州露天掘り株式会社などがあり、2013年の西ウジュムチン旗の石炭生産量は5,762万トンである[2]。一方のシリンホト市は、2つの巨大な炭田──勝利炭田とバヤンボリグ炭田──があり、勝利炭田は国家級の大型石炭電力基地となっている。確定済みの石炭埋蔵量が337億トンであり、2012年の石炭生産量は5,000万トンを超えている。主な採掘者に、神華北電勝利能源株式会社と大唐国際発電株式会社などがある[3]。

2　資源開発に伴う環境破壊の概要

　シリンゴル盟において、大型炭鉱の露天掘りをはじめとする大規模な地下資源の開発は深刻な環境破壊をもたらしている。それは中央と地方の環境保護機関および大学の研究機関や新聞報道においてすでに指摘されているように、草原の生態系の破壊や水環境の破壊、遊牧民の生活環境の破壊および草原の景観の破壊など多種多様な環境問題を引き起こしている。

　まず、大規模な地下資源の採掘により、草原における生態系が深刻な危機に直面している。シリンゴル草原はユーラシア大陸草原の東端に当たり、内モンゴルにおける草原地域の主要な部分でもある。また、1997年に中国の国家自然保護区に指定され、内モンゴル高原に見られる典型的な草原生態系が保護の対象となっている。ところが、保護区内において豊富な石炭資源が発見され、大掛かりな採掘が行われた結果、近年では保護区における草原生態系が急速に失われつつある。例えば、2010年時点でシリンゴル盟には53の炭鉱があり、総面積は3,164平方kmにも達する。それに採掘に伴う生産、生活およびインフラ施設の用地を加えるとその面積は倍増すると言われ、そのため、現在では保護区の面積が当初の半分近くまでに縮小していると指摘されている［耿海清ら 2010: 34］。

　次に地下資源の開発に伴い、草原における水環境が深刻に破壊されている。シリンゴル盟は水資源の貧困な地域であり、年間降水量が300mm未満であるのに対して、年可能蒸発量は1,500から2,700mmにも達する。ところが近年の大規模な石炭の採掘、火力発電および石炭化学工業の発展は、大量の地表水

および地下水を消費し、シリンゴル草原における水環境の破壊をもたらしている。石炭の採掘および加工利用に必要な大量の水を確保するため、多くの炭鉱は自然の河流を止め、ダムを建設する方法を取っている。そして、それは下流における広大な地域の水環境を破壊することにつながり、草原における貴重な湿地が消え、砂漠化が進んでいる［耿ら 2010: 34］。例えば、2003 年にウラガイダムの建設により、ウラガイ川の水が遮断されてから、下流地域の湖と湿地が消失し、急速に砂漠化が進んでいる［蘇布達ら 2011: 73］。

さらに、草原における地下資源の開発は、地元遊牧民の生活環境に深刻な変化をもたらしている。とりわけ、地下資源の採掘現場に近い地域の住民は、水と陸と空の三次元からの被害を蒙っている。鉱山の採掘の過程で、大量の地表水と地下水が使われるのみならず、同時に大量の廃水が直接に地表あるいは地下に放出される。それが原因で、地域の住民および家畜は、飲用水の不足と汚染という2重の被害を蒙っている。

例えば、石炭の露天掘りによる地下水位の変化について、昔は 10m 掘れば水があった地域が今では 100m 以上掘っても水が見当たらなくなったという報道がある［婷吉思ら 2010: 68］。陸の面では、鉱業開発による牧草地などの土地資源の破壊が著しく、露天掘りによる牧草地の永久破壊や資源採掘の過程で産出される大量の固体廃棄物による環境汚染、そして地面陥没などの被害が指摘されている［朝魯孟其其格ら 2011: 12］。さらに空からは、石炭の粉塵、沙と埃とともに騒音がふりそそぎ、人間と家畜の健康を著しく害している［王ら 2009: 5］。

3　五月反公害運動

2011 年 5 月にシリンゴル盟において、地域住民と学生らが主体となり、一連の公害反対運動が展開された。中国国内では一般的に五・一一事件、五・一五事件として知られ、一部の学者はこれを「群衆性突発事件」や「シリンゴル盟事件」として扱っている［孔 2011；許 2014］。ここでは一連の事柄が 5 月に集中していること、また住民と学生らの訴えが公害反対にあることを踏まえて、五月公害反対運動と称する。

この運動は、公害反対を訴える住民らが開発者側の暴力によって命を奪われるという悲劇で始まった。1 つめの悲劇は 5 月 10 日の夜に起きた。シリンゴ

ル 2 号露天掘り炭鉱の石炭運搬の大型トラックは昼夜を問わず、西ウジュムチン旗の遊牧民メルゲン氏の牧草地の上を走り、騒音、粉塵と牧草地の破壊などで地元住民の生活と生産活動に大きな悪影響を来たしていた。これを阻止するため、5 月 10 日メルゲン氏は 20 余名の親族とともに石炭運搬の簡易道路で大型トラックの運転手たちと口論となった。ところが、トラックの運転手たちはメルゲン氏の要望を無視したうえに、強引にトラックを走らせ、メルゲン氏をひき殺して逃走した。すでに居合わせていた警察官がすぐに追いかけたものの、ほかのトラック運転手たちに妨害され、犯人をその場で逮捕することはできなかった。翌日になって逃走中の犯人 2 人が逮捕された。これがいわゆる五・一一事件の粗筋である。

それからわずか数日後に 2 つ目の悲劇が起きた。シリンゴル盟アバガ旗のマニト炭鉱周辺の住民は、騒音や粉塵、飲用水などの問題で平安鉱業に対して生産を停止するように求めていた。前日に続き 5 月 15 日の午前に、30 余名の住民が鉱区に集まり、抗議運動を展開した。その過程で石炭開発側と衝突が起き、双方に 7 名の怪我人が出た。その場は警察の仲裁によって一応収まった。ところが、夕方になって双方の衝突は再びエスカレートした。住民側の一部の若者と鉱業側の 100 余名の人間は、鉄の棒やつるはしを持ち、混戦となった。その間に、鉱山側のショベルカーは、住民のひとり閻文龍氏の軽自動車に体当りし、その衝撃で閻文龍氏は死亡した。犯人は逃亡を図ろうとしたが、地元警察によって現場で逮捕された。以上が五・一五事件と言われるものである[4]。

この 2 つの悲劇が引き金となって、シリンゴル盟において大規模な公害反対運動が起きた。5 月 23 日に地元の遊牧民たちは、西ウジュムチン旗の政府部門の周辺で抗議運動を展開した。それに続き 27 日までにシリンゴル盟の政府所在地であるシリンホト市や東ウジュムチン旗、フベートシャラ旗やショロンフフ旗において、地元遊牧民およびモンゴル族学生らによる大規模な抗議運動が起きた。彼らは公害反対のために命を捧げた犠牲者への悲しみの気持ちや、資源開発者への怒りの気持ちを地元政府にぶつけた。遊牧民と学生らは、地元政府に草原の生態の保護および遊牧民の利益の保護を訴えた。

また、海外における内モンゴル出身者の間でも、メルゲン氏の身に起きた悲劇は大きな衝撃となり、いくつかの国では中国政府に対する抗議と陳情の活動

が行われた。例えば、日本では 5 月 30 日に、東京の中国大使館の前で日本に居住する内モンゴルの人々が集会を行い、草原の生態を保護し、遊牧民の権益を守るように中国政府に訴えかけた[5]。

　これを受けて事態の早急な収束を図るべく、シリンゴル盟政府および内モンゴル自治区政府は迅速な対応を取った。まず、殺人犯への厳罰を約束した。五・一一事件に関わった犯人 4 人が逮捕され、主犯である李林東は事件からわずか 3 カ月後に死刑が執行された。次に、シリンゴル盟全域における地下資源開発産業に対して政府の主導で監督が強化された。5 月 20 日から 6 月 15 日にかけて、内モンゴル自治区政府の主導でシリンゴル盟における 833 カ所の鉱山開発プロジェクトと企業への調査が行われ、149 カ所の鉱山に対して生産の停止と整理が命じられた。これと同時に地下資源開発に伴う騒音や粉塵、牧草地の破壊などの公害問題に関して、その改善および解決のための弁償金の支払いや資源運送専用道路の建設などが行われた[6]。

　それから、内モンゴル自治区共産党および政府の指導者が自らシリンゴル盟を訪れ、抗議運動の参加者と対話を行った。5 月 27 日に内モンゴル自治区共産党委員会のトップにあたる胡春華書記が西ウジュムチン旗の総合高校を訪れ、抗議運動に参加した教師や学生らと対話を行った[7]。また、同日に西ウジュムチン旗のトップ海明氏が役職を罷免され、地元政府指導者の責任が問われる形となった。

　そして、シリンゴル盟における公害反対運動が自治区内の他の地域に飛び火しないように、自治区政府による厳しいコントロールが行われた。大勢の武装警察が投入され、人々の移動と集会が制限された。とりわけ、自治区政府の所在地であるフフホト市の大学では、学生の出入りが厳しく監視されるようになった。また、一部の政府機関では若い職員が街に出て抗議運動に参加しないように、職場内でひとりに付き 1 名の監視員を割り当てどこに行くにも付いて回ったと言われる[8]。こうした徹底的な社会管理が効を奏してか、シリンゴル盟における五月公害反対運動は、自治区内において大きな広がりを見せることがなく沈静化に向かった。

4　分析：「自力救済 self-relief」との関連で

　これまでの記述から明らかなように、シリンゴル盟における「五月反公害運動」は、地域住民が自らの手、方式で問題の解決を図ろうとする環境抗争運動であり、台湾や中国内地の文脈で言われる「自力救済 self-relief」運動であったと言えよう。

　「自力救済」については本稿の冒頭においてすでに触れているが、ここでは酒井の次の説明を引用しておきたい。

> 「自力救済」とは、本来は「公権救済」の対となる法律用語であるが、ここでは公害汚染などで不利益を受けた市民が法制度による救済に頼らず、私的な実力行使に訴えた動きを指す、台湾独自の用法である。
> 　手段としては、集団的陳情＝集会・デモといった比較的平和的なものから、用地までの道路を塞いだり包囲する、設備を破壊する、自救団を作って抗議対象を襲撃したり脅迫したりといった暴力的方法も含まれる［酒井亨 2011: 143］。

　上記の説明を念頭にシリンゴル盟における五月反公害運動について分析してみると、次のことが言える。即ち、五・一一事件と五・一五事件において、地域住民は問題となっている汚染源に直接対峙し、私的な実力行使によって問題解決を図ろうとした。その過程において、対立がエスカレートし、2人の住民が殺害されるという悲劇が発生した。これがきっかけで、より多くの地域住民による言わば集団的陳情＝集会・デモが行われた。

　即ち、中国内地の自力救済運動についての研究において指摘されているように、強大な経済力を有する企業と強力な権力を有する地方政府に対峙する地域住民にとって、「暴力を伴う自力救済は泣き寝入りをしたくない住民が企業と政府を譲歩させる数少ない選択肢の1つ」［張 2014: 154］であった。

　そこで、環境抗争運動において最も核心となる問題を問うてみたい。即ち、地元住民は、自力救済によって生計と生存の環境を脅かしている問題を解決できたのだろうか。命を奪われた2人の住民にとっては、彼らの予想外の結末になったと言わざるを得ない。また、地域の住民にしてみれば、結果的に内モン

ゴル自治区政府が介入し、シリンゴル盟全体における資源開発に伴う問題がある程度解決されたことになる。だが、それは2人の住民が命を奪われるという代償を伴うものであった。

第2節　Eガチャーにおける工業汚染と住民の「有権的抗争 rightful resistance」運動

1　Eガチャーにおける工業汚染の状況

シリンゴル盟東ウジュムチン旗のEガチャーには20戸以上のモンゴル族が暮らしており、昔から羊や牛などの家畜の放牧が産業の中心であった。ところが、1996年から2005年の間に、Eガチャーの牧草地に前後して2つの製紙工場が建設され、黒く汚れた臭い水が住民の牧草地に放流され続けた。1つ目の製紙工場は1996年に東ウジュムチン政府によって建設されたが、経営不振で2年後には操業を停止した。2つ目の製紙工場は2000年に河北省から移転してきたものであり、2005年までの5年間にわたってEガチャーの遊牧民たちの牧草地を汚染し続けた。

Eガチャーにおける製紙工場の環境汚染の状況は、これまでに環境保護活動家や記者、学術研究者や行政および裁判所によって活動報告書や新聞記事、判決文や学術論文といった形で記録がされてきた。例えば、草原保護活動をボランティアで15年近く行ってきた北京在住の画家陳継群は自らが運営するホームページ「曾経草原」において、Eガチャーの工業汚染について長年にわたって写真、文章など多数の資料を掲載し続けている[9]。また人民日報傘下の人民網や中国青年報など有力なマスメディアも、Eガチャーにおける製紙工場の汚染状況を伝えてきた［劉 2003；江 2003］。そして、内モンゴル人民高等裁判所の判決文にはEガチャーにおける環境汚染紛争について、汚染の経緯や規模なども含めて詳細に記録されている。さらに、2005年に国家環境保護総局が、全国の9つの大きな環境汚染の典型的な事例の1つとして、Eガチャーの製紙工場を名指ししている[10]。それから、学術論文として内モンゴル農業大学の研究者らが行った製紙工場の汚染水による牧草地の植生への悪影響の研究がある［南斯勒瑪ら 2013］。

それでは、まず製紙工場がEガチャーにもたらした環境汚染の被害状況を確認しておこう。公的な見解として2005年に内モンゴル人民高等裁判所が出した判決文には次のことが書かれている。

　2000年5月にDH製紙工場がEガチャーの牧草地を掘り起こして汚水排出用のダムを造った。その際にEガチャーの原告（遊牧民）3名の牧草地1362.8ムーを占用した。その後、同年8月からDH製紙工場は、汚水を堤防内に排出し始めた。そして、2001年12月11日に、汚水を溜める堤防が崩壊し、中の汚水が流れ出し、原告3名の牧草地831.3ムーを汚染した。ただ、この汚染によって原告3名の17頭の家畜が死亡したという訴えに関しては、原告が汚染と家畜死亡の因果関係を証明する証拠を提出しなかったため、それを事実と認めない[11]。

一方、Eガチャーの遊牧民は2003年に北京で行われた草原の生態と遊牧文化の研究会において、次のように述べている。DH製紙工場はEガチャーの牧草地4,310ムーを占用して汚水排出ダムを造った。そのダムの堤防が決壊して汚水が流出し、4,300ムーの牧草地が汚染され、さらに6,390ムーの牧草地が間接的に影響を受けた。そして、汚水排出ダムからは悪臭が漂い、周辺の空気が汚染された。遊牧民の家は近いところで300mのみであり、汚水の悪臭で頭痛、嘔吐および睡眠障害を起こしている。また、汚水による水源の汚染で73頭の家畜が死亡し、224頭の家畜が病気になった。それから一部の井戸水も汚染され、遊牧民たちは10km離れたところから生活用水を運ばざるを得なくなった[12]。

また、筆者の2014年5月のEガチャーにおけるフィールドワークの観察から言えることは、製紙工場の環境汚染の被害はいまだに地元の住民の生活に悪影響を及ぼしつつあるということである。例えば、私が訪れたダムリン一家の生活はいまだに製紙工場による地下水汚染の被害を引きずっている。製紙工場が来る前、ダムリン一家の生活用水および家畜の飲用水は、家のすぐ近くの井戸1つで足りていた。ところが、製紙工場の汚染の影響でいまは3つの水源を使い分けながら生活せざるを得なくなった。もとの井戸水は臭いが気になるた

め家畜の飲用のみに使い、一家の大人たちは新たに掘った地下100mに達する井戸の水を使い、2歳半の孫には3km離れたところから運んできた、より安全な水を与えている。

2　Eガチャーの住民らによる自治区内における陳情

　Eガチャーの住民らは、東ウジュムチン旗政府が自分たちの牧草地に製紙工場を建設し、汚水を排出することに一貫して反対してきた。住民らの反対運動の特徴は、汚染源である製紙工場に面と向かって直接対決する「自力救済」ではなく、政府、マスメディア、裁判所など第三者を通して汚染源を止め、損害賠償を求めるところにある。そのため、Eガチャーの住民らの反対運動は陳情、訴訟および交渉を柱としていた。

　製紙工場による環境汚染の被害を受けた住民のうち、18戸が陳情、訴訟などの活動を行い、その過程で元ガチャー書記のダムリン氏がリーダー的な存在となった。はじめの頃、ダムリン氏らは何年もの時間を費やして地方から自治区政府まで陳情を行った。ダムリン氏らは製紙工場による環境汚染を止めるべく、東ウジュムチン旗の政府、共産党委員会、畜産局および環境保護局に何度も出向いた。しかしながら、旗の役人たちは製紙工場の建設はシリンゴル盟政府、内モンゴル自治区政府および中央が許可したものだと言い張り、彼らの陳情にまったく耳を貸さなかった。仕方なく、ダムリン氏らは内モンゴル自治区政府に足を運び、自治区の陳情局（信訪局）、環境保護局、草原管理所およびテレビ局などを回って陳情を行った。ところが、自治区の役人たちは彼らの陳情を受け付けてから、問題をシリンゴル盟政府レベルに戻すか、あるいはそのうちに解決するといった曖昧な返答をするのみで、問題の解決にはなんら役に立たなかった。

　だが、ダムリン氏らは自治区政府へ陳情の過程である意外な事実を知ることとなった。それは、自治区の環境保護局を訪れた時のことだった。ダムリン氏らの陳情材料を受け取った役人は、その場でシリンゴル盟の環境保護局に電話をした。その電話のやり取りからダムリン氏らは、シリンゴル盟と東ウジュムチン旗の役人が自治区政府の環境保護部門の許可を受けずに、製紙工場をEガチャーに建設したことを知り得た。これは大きな発見であった。それまで東

ウジュムチン政府の役人たちは、製紙工場の建設のことは自治区政府、さらには中央政府も許可したのだと言い張っていたが、それは真っ赤なうそだったということがわかったのである。

　東ウジュムチンに戻ってきてから、ダムリン氏らは当時の旗長DNG氏の執務室に行った。ダムリン氏らは、製紙工場が自治区政府の許可を受けていない事実を突きつけ、DNG氏に向かって「あなたはこのように人を騙すのか。それでも旗長ですか。旗長は人民の利益のために働くものだ。あなたは何をしているんですか。人民の故郷を汚染しているのではないか」と詰め寄った。DNG氏は自分の責任ではないと反論するとともに、旗の都市建設部門の担当者を電話で呼んで来て、「言いたいことがあれば彼に言ってください」と言うなりどこかへ出て行ってしまった。その担当者は来るなり黙り込みを決め、何を言っても無言で聞くだけだった。仕方なく、ダムリン氏らは旗の書記のところに行った。旗の書記は「どうしてもこのことを追及したいのなら、旗の検察院に行ってT氏に話してみてください」と言った。それでダムリン氏らは検察院のT氏のところに行った。そしたら、T氏は「勝手にあちこちに陳情するのはよくないよ」と半分脅しながら説教するのみだった。

　こうしてダムリン氏たちの東ウジュムチン旗、シリンゴル盟および内モンゴル自治区における陳情は、まったく問題の解決にならなかった。

3　Eガチャーの住民らによる中央への陳情

　北京に行って中央の関係省庁に陳情を行おうと決めたきっかけはいくつかあったとダムリン氏は言う。1つは内モンゴル自治区内での陳情に問題解決の希望を見出せないうえに、段々と身の危険を感じるようになったことだという。ダムリン氏は、東ウジュムチン政府の役人から「勝手にあちこちへ陳情に行くのは止めなさい」と強く言われていた。そうした中、ダムリン氏はある新聞から南の地方で土地紛争に関わった陳情者らが理由もなく地元政府に逮捕され、3年間も投獄されたという話を知り、いずれ自分も同じ目にあうのではないかと心配するようになった。そのため、ダムリン氏らは地元政府の手が届かない北京へ行こうと考えるようになったという。ちょうどその頃、ダムリン氏は東ウジュムチン旗の工業汚染に反対する活動を行っている北京の画家陳氏の

ことを人から聞いた。それで、陳氏に頼めば北京に行って陳情できるかもしれないと思ったという。

　陳氏は北京の人間で、1960年代末から70年代末にかけて東ウジュムチン旗で知識青年として過ごしていた。1990年代後半から、陳氏は環境汚染に苦しんでいた旧知の遊牧民たちの助けになろうと自身の北京における人脈を生かして活発な活動を行っていた。ダムリン氏は人の紹介で陳氏と面会し、北京に陳情に行きたいので連れて行って欲しいと頼んだ。陳氏はダムリン氏らの事情を聞いてから、製紙工場の汚染状況を写真に収め、自分の車にダムリン氏らを乗せて北京に向かったという。「勝手に陳情に行ってはダメだ」と言われていたダムリン氏は、いよいよ内モンゴル自治区の境界線を越えて河北省に入ろうとする段階になって、東ウジュムチン旗公安局に電話をして北京に陳情に行くと伝えたという。北京に着いてから、ダムリン氏らはかつてのEガチャーの知識青年十数名とも連絡を取り、彼らにも助けを求めた。

　大勢の北京在住の知識青年の助力を得て、ダムリン氏らは国家環境保護総局に陳情した。ダムリン氏によると、ある「白髪の役人」が彼らの陳情を受け付けたという。白髪の役人は、「東ウジュムチン政府の報告によると製紙工場は500名の地元の遊牧民を雇用しているというが本当ですか」と聞いた。ダムリン氏らは、「そういう事実はまったくない」と答えた。白髪の役人は、さらにいくつかのことを確認してから、「それではこちらで調査団を派遣する」と言った。それからまもなくして、国家環境保護総局の調査団がダムリン氏のEガチャーに到着し、製紙工場による環境汚染の状況および被害を受けた遊牧民の生活の状況を調査し、撮影もした。さらに、国家環境保護総局は中央テレビ局と連携して、Eガチャーにおける製紙工場による環境汚染の状況を全国的にも有名な法律番組において報道させたという。

　ダムリン氏らの北京における陳情活動は、東ウジュムチン旗政府に少なからぬ圧力を与えることになった。しかし、圧力を受けた東ウジュムチン政府は、汚染源を止めるのではなく、ダムリン氏らの陳情活動を止める方向に動いた。ダムリン氏が北京から戻って来てまもなく、ソムの人民代表大会が行われた。その大会においてソムの共産党委員会は、ダムリン氏がソムの経済建設に反対したこと、人を動員して色々なところで陳情を行ったこと、大衆を煽っ

て社会の安定を乱したこと、党の指導に従わなかったことなどの罪状を並べ立てて氏を批判した。さらに、ダムリン氏と一緒に北京まで陳情に行ったEガチャーの現役の共産党書記ソイラ氏も同様な理由で批判され、書記から解任されることになった。

このように、ダムリン氏らの北京における陳情活動は、国家環境保護総局や中央テレビ局の一定の介入を引き出すことにはなったが、中央の介入が直ちに工業発展を優先し、環境汚染を軽視する地方政府の方針を変えることにはならなかった。

4　訴　訟

北京在住の知識青年たちの勧めで、ダムリン氏らは製紙工場に対して訴訟を起こすことになった。北京に滞在中に、ダムリン氏らは内モンゴル自治区の元主席ブヘ氏に面会する機会に恵まれたが、知識青年たちはそれを止めたという。知識青年たちが心配したのは、ブヘ氏が調整役として介入する場合、汚染源を止めることができず、ダムリン氏らが一定の弁償金を手にするだけで問題があやふやなままに封印されてしまうことだった。そこで、ダムリン氏らは「ここまで来たのだからお金ではなく白か黒かをつけたい」と決心し、訴訟の手続きに踏み切ったという。

やはり知識青年たちの紹介で、北京でも名の知れたH法律事務所と連絡を取り合った。ダムリン氏らは肝心なところで間違いがあってはならないと思い、弁護士と面談する日はモンゴル語と中国語の双方に堪能なプロの通訳を頼んだ。そして、ダムリン氏は原告側である遊牧民ら7戸の家庭の代表を務めることになった。この7戸は製紙工場の汚水池を囲むように生活している遊牧民たちであり、直接の被害者たちである。また初期費用として1戸1万元、合計7万元を法律事務所に支払うことになった。それから、勝訴となった場合、原告側が手にする弁償金の30％を法律事務所に手数料として与える契約をした。こうして訴訟のための資料の準備が始められ、ダムリン氏らは自宅に戻って弁護士からの連絡を待った。

それから半月後に北京の弁護士から電話が来て、一緒にシンリンゴル盟の中級人民裁判所に行き、訴訟書類を提出した。ところが、裁判所からの連絡より

先に、和解を図る政府の役人たちが大勢でEガチャーにやってきた。シリンゴル盟及び東ウジュムチン政府の役人たちは10台以上の車で、製紙工場の汚染の直接及び間接の被害者18の家庭を一斉に訪問し、訴訟を取り下げるように働きかけた。

ダムリン氏の家には、東ウジュムチン政府旗長、畜産局長、土地管理局長、それにシリンゴル盟の副盟長および中級人民裁判所の人たちが3台もの車でやってきたという。彼らは肉、タマゴ、酒、米など盛り沢山の手土産を持ってきて玄関に置き、ダムリン氏に訴訟を止めるように説得したという。東ウジュムチン政府のZ旗長は、「ダムリン氏は優秀な共産党員であり、旗の経済発展に多くの貢献をしてきた」と切り出したという。そして、製紙工場の汚染でいまの井戸水が飲めないのなら、より深い井戸を掘ってあげること、製紙工場が破壊した牧草地を囲む鉄の網も政府が新たに買ってあげること、人間の住む部屋と家畜用の小屋を建ててあげること、さらにダムリン氏を旗政府のどこかの部門で保安員として雇用することなど具体的な優遇策を提案したと言われる。

ダムリン氏は躊躇したものの地元政府の和解案に応じることはなかった。ただ、ダムリン氏と一緒に訴訟を起こした他の家庭はほとんどが政府の和解案を受け入れることになった。政府の役人たちは他の家庭を訪問して、「ダムリン氏も訴訟を止めると言っている、あなたたちも止めなさい」と迫ったという。そして、政府の説得に応じる場合、旗政府から96万元の弁償金をEガチャーに支払う。そのうちの60万元はガチャーのもので、残りの36万元はガチャー員に与えると約束した。それに応じる形で、直接訴訟を起こした7つの家庭のうちの4つの家庭、また間接的に訴訟に含まれた11の家庭全部が訴訟を取り下げることになった。

そのため、最終的に訴訟を続けることになったのは、ダムリン氏の家庭、ダムリン氏の息子の家庭およびダムリン氏の弟の家庭の3つの家庭のみとなった。先に起こした訴訟は、大半の原告たちが訴訟を取り下げたため、無効となった。ダムリン氏一族の3つの家庭は、北京の弁護士と連絡を取り合い、再度訴訟を起こした。約1カ月後に裁判が行われ、ダムリン氏らに25万元を弁償するという結果になった。ダムリン氏らはこれを不服とし、内モンゴル高級人民裁判所に上訴した。そこでの裁判の結果、ダムリン氏らに36万元の弁償金を支払

うことになった。この結果は、ダムリン氏らが求めた弁償金よりはるかに少ない金額で、かつ土地の弁償問題も解決されていなかった。だが、弁護士の助言を聞き入れ、ダムリン氏らはこの結果を受け入れた。

5　地元政府との交渉と和解

　2005年に国家環境保護総局は、東ウジュムチン旗の製紙工場の汚染案件を全国の9つの重大な汚染案件として名指しして批判するとともに、期間を限定してその改善を求めた。これを受けて、製紙工場は東ウジュムチン旗から転出することになった。こうして、6年もの年月を経てEガチャーの住民を苦しめてきた汚染源は一応停止に追い込まれる形になった。しかし、ダムリン氏らには土地の返還、汚染地の原状回復、製紙工場の建設によって破壊されたフェンスの弁償など多くの問題が未解決のままに残っていた。

　ダムリン氏らはもう一度北京へ足を運び、今度は国家国土管理局に土地の問題で陳情を行った。ダムリン氏らは、東ウジュムチン旗政府は製紙工場の建設に伴って占用した土地を返還し、汚染された土地の原状回復を行うべきだと陳情した。これを聞いて、国家国土管理局の役人はダムリン氏らの要求は正当なものであるが、ただダムリン氏らが持参してきた土地所有を証明する「草原証」は法的には無効なものであると指摘した。つまり、中国の土地は国家所有と集団所有の2種類しかなく、ダムリン氏らがその土地の権利を主張するためには集団土地所有証明書が必要だと言った。さらに「これは東ウジュムチン旗政府が発行すべきもので、これを発行していなければ国家の政策に反することなる」と言った。

　この情報を得てからダムリン氏らは東ウジュムチン旗に戻り、旗の書記ウリジ氏のところに行った。国家国土管理局に陳情してきたことを伝えるとともに、国家政策である集団土地所有証明書の発行をなぜ我々のところでは実施しないのかと詰め寄った。これを聞いてウリジ氏は、「証明書はそのうちに発行してあげるので、何か要求があれば相談して解決しよう」と提案した。相談の結果、旗政府はダムリン氏らに牧草地を囲む鉄のフェンス1,000ムー分を弁償すること、新たな機械式の井戸（機井）を掘ってあげること、家畜用の小屋と人間の住宅用の部屋を建ててあげること、それにダムリン氏らが陳情などで使った旅

費4万元の弁償を約束した。そして、これらの約束を旗政府は、迅速に実行した。

ただ、土地の弁償の問題はそう簡単にはいかなかった。製紙工場を建設する折に占用したダムリン氏らの土地の原状回復は、もうすでに酷く汚染されているため技術的に見ても費用的に考えても到底不可能なので、その替わりにEガチャーから代替となる土地を与えるということになった。ところが、旗書記のこの提案をEガチャーの書記とガチャー長はすぐには受け入れなかった。また、旗書記もガチャーの土地分配に関しては強制権がないということで、ダムリン氏がEガチャーの書記と長と直接交渉することになった。ダムリン氏は自分の努力で製紙工場がEガチャーに60万元の弁償金を払った経緯があることを強調し、Eガチャーが代替の土地を与えないのなら、その60万元をダムリン氏に与えるべきだと訴えた。この訴えに旗政府も同意した。その頃、Eガチャーはすでにその60万元を使ってしまったため、仕方なくダムリン氏らに代替の土地を与えることになったという。

6　分析：「有権的反抗 rightful resistance」との関連で

さて、Eガチャーの被害住民たちは製紙工場による牧草地の使用と汚染に抵抗する多様な活動を展開した。ダムリン氏をはじめとするEガチャーの住民の活動には次のような特徴がある。

まず、彼らの環境抗争運動は第1節に取り上げた「自力救済」とはまったく異なることがわかる。自力救済においては、汚染源の企業と直接対決し、しばしば暴力を伴い、法制度に頼らないことが特徴とされるが、Eガチャーの住民の活動は明らかにそれとは性質が異なる。Eガチャーの住民は、汚染源である製紙工場に対して、訴訟という法制度に頼って戦い、勝利を収めたのである。

次に、Eガチャーの住民たちの活動は、部分的に「有権的反抗 rightful resistance」［O'Brien and Li 2006］の特徴を示している。オブライエンと李［O'Brien and Li］は「有権的反抗 rightful resistance」について次のように述べている。

有権的抵抗は法律、政策およびそのほかの公式に認められた価値を巧妙に使用することによって、政治的あるいは経済的エリートに抵抗することを指す。それは影響力のある支持者あるいは公認の原則を用いて、与えら

れた役目を果たさなかったか、実施すべき政策を怠った役人に圧力をかける部分的に認可された抗議の一種である［O'Brien and Li 2006: 2-3］。

　上記の記述を念頭に、Eガチャーの住民たちの活動を見てみよう。まず、ダムリン氏たちは意識的に、国家の法制度および地方政府の指示に従う形で活動するように細心の注意を払った。例えば、すでに触れたように、北京へ陳情しに行く時、ダムリン氏は内モンゴルの境界線を越えないうちに旗の公安局に電話をして中央へ陳情に行くことを伝えている。これによって、「勝手に陳情しに行ってはダメだ」という地方の公安局の要求を満たしたとダムリン氏は認識している。言い換えれば、きちんと地方の公安局に電話をしてから、中央へ陳情しに行ったということになる。

　また、ダムリン氏たちは、旗政府の役人の言動が、国家の法律および上級機関の政策に反していることを陳情のプロセスの中で発見し、それを逆手にとって旗政府の役人に詰め寄り、交渉をしている。すでに述べたように、ダムリン氏たちは内モンゴル自治区環境保護局に陳情しに行った時、旗政府が製紙工場の建設は自治区政府の許可を得ていると「ウソ」をついていたことを知り得た。これを知り得てから、ダムリン氏たちは旗長DNG氏に詰め寄り、論争の中で優位な立場に立つことになる。また、国家国土管理局へ陳情に行った時、旗政府が本来は集団土地所有証明書を発行すべきだということを知り得た。この情報をつかんでからダムリン氏たちは旗書記のところに行って交渉をし、土地の弁償も含めて多く目的を達成することになる。こうした活動は、「有権的反抗 rightful resistance」の典型例と言えよう。

　ここで、環境抗争運動の核心的な問いにもう一度立ち戻ろう。Eガチャーの被害住民は、「有権的反抗」によって生計と生存の環境を脅かしている問題を解決できたのだろうか。その答えは、イエスとノーの両方である。

　まず、ダムリン氏たちの活動により、製紙工場は閉鎖され、Eガチャーから転出した。汚染源の企業をEガチャーから追い出すという目標は達成されたことになる。また、Eガチャーと被害を受けた住民たちも一定の補償金をもらった。これも住民たちの目標であり、ある程度達成されたということになる。しかしその一方で、汚染された土地はもう半永久的に原状回復されることはない。

また、当時の汚染の影響はいまだにEガチャーの住民と家畜に悪影響を及ぼしつづけている。

結　論

　本論を通して、地下資源開発と工業化による環境被害が急増する中での内モンゴルにおける遊牧民の環境抗争運動について記述と分析を行ってきた。ここでは、結論として次の3つのことを強調しておきたい。

　第一に、現代の内モンゴルに見られる地域住民の環境抗争運動は特殊で民族的な現象ではないということである。より明確に言えば、地域住民による自力救済や有権的反抗は、工業汚染から生計と生存の環境を守ろうとする運動であり、そこにおける対立は開発者側と遊牧民、あるいは開発者側、それを後押しする地元政府と遊牧民という構図を示していて、民族対立ではないということである。従って、少数民族地区には民族分裂主義的な勢力が暗躍しているという憶測から、地域住民の環境抗争運動は民族団結を脅かすものとして危惧視することは、問題の本質を誤った方向へ導くものと言える。実際問題として、ひたすら内モンゴルの特殊性や民族性を強調し、政治的な観点から特殊な扱いをすることは、遊牧民だけではなく、他の人にとっても回避すべきことである。

　第二に内モンゴルの遊牧民の環境抗争運動は、活動の形態（フォーム）において自力救済と有権的反抗の特徴を示しているということである。自力救済は、フォーマルな法制度や公権力による問題解決が望めない状況において、地元住民がインフォーマルな方式で問題解決を図ろうとする1つの形態である。そして、遊牧民たちにとって最も身近でインフォーマルな手段の1つが、文字通り身体を張った抵抗であると言えよう。その一方で有権的反抗は、フォーマルな政治制度や法システム、中央および地方の政策についての知識を必要とするものであり、とりわけ地元政府の役人の「行政的怠慢」や「ウソ」をつかむことが要求される。本稿の事例で言えば、知識青年などアウトサイダーの助力が遊牧民の有権的反抗に大きな役割を果たしていることがわかる。

　最後に、今後の展開として理論的な視点から環境抗争運動という分析枠組みの可能性について述べておきたい。環境抗争運動において最も重要なことは、

特定の問題の解決や目標の達成であり、自力救済も有権的反抗もそのために取られた手段である。理論的に言えば、問題の解決に有効な方法は抵抗や抗争に限られるものではない。さらに、今後の内モンゴルの資源開発および工業化の展開を考えると、もはや抵抗と反抗ではどうにもならない状況——取り除かれない汚染が日常生活の一部になること——が予想される。そこで、もはや企業や地方政府に抵抗することでは解決されない状況の中でいかにサバイバルしていくか、ということを考える時期が来ているかもしれない。

註
(1) 資料出所：シリンゴル盟政府のホームページ（http://www.xlgl.gov.cn/zjxlgl/ztgk/201406/t20140623_1231544.html）より。2014年8月3日アクセス。
(2) 資料出所：西ウジュムチン政府のホームページ（http://www.xwq.gov.cn/gyqq/zyzk/201401/t20140114_1162650.html）より。2014年8月3日アクセス。
(3) 資料出所：シリンホト市政府のホームページ（http://www.xilinhaote.gov.cn/xlfm/xlfm/）より。2014年8月3日アクセス。
(4) 五・一一事件および五・一五事件の経緯については、民間の説明と内モンゴル公安当局の説明の間に若干ずれるところがあるものの、大筋のところでは一致している。本稿における記述では、内モンゴル公安当局の見解を示す資料を参考にした。資料の名称と出所：「内蒙古公安庁通報"五・一一""五・一五"案件偵破状況」、楡林網（http://www.ylrb.com/news/2011/0602/article_476833.html）より、2014年8月3日アクセス。
(5) 当日の様子の録画映像は Youtube（http://www.youtube.com/watch?v=Tkj4W0Wa3tI）において公開されている。
(6) 資料出所：「錫林郭勒盟停産整頓一四九座鉱山」、内蒙古鉱業聯合会ホームページ（http://www.nmgkl.com/Article/20111251700.html）より、2014年8月3日アクセス。
(7) 資料出所：「胡春華看望西烏珠穆沁旗綜合高級中学師生、任亜平等陪同」内蒙古新聞網（http://inews.nmgnews.com.cn/system/2011/05/28/010600940.shtml）より、2014年8月3日アクセス。
(8) 強制的および武力的に抗議運動を抑制するためにいろいろな措置が取られたが、それにについての公的な報道及び資料は皆無に近い。ただ、蘭州大学の「中国公共危機事件案例知識庫（http://ccm.lzu.edu.cn/caseShow.jsp?caseID=857#box_2）」において、「五月廿三日に西ウジュムチン旗において抗議運動が発生し、警察と民衆が対峙しあい、当局は交通を封鎖し、一部の抗議者を逮捕した」とある。
(9) 曾経草原のホームページ（http://cyngo.net/）は中国語、モンゴル語および英語の3つの言語で記述されている。
(10) 資料出所：「環保総局掛牌督弁九大環境違法案件」中国網 2005年5月10日（http://www.china.com.cn/chinese/2005/May/858815.htm）より、2014年月8月28日アクセス。
(11) 資料出所：「達木林扎布等訴内蒙古東烏珠穆沁旗淀花漿板場、東烏珠穆沁旗人民政府環境汚染損害賠償案」中国司法庫ホームページ（http://sifaku.com/falvanjian/10/zadwzc9f3965.html）より、2014年月8月28日アクセス。
(12) 資料出所：「牧民的申訴、2003年」緑色北京ホームページ（http://www.greenbeijing.net/forum.php?mod=viewthread&tid=6216）より、2014年月8月28日アクセス。

参考文献

[中国語]

朝魯孟其其格ら 2011「錫林郭勒盟草原鉱区開発現状及生態治理研究初探」『内蒙古草業』第廿3巻第4期、12～15頁。

耿海清ら 2010「煤炭富集区開発模式解析――以錫林郭勒盟以例」『地域研究与開発』第29巻第4期、32～37頁。

江菲 2003「草原"出平湖"」中国青年報8月20日（http://zqb.cyol.com/gb/zqb/2003-08/20/content_718482.htm）。

景群 2014「認知与自覚：一個西北郷村的環境抗争」『中国環境社会学・第一輯』柴玲、包智明主編、中国社会科学出版社、171～184頁。

孔春梅 2011「中国少数民族地区群体性突発事件防犯与引導研究」『内蒙古財経学院学報』第4期、68～72頁。

劉毅 2003「草原、如何留住這片緑」人民網4月4日（http://www.people.com.cn/GB/huanbao/57/20030404/962700.html）。

南斯勒瑪ら 2013「東烏珠穆沁旗造紙場廃水迹地草地植被調査」『草地学報』第21巻第4期、658～663頁。

蘇布達ら 2011「内蒙古烏拉盖草原湿地中下游植被退化演替趨勢分析」『中国草地学報』第33巻第3期、73～78頁。

婷吉思、海蘭 2010「浅談錫林郭勒盟破産資源開発問題」『内蒙古科技与経済』総第207期、68～70頁。

王欲鳴、紫海亮 2009「草原変成新型能源基地有分岐：開発一小塊、保護一大片？」『農産品市場週刊』第40期、4～6頁。

許全亮 2014「民族地区突発事件網羅輿論引導策略」『陰山学刊』第廿7巻、第2期、78～80頁。

張玉林 2014「中国農村環境悪化与衝突加劇的動力機：従三起群体性事件看"政経一体化"」『中国環境社会学・第一輯』柴玲、包智明主編、中国社会科学出版社、139～156頁。

[日本語]

尾崎孝宏 2012「牧地争いをめぐる語りと実践――中国内モンゴル自治区の1事例より」『鹿児島大学法学部紀要人文学科論集』76：19～34頁。

酒井亨 2011「台湾の民主化アクター再考――1980年代環境汚染をめぐる『自力救済』運動を中心に」『国際協力論集』第19巻第1号。

包宝柱 2013「内モンゴル中部鉱山都市ホーリンゴル市の建設過程における地域社会の再編――ジャロード旗北部のバヤンオボート村を中心に」ボルジギン・ブレンサイン編著『多様化するモンゴル世界Ⅰ――内モンゴル東部地域における定住と農耕化の足跡（アフロ・ユーラシア内陸乾燥地文明研究叢書6）』名古屋大学大学院文学研究科。

藤林泰 2008「住民運動再考――生活史のなかの異議申し立てコミュニティの形成と展開―高度経済成長期後期の公害反対運動を事例として」『21世紀社会デザイン研究』No.7、67～75頁。

[英語]

Kevin J. O'Brien and Lian-jiang Li. 2006. *Rightful Resistance in Rural China.*

Tadayoshi TERAO. 2002. An institutional analysis of environmental pollution disputes in Taiwan: case of "self-relief". The Developing Economies, XL-3(September 2002):284-304.

第10章

鉱山開発にあらがう「防波堤村」の誕生

—— 中国内モンゴル自治区ホーリンゴル炭鉱の事例から

包宝柱

はじめに

　本稿では、中国少数民族地域における地下資源開発が地方行政にいかなる影響を与えたかを内モンゴル自治区通遼市のホーリンゴル（霍林郭勒）炭鉱を事例に検討する。
　中華人民共和国の建国直後から、内モンゴルなどの少数民族地域は、原材料の供給地として中国経済の発展に大きな役割を果たしてきた。現在、中国経済は高度成長時代に入ったため、資源エネルギーの需要はこれまでよりも大きく増加している。これに伴い、少数民族地域における資源開発もピークに達しており、少数民族の地域社会は大きな変貌を遂げている。
　そもそも内モンゴル自治区では、1966年頃より「生産建設兵団」によって開墾が行われていた。生産建設兵団とは開墾と辺境防衛を行う準軍事的組織であるが、内モンゴルでは炭鉱開発も行われていたのだった。
　オラディン・ボラグ［Bulag 2010］は、開発する側に焦点をあてながら開発によって生じる矛盾を批判的に検討し、内モンゴルにおいて、なぜ開発問題が民族問題となってしまうのかという問いに対して「労働者階級の流産」という言葉で説明する。ボラグによると少数民族地域である内モンゴルに漢民族を中心とし

た大規模な「辺境支援隊」(生産建設兵団の前身)を送り込んで開発を行うことで、モンゴル人の「労働者階級」が誕生する機会を奪ってしまったという。本来共産党とは、労働者階級の政党であるはずだが、中国革命の主体は労働者階級ではなく農民大衆であった。ところが、中国共産党は「辺境支援」という名のもとに大勢の漢族を労働者として内モンゴルで資源開発に従事させた。そもそも遊牧を伝統とするモンゴル族には、なおさら労働者階級が存在したわけではない。当時の内モンゴルの指導者であったウランフ(烏蘭夫)[1]はこの包頭鋼鉄の建設過程を通して、モンゴル族自身の労働者階級を作って、社会主義の「先進」民族になろうと努めた。ところが、皮肉なことに結果として内モンゴルにおいて新たな「漢族労働者」が誕生したのであって、モンゴル族労働者は「誕生」できなかったのだ。ボラグはこれを内モンゴルにおける「労働者階級の流産」と呼んだのである。

一方、楊海英［2011］は、中国政府が進めている西部大開発が、中国の漢人たちにとって豊かさと繁栄を夢見させるようなものに過ぎず、少数民族には共有されていないと批判する。さらに中国政府は西部大開発で地域間格差や民族間格差を是正しようとしているが、開発と発展は民族問題を根本から解決する良薬ではない、と主張している。

またボルジギン・ブレンサイン［2011］は、中国において「開発」という言葉が長年疑いようのない「正義」として理解されてきた一方で、このような「開発」が地方や少数民族の利益を犠牲にすることを前提としてきたと指摘する。

では、こうして共産党によって生み出された漢族：モンゴル族＝労働者階級：牧畜民の対立構造の結果、どのようなことが現地で起こっているのだろうか。

本稿で扱う内モンゴルのホーリンゴル地域は、そもそも遊牧民にとって良好な牧草地であった。ジャロード（扎魯特）旗北部地域では1970年頃から炭鉱開発が始まり、それに伴って1985年には炭鉱都市ホーリンゴル市が建設された（図1を参照）。つまり、草原の牧畜世界に突如、炭鉱開発によって大きな都市が出現したのである［包 2012: 56-59］。

そうした中、ホーリンゴル炭鉱周辺地域において、膨張を続ける鉱山敷地に対して、地元の牧民や旗政府が鉱山の境界にあたかも「防波堤」のように定住村を築くことで牧畜の暮らしを守ろうとしている。本稿ではこのような村を「防

図1　内モンゴル自治区とホーリンゴル市の位置

波堤村」と名づけ、こうした防波堤村がいかにして誕生していったのかを明らかにしていきたい。

　まずジャロード旗北部地域社会の実態を概観し、ジャロード旗北部地域におけるホーリンゴル牧草地の重要性を検討する。そのうえで、1980年代に行われたジャロード旗北部の行政再編の社会的背景の分析を試みる。それから、ホーリンゴル炭鉱の開発により牧草地が奪われていく過程と、炭鉱側と牧民たちの対立の過程を見ていく。最後にその対立の解決策として実施された「防波堤村」建設による行政の再編の過程を検証していくものとする。

第1節　「ジャロード旗北部」という地域社会

1　ジャロード旗の概要

　ジャロード旗は通遼市の西北部、大興安嶺の南斜面およびその下に位置するホルチン（科爾沁）沙地から基本的になる通遼市所属の行政単位の1つである。

図2　内モンゴル自治区の中のジャロード旗の位置

本旗の東南部は通遼市の開魯県とホルチン左翼中旗、北部はシリンゴル（錫林郭勒）盟の東・西ウジュムチン（烏珠穆沁）両旗と炭鉱都市ホーリンゴル市と接し、東北部はヒンガン（興安）盟のホルチン右翼中旗、西南部は赤峰市のアルホルチン（阿魯科爾沁）旗と隣接している（図2を参照）。

　2009年の統計によると、旗の総面積は175万haである。旗における、耕地面積は14.89万haで主に中部と南部に集中している。牧草地面積は113.33万haで特に旗の北部地域に集中している[2]。

本旗の人口は2010年のデータによると314,704人であり、そのうち、モンゴル族は154,867人（49.2％）、漢族は150,857人（47.8％）で、両民族の人口割合は拮抗している(3)。家畜について、2009年現在、牛は327,745頭、羊は784,239頭、ヤギは2,387,727頭、豚は274,185頭である(4)。ヤギの頭数が圧倒的に多いことが特徴である。

　ジャロード旗は東南から西北に細長く伸びており、南部が松遼平原(5)の西端に属し、北部に大興安嶺山脈の一部に当たるハンオーラ山（qan aɣula 罕山）(6)を中心とした山々が連なるなど複雑な地形や気候を有している。そのため、農耕・半農半牧・牧畜の3つの経営形態が併存していることもこの地域の特徴である。また、大興安嶺の南麓に位置する各旗の中で、現在もなお遊牧が残っている数少ない地域でもある。

2　ジャロード旗北部地域社会の歴史とその特徴

　ジャロード旗北部にはバヤルトホショー（巴雅爾図胡碩）鎮、ゲルチル・ソム（格日朝魯・蘇木）、ウランハダ・ソム（烏蘭哈達・蘇木）、バヤンボラガ・ソム（巴彦宝力皋・蘇木）があり、この1鎮3ソムのことを通称ジャロード旗北部地域と呼んでいる。この4つの地域はいずれも牧草地を有していた。その牧草地がホーリンゴル地域である。ところが、後にその場所には炭鉱都市ホーリンゴル市が誕生することになる。ここでは、まずジャロード旗北部において行政再編が行われるまでの地域社会に関する歴史を振り返ってみたい。

　1947年5月1日に内モンゴル自治政府が成立した。その後、内モンゴル自治区の農耕地域において土地改革が始まるが、牧畜地域では改革は緩やかなものであった。ジャロード旗でも、南部の農耕地域で階級闘争が行われた。地主が所有していた土地は中国共産党によって各農民に分配されたものの、内モンゴルのほかの農耕地域と同様に行き過ぎた点が多く、多数の死者が出た。

　一方、北部の牧畜地域は南部の農耕地域に比べ緩やかであったが、牧民の階級分け闘争が行われ、家畜の所有頭数が多い牧主から貧しい牧民へ分配された。その結果、貧しい牧民も自由に放牧できるようになった。

　では、彼らはどこを牧草地として放牧していたのであろうか。そのことを窺い知ることができるのが、1950年4月に、ジャロード旗と隣接するシリンゴ

ル盟に発生した山火事だ。資料によるとジャロード旗ホーリンゴル春営地にいた 5,000 頭の家畜が、この火災により死傷したと書かれている[7]。このことからジャロード旗北部の牧民たちは、土地改革の頃もホーリンゴル地域を牧草地として利用していたことが了解できよう。

　この土地改革が行われた 1950 年代初め、内モンゴル自治区のほかの地域と同様に、ジャロード旗でも牧民は家畜や生産手段の私有を残しながらも自主的に「互助組」に加入することになった。その「互助組」とは家畜の集団所有を行うもので、1953 年に「初級合作社」へと名前を変え、さらに 1956 年には「高級合作社」となり、この時全員参加が義務付けられた。1958 年からは人民公社化が始まり、ついに牧草地の私有も認められずすべての集団所有が義務付けられた。

　その後、毛沢東の号令により同年から大躍進運動が始まると、工業と農業の目標生産量が非常に高く設定された。このため、ジャロード旗北部地域にも牧草地を開墾して農業を行わざるを得なくなった。これにより牧草地が縮小し、牧畜経済は衰退傾向を示すようになる。

　しかし、この大躍進運動は失敗に終わり、1961 年から全国的に経済政策の見直しが行なわれるようになった。ジャロード旗北部地域においては、1962 年から「三定一奨」（労働の固定、生産過程の固定、費用の固定、超過生産の場合奨励する）と呼ばれる政策が導入され、牧民による積極性が強調（推奨）された。さらには人民公社の社員とされていた牧民にも家畜の私有が認められることになった。だが、1966 年から文化大革命が始まると改めて農耕化が進められ草原は農地化されていった。

　以上のように中華人民共和国建国後の一連の政策は、基本的には農業化や公有化を進める傾向が強かったと言ってよい。その結果、草原は次々と開墾され、遊牧民は定住化を余儀なくされていった。しかし、ジャロード旗北部の人々は半世紀にわたる農耕化政策の荒波にさらされたにもかかわらず、現在まで牧畜の営みを守ってきた。なぜジャロード旗北部は牧畜業を守り抜くことができたのだろうか。

　次頁の表 1 はジャロード旗北部に組織された 4 つの人民公社に関する諸データをまとめたものである。ここから分かるようにジャロード旗北部地域の人口

表1 ジャロード旗北部の4つの人民公社の基本状況（1981年）

項目 公社	戸数	人口	モンゴル族		耕地面積（ムー）	牧草地面積（ムー）	家畜頭数		
			戸数	人口			総数	牛と馬	ヤギとヒツジ
バヤンボラガ公社	615	3,361	421	2,317	13,850	300,000	20,135	5,384	14,751
ゲルチル公社	1,005	6,049	977	5,891	29,631	1,580,210	108,719	26,375	82,344
バヤルトホショー公社	907	4,705	900	4,660	22,105	619,100	79,597	17,463	62,129
ウランハダ公社	905	5,227	897	5,176	22,975	962,300	65,212	14,962	50,250

出典：内蒙古自治区扎魯特旗档案館所蔵「牧区建設弁公室」138（1985年1月～1985年11月）。

の大部分がモンゴル族である。また、ある程度の耕地面積が存在していることも分かる。これは人民公社時代や文化大革命時期に政府が進めた農耕化政策によるものと思われる。ただし、一部で農業も行われてはいるものの、比較的広い牧草地を有し、多数の牛・馬・羊・ヤギなどを飼っている。つまり、ジャロード旗北部地域の牧民は農耕に向かない自然環境のため牧畜を堅持し、季節移動をしながら生計を立ててきたのである。言い換えれば、中国政府による農耕化政策が進められても、この地域における主な生業が牧畜業から農業に転換することはなかったと言えよう。

また、表1からはゲルチル公社の牧草地面積のみがそのほかの公社の牧草地面積を遙かに上回っていることがわかる。これは、ゲルチル公社の牧草地が、ホーリンゴル炭鉱にほとんど徴用されなかったことに関係している。一方でバヤルトホショー公社、ウランハダ公社、バヤンボラガ公社の牧草地のかなりの部分が、ホーリンゴル炭鉱に徴用されてしまい、その結果牧民は完全に定住化することを余儀なくされる。だが、ゲルチル・ソムの牧民は、ホーリンゴル地域に残っている牧草地を夏営地として利用し、現在も移動放牧を行っている。

さて、1981年の段階においてもジャロード旗北部地域の4つの人民公社には、29を数える生産大隊が残っていた。表2はジャロード旗北部地域の人民公社に配置された各生産大隊の基本状況を表したものである。生産大隊の戸数を見ると、比較的戸数が多い生産大隊がかなりの数にのぼることが分かる。このような戸数の多い生産大隊では、牧民の生活に無理が生じているのではないか、と考えられる。なぜならば、生産大隊の中心が置かれている冬営地において、家畜の頭数が多すぎ、牧畜生活が営みづらい環境になってしまうからだ。

表2から分かるように、ジャロード旗北部の各生産大隊の人口にはモンゴル

表2　ジャロード旗北部地域生産大隊の基本状況（1981 年）

項目　社隊		戸数	総人口	モンゴル族		耕地面積（ムー）	牧草地面積（ムー）	家畜頭数		
				戸数	人口			総数	牛と馬	ヤギとヒツジ
バヤルトホショー公社	バヤルトホショー	282	1300	278	1279	5,800	120,000	11,353	3,381	7,972
	エムネサラー	56	235	54	271	2,200	21,500	1,986	358	1,628
	ホブレト	117	647	117	647	3,000	90,000	16,090	2,775	13,315
	ウンデルハダ	79	408	79	408	1,900	69,000	8,491	1,524	6,967
	バリムト	73	422	73	422	1,800	71,000	7,726	1,401	6,325
	ドルベルジ	130	750	129	745	3,200	77,600	12,640	3,257	9,383
	ホイトサラー	75	441	75	441	1,600	95,000	11,075	2,131	8,944
	トブシン	95	502	95	502	2,200	75,000	9,936	2,341	7,595
ウランハダ公社	ウランハダ	259	1398	252	1348	7,773	50,300	4,619	1,935	2,684
	ドルベンゲル	186	1163	186	1163	7,584	47,000	3,687	1,702	1,985
	ホンゴト	80	460	80	460	1,400	160,000	9,709	2,509	7,200
	サイブル	76	423	76	413	1,200	125,000	10,375	1,583	8,792
	チャガンエンゲル	88	532	88	532	1,500	208,000	18,068	3400	14,668
	エルデンボラガ	34	203	34	203	1,380	30,000	624	286	338
	バヤンジャラガ	38	235	38	235	1,504	35,000	749	321	428
	バヤンゲル	54	319	54	319	800	125,000	5,878	917	4,961
ゲルチル公社	ゲルチル	168	964	157	898	5,598	107,011	10,078	2,558	7,520
	ノウダム	118	708	118	708	3,260	317237	12,081	2,995	9,086
	ハレジ	97	625	95	617	2,650	134,818	14,901	3,559	11,542
	フグルゲ	98	630	96	622	2,625	202,789	15,535	3,045	12490
	ハダンアイル	88	594	86	582	3,740	144,385	8,954	2,728	6,226
	チャガンエルゲ	69	425	69	425	2,220	75,577	5,164	1,153	4,011
	フゲグト	96	539	96	539	1,950	119,251	13,317	3,234	10,083
	サインホショー	78	465	72	432	2,100	125,498	10,688	2,234	8,454
	チャガンオボー	118	636	118	636	3,275	102,366	11,209	3,314	7,895
バヤンボラガ公社	バヤンボラガ	101	520	79	402	2,420	150,000	4,051	1,056	2,995
	オボーアイル	94	525	93	524	2,000	50,000	6,364	1,353	5,011
	タラアイル	90	527	89	525	2,530	50,000	4,116	1,302	2,814
	マンハト	330	1789	160	866	7300	50000	5,595	1,664	3,931

出典：内蒙古自治区扎魯特旗档案館所蔵「牧区建設弁公室」138（1985 年 1 月～ 1985 年 11 月）。
注：①総人口からモンゴル族人口を引いた数字は漢族人口に相当する。
　　②公社名と同名の生産大隊は公社政府所在地である。
　　③アミかけしている生産大隊は後の行政再編の際、アルクンドレン・ソムとホーリンゴル・ソムに多くの戸数を移動させて、村が形成される。

族が大半を占め、漢族はごく少数しかなく、彼らのほとんどが公社政府所在地に集中していた。また各生産大隊は移動放牧を行う前提条件として、広い面積の牧草地を有している。

　一方で、小規模ながら耕地の保有も見られ、ジャロード旗北部地域では請負

制度が導入される以前から農耕が行われていたことが窺える。戸数の移動があった各生産大隊の共通点は戸数や家畜頭数が多く、かつ広大な牧草地を有している。家畜頭数が多く、広い牧草地を有していてもホーリンゴル地域に牧草地を保有していなかった生産大隊には戸数の移動がなかったのではなかろうか。また、バヤンボラガ公社からは牧民が移動して村を形成しなかったようだ。しかしながら、バヤンボラガ公社はハンオーラ山の北部に牧草地を有していたようだが、ここはホーリンゴル炭鉱に徴用されたと言われている。

　人民公社制度が行われていた頃、内モンゴル自治区のほかの地域と同様に、ジャロード旗北部地域の「生産大隊」に属する牧民たちは、世帯別に受け持つ家畜の種類が決まっていた。つまり、馬を受け持つ世帯、牛を受け持つ世帯、羊を受け持つ世帯や農業を受け持つ世帯など、いくつかのグループに分けられていた。4つの人民公社の牧草地は南北に細長く延びており（図3を参照）、境界線は山、丘や河などによって明確に分けられていた。牧民たちは放牧の際、原則的に自らの牧草地の境界内に留まるが、境界線を乗り越えてしまうこともよくあるという。特に馬のように移動範囲が比較的に広い家畜の場合、自分の牧草地の境界線を大きく越えることも稀ではなかった。

　ジャロード旗北部地域の牧民は冬（11〜2月）にほとんど移動しないで、冬営地周辺で家畜を放牧する。春（3〜5月）は旧暦の正月が終わる頃になると、ほとんどの世帯が冬営地から北へ移動して、ハンオーラ山の南麓のアルクンドレン（阿日昆都楞）地域で過ごす。そのためここを春営地と呼ぶことも多い。なお、中には春にハンオーラ山の南麓に留まらないで直接ホーリンゴルの牧草地にまで移動する家庭もあったという。

　夏（6〜8月）になると冬営地から北に100kmほど離れたハンオーラ山の北側のホーリンゴル地域に移動する。夏は秋と春のように頻繁に移動せず、比較的に一カ所に集まる傾向がある。なぜならば、牧民は夏に羊毛刈りや乳しぼりなどの作業を行うため、互いに助け合う環境作りが必要だからである。自然環境の面からいえば、夏に草は長くて繁茂しているため、家畜が踏み固めることによる草原の破壊が最小限に抑えられる。そして、牧民は夏と秋に家畜を太らせて、厳しい冬春に備えるのである。そのためにも、モンゴル牧民にとって優良な牧草地は欠かせない。

図3　ジャロード旗北部地域（1984年以前）

　こうした、ジャロード旗北部の牧民にとっての優良な牧草地がホーリンゴル地域なのである。彼らの話によると、ホーリンゴル地域の牧草はもともと炭鉱鉱脈の上の土壌に生え、かつ雪や雨により水分も豊富であったためよく繁茂し、生産性が高い草原であったという。しかも、草の種類も豊富で、一握りの草に15〜20種の植物が含まれていたそうだ。さらに、フィールド調査中、この

地域の牧民は以下のようなことをよく口にしていた。「厳寒の冬を乗り越えて、痩せて弱くなった家畜たちは、ホーリンゴルの牧草地に移動すると、間もなく元気になる」。

すなわちジャロード旗北部の牧民にとってホーリンゴル地域が優良で不可欠な牧草地であったと言えよう。このことは、地域に伝わるホーリンゴルという地名にかかる言い伝えからも窺われる。

> 「チンギス・ハーンは大モンゴルを統一するため、日々戦争を行っていた。そしてある日、高い山の北側に流れる川にたどり着いた。川の周辺は草木が繁茂し、清らかな水が溢れる広い草原地帯であった。そこで、戦争に疲れ切っていた兵士や軍馬を休ませることにした。そうすると何日も経たないうちに軍馬たちは、見る見るうちに肥え太り元気になった。それを見てチンギス・ハーンはとても喜び、兵士や軍馬たちに水や草を提供してくれたこの川をホーリン川（糧なる川）と呼ぶことにした[8]」（筆者訳）

ジャロード旗北部の牧民は秋（9～10月）になってもそのまま夏営地に留まり、家畜を太らせることに努める。夏は家畜が肥え太っているといっても、それは「水太り」状態に過ぎず、そのままでいくと厳寒な冬を乗り切れない。そのため、栄養が豊富な草を家畜に食べさせるだけではなく「脂肪太り」に変えるためよく移動させる必要がある。移動のルートは特に決まっていないようだが、家畜は草の先端部分を好んで食べるので、そのような草を求めて放牧することが一般的である。草の先端部分には栄養分の多い種子があるため、家畜もそれを好んで食べる。

そして、10月に入ると冬営地に向けて移動を始める。これまで見てきたように、ジャロード旗北部の牧民は通常「ホーリンゴル地域を夏営地として利用している」という言い方をするが、実は一年のうち約8カ月間をホーリンゴルの牧草地で過ごしているのである。つまり、この地域のモンゴル牧民にとってそれだけホーリンゴル地域の草原は牧畜に不可欠の牧草地なのである。

さて、ジャロード旗北部地域の牧民は小規模の農業を営んでいることが表1と表2から分る。本来この地域のモンゴル人はナマク・タリヤ農耕[9]を行い、

作物としてはキビ（ウルチキビ）[10]、サガド（蕎麦）を栽培していた。聞き取り調査によると、中華人民共和国建国後、人民公社や大躍進運動などの農業を推進する政策の下、広大な草原が開墾され、徐々にトウモロコシ、アワなどの穀物も栽培するようになったという。しかしながら、ホーリンゴル地域にかぎって言えば1970年までにトウモロコシやアワなどの作物は広く普及することはなかった。なぜなら、ジャロード旗北部のように、近年まで農業を重視する政策が実行されていた地域で、最近3年続いた干ばつを経験して、それまでの農業化政策の誤りを認めて、牧畜優先に方向を転じたからである［吉田2007b: 294］。

　また、このジャロード旗北部地域全体において農業が定着していなかった。実は1976年や1980年、ジャロード旗全体で「農業生産大隊」から「牧業生産大隊」に転じた「生産大隊」が相当数存在していた[11]、というデータもある。さらに、この時期は農業から牧畜に転換を推奨する政策も採られていた。

　さて、ここまではジャロード旗北部の牧民が建国後、政府による度重なる農業化政策の荒波にさらされながらも、結局牧畜を堅持してきたことを述べてきた。それは牧畜がこの地域の自然環境に適合した生業形態であるからであった。しかし1980年以降、ホーリンゴル炭鉱の本格化により、ジャロード旗北部地域に大きな変化が押し寄せることになる。

第2節　炭鉱都市ホーリンゴル市の建設と地方政府の攻防

1　ジャロード旗政府による「牧区建設弁公室（準備室）」の設置と「防波堤村」の誕生

　1978年に行われた中国共産党第十一期中央委員会第三回全体会議により農村地域では経済改革が進められ、その後1982年に「請負制度」が導入された。請負制度とはある特定の資産を一定の期間占有、使用、収益する制度である。1970年代末からの経済改革によって出現し、所有関係に手を付けずに経営の個別化・自立化を促進するものであった。そのため、農村改革では、村の集団所有であった土地、その他自然資源を村民に分配することに活用されたのだ。それにより農牧民たちは積極的に生産力の向上を目指し、その結果農牧業は発展し、農牧民の所得も増加した。

　ジャロード旗においても同様の政策が導入され、農牧民の収入が年々増加

していった。1983年6月末、ジャロード旗の家畜頭数は86万6,735頭に達し、年間増加率は13.8％となった。ジャロード旗北部の4つの牧畜地域に限ってみると、家畜頭数は26万6,501頭になり、ジャロード旗における家畜頭数の30.7％を占めるようになった[12]。しかし、この数字は1981年のジャロード旗北部の家畜頭数27万3,663頭より7,000頭以上も少ない[13]。全国的に経済改革が実施され、経済効果が高かったと思われるにもかかわらず、なぜジャロード旗北部の家畜頭数は減少したのだろうか。その原因はほかでもなく、ホーリンゴル炭鉱開発の影響である。

そのホーリンゴル炭鉱の開発が本格的に行われたのは、1975年の周恩来総理の指示によるものである[14]。その結果、ホーリンゴル炭鉱はジャロード旗北部の広大な面積の牧草地を占有することになったが、モンゴル牧民たちには補償金などは一切支払われていなかった。その後も炭鉱による牧草地の占有はますます拡大化し、牧草地は次第に縮小していった。そのうえ、炭鉱に携わる労働者も増え続け、彼らの中には牧草地を開墾し、農業や野菜栽培を行う者まで現れるようになった。この結果、牧民との対立は一層激しくなったのである。ホーリンゴルの牧草地は数少ない優良な牧草地であり、モンゴル牧民が生活を営んでいくうえで欠くことのできない重要な場所である。ところが、その真ん中で炭鉱開発を行い始め、しかも都市まで建設する計画まで持ち上がった。このことは、モンゴル族を含む多くの人々の注目を集めるようになった。

その一例としてモンゴル族知識人の動向を紹介しよう。1980年に内モンゴル自治区政府所在地であるフフホト（呼和浩特）市において開催された内モンゴル自治区民族研究学会で、ホーリンゴル市の建設問題が取り上げられた。胡耀邦を中心に行われていた民族政策の見直しの影響もあり、少数民族知識人の多くがこの時期に比較的自由に議論できるようになっていた。本学会でも「四つの近代化」や民族の自主権問題が議論された。その中でチンダモニ（欽達木尼）はモンゴル族の特徴及び近代化問題を中心に議論を展開し、事例としてホーリンゴル市の建設問題を取り上げた。そこで彼はホーリンゴル地域の周辺はもともとモンゴル族が集中的に居住していた場所で、漢民族移民のものではない。したがって、モンゴル民族化した炭鉱都市の建設を行うべきだ、と主張した。それにより、民族工業、民族の都市が形成され、民族の経済や文化の発展にも

つながる、とも述べた⁽¹⁵⁾。

　チンダモニの発言は、漢族が中心となって行われているホーリンゴル炭鉱に対して危機感を抱いていたために行われたものだと言える。これまでは1976年にホーリンゴル炭鉱側の要請に応じ、ジリム盟が10名のモンゴル族幹部を炭鉱に派遣した程度しか、炭鉱とモンゴル族とのかかわりはなかった⁽¹⁶⁾。しかし、1980年代初頭、牧民による訴訟沙汰やチンダモニの発言に代表される学術界や世論の高まりから、ホーリンゴル炭鉱はジャロード旗北部のウランハダ・ソム、ゲルチル・ソム、バヤルトホショー鎮からそれぞれ50名、計150名のモンゴル族労働者を雇ったのだという⁽¹⁷⁾。

　ホーリンゴル炭鉱の開発問題は1980年の全国人民代表大会の小組討論会にも取り上げられた。ウランフの娘でジリム盟の副書記を務めた経歴を持つ雲曙碧は内モンゴル自治区の代表として討論会に出席し、国家石炭部によるホーリンゴル炭鉱開発の問題を取り上げた。雲曙碧はホーリンゴル炭鉱の開発により、牧民の80万頭の家畜が牧草地から追い出され、しかも炭鉱側は牧民たちには一切の断りもなく牧草地を占有して補償金もまったく出していないという事実を指摘した。さらに、炭鉱開発を行っている解放軍は開墾を行い、広大な面積の牧草地を破壊し、牧民の生活や牧畜業に甚大な影響を与えているとも述べている⁽¹⁸⁾。この内容は1980年9月5日の『人民日報』に載せられ、広く注目を集めた。

　ところが、雲曙碧に対する反論が、ホーリンゴル炭鉱所属の朱義先など6名によって『人民日報』（1980年10月9日）に掲載される。彼らは雲曙碧に反して、当該地域（ジャロード旗北部ウランハダ公社、ゲルチル公社、バヤルトホショー公社）の家畜の総頭数は80万頭に達していないと主張した。また、ホーリンゴル炭鉱を開発した以降、国家石炭部とホーリンゴル炭鉱区のいずれも80万頭の家畜を牧草地から追い出すような決定を下していない。さらにこの3つの公社に牧草地の補償金も出しており、牧民の家畜も依然として炭鉱の周辺に放牧されている。補償金は国家の規定どおり、1980年8月まで合計で160万元を出しており、徴用された牧草地面積は2万3,773ムーになる、と反駁した⁽¹⁹⁾。

　この『人民日報』紙上におけるホーリンゴル炭鉱に関する議論では、雲曙碧に対する批判はジャロード旗全体の家畜総頭数に関することが中心となってい

る。

　また、確かに牧民の家畜を牧草地から追い出す規定はなく、むしろ牧民の家畜は炭鉱周辺において放牧してもよいという規定があったようだ[20]。しかし、この規定は牧民の反発を抑えるための形式なるものに過ぎず、牧民の家畜を炭鉱周辺に放牧すると炭鉱に携わる人々によって追い出されてしまうというのが実情であった[21]。

　さらに、炭鉱業者によって徴用された牧草地面積は 2 万 3,773 ムーとされているが、実はそれを遥かに上回る広大な面積の牧草地が占有されていたのである[22]。つまり、ホーリンゴル炭鉱に所属する朱義先など 6 名による記事は国家石炭部のホーリンゴル炭鉱開発を正当化するために用いられた記事にほかならないと言えよう。

　では、ホーリンゴル炭鉱の徴用した牧草地面積は実際にはどのぐらいになるのだろうか。1982 年の「扎政発」[23]（1982）99 号文件では第 1 回のホーリンゴル炭鉱の占有した牧草地面積を 180 万ムーであると記している。その後ホーリンゴル炭鉱の占有面積がさらに増え、「扎政発」（1984）258 号文件によると 1984 年まで炭鉱の占有牧草地面積が 209.4 万ムー以上になった、という。つまり、この 2 年間で炭鉱側の占有牧草地面積が 30 万ムー弱も増えている。しかも、その中に炭鉱区や地方弁公室の関係者個人によって開墾した 3,000 ムー余りの牧草地は含まれていない。また、その中のゴルバンノール（三泡子）と呼ばれる地域より南の計 33.6 万ムー牧草地を第三鉱区としていたがしばらく開発を行わないとされたものの、それ以外の牧草地には補償金を出すように求めている。このような事情があり、1984 年に再度 1982 年に占有された 180 万ムーの牧草地に補償金を出すよう国家煤炭工業部（石炭工業省）に請求している[24]。

　そこで、ホーリンゴルの牧草地は植物の種類が多く草の質量もよいため、1 ムー牧草地の 1 年間の平均生産量を 500 斤（250kg）とすることを、ジャロード旗政府は例年の資料に基づいて決めた。そして、1 斤（0.5kg）牧草の有効性を 4％にて計算し、それに基づき 1 ムー牧草地の 1 年間の平均生産額を 20 元と定めた。

　当時の牧草地補償金の算出方法は「内政発」[25]（1984）65 号文件に示した「内モンゴル自治区国家建設徴用土地実施方法」の第 5 条の第 1 項の「徴用された 1 ムー牧草地の補償基準は当該地域の 1 ムー牧草地の年間平均生産額の 5 倍と

する」規定によるものだ。このように計算すると、1ムー当たり牧草地の補償金は100元になる。それを1982年にホーリンゴル炭鉱が徴用した180万ムー規模の牧草地で計算すると補償金は1億8,000万元となる。さらに、その「内政発」(1984) 65号文件に示した「内モンゴル自治区国家建設徴用土地実施方法」の第6条の第2項に「1ムー牧草地を徴用する際、それに伴う移転費は当該地域の1ムー牧草地の年間平均生産額の3倍である」と定めている。この規定に基づき計算すると、1ムー当たり牧草地の移転費は60元で、これを1982年にホーリンゴル炭鉱が徴用した牧草地面積で考えると1億800万元になる。つまり、牧草地の補償金や移転費を合計すると2億8,800万元が必要となる[26]。

　以上のデータは、ジャロード旗政府が国家煤炭工業部に宛てた、ホーリンゴル鉱区が徴用した牧草地やその補償金に関する報告によるものである。つまり、ジャロード旗政府が国家石炭部に要求した、ホーリンゴル炭鉱やそれに携わっている人々に占有された牧草地に関する補償額であると想定できる。ところが実際、1978年以来国家煤炭工業部がジャロード旗政府に支給した牧草地補償金は1985年末までに1,020万元のみであり[27]、この額では必要とされた補償金総額2億8,800万元の30分の1程度に過ぎない。

　一方で1984年までホーリンゴル炭鉱が徴用した牧草地面積は、現在のホーリンゴル市の面積585平方キロ（87万7,500ムー）の2倍になっている。つまり、補償金問題は未解決のままであるにもかかわらず、ホーリンゴル炭鉱は牧草地の占有を拡大し続けたのだった。もちろん、モンゴル牧民に対する説明や話し合いなどは一切行われていない。

　さて、上述のように国家煤炭工業部は、牧草地の補償金をジャロード旗政府に十分に支給しないまま、「鉱区と牧区を同時に建設しよう。そうすれば一石二鳥である」（鉱区和牧区同時建設、両不誤）[28]というスローガンまで打ち出した。

　こうした中、ジャロード旗政府は、牧草地が縮小し牧畜業が衰退していく現実を前にして、ホーリンゴル炭鉱に対する独自の対策を検討し始めた。そのためジャロード旗政府は牧区建設領導小組（ワーキンググループ）を立ち上げ、牧草地の補償金の使い道について議論を行った。この議論を踏まえ、ジャロード旗政府幹部らは牧畜地域において、現地調査を進める傍ら牧民と座談会を開くなどをした。そして、ジャロード旗政府はホーリンゴル炭鉱開発による影響を

第 10 章　鉱山開発にあらがう「防波堤村」の誕生

最小限に抑えるため、行政再編を行うことにしたのだった。つまり、ジャロード旗北部の4つの牧畜地域の牧民が移動放牧を行っていた牧草地に「新居民点」（村）を新設することを決め、将来的に牧畜業生産基地を建設する計画まで立てたのである。これが本稿で言うところの「防波堤村」の始まりである。

「新居民点」は、4つの牧畜ソム・鎮において現在の村を基礎に幾つかの新村を増設して比較的に大きい村の牧民を移住させて建設されることが企図された。「新居民点」には、牧民の家や家畜小屋の建設と同時に「新居民点」を含めた4つの牧畜ソム・鎮の全体において学校と公共施設（商店、診療所など）、橋、家畜小屋、草入れ、家畜消毒施設、米加工場などが、重点的に建設されることとなった。

「新居民点」建設プロジェクトは最重要かつ長期にわたる事業として位置づけられた。またこのプロジェクトを進めるために、領導小組（ワーキンググループ）を中心に頻繁に議論が行われ、1982年頃に「牧区建設弁公室」（準備室）も設置された。「牧区建設弁公室」は主にホーリンゴル炭鉱からの補償金、そして「新居民点」建設の計画、予算運営などを担当した。「牧区建設弁務室」は「新居民点」建設プロジェクトが終了した1993年頃までに存在していたが、その後解体され牧畜局や農業局に統合された[29]。

この「新居民点」建設プロジェクトでは、まずバヤルトホショー鎮、ゲルチル・ソム、ウランハダ・ソムからそれぞれ1つの村を選定して、「新居民点」を建設することになった。同時にホーリンゴル炭鉱以南の牧草地を有効に利用・管理するため、それぞれの牧草地とホーリンゴル炭鉱の境界線付近に夏営地弁公室を建設して、牧草地の管理を行うことを決めた。つまり、先ず3つの新居民点を建設して、それをモデルケースとし、その後徐々に拡大化していく方針であった。そして、夏営地弁公室の建設が急がれたのは、ホーリンゴル炭鉱の開発に対するジャロード旗政府の強い警戒感の現れであり、炭鉱開発による更なる牧草地の占有を防ごうとした対抗措置にほかならない。

この頃すでに、ホーリンゴル炭鉱に広大な牧草地が徴用され、ジャロード旗北部4つのソム・鎮のモンゴル牧民はほとんど移動放牧ができなくなっていた。したがって、ゲルチル・ソムを除くジャロード旗北部のバヤルトホショー鎮、ウランハダ・ソム、バヤンボラガ・ソムの牧民は定住化せざるを得なくなった。

このような人口や家畜の集中による牧草地の負荷の高まりに対して、ジャロード旗政府は「新居民点」の数を増やし、牧草地の有効管理や牧畜業の回復に努めた。そして、新居民点における戸数に関しても 15 〜 20 戸を目安とし、最大でも 30 戸と制限されていた[30]。

　本来、遊牧民であったモンゴル人たちは、土地を所有するという観念を持たなかった。ところが彼らは、炭鉱都市の建設のために牧草地を奪われることで、土地所有観念を強く意識し始めたのである。そこで、彼らは敢えて鉱山の近くに「定住」することで、土地の囲い込みを始めたのだ。これは牧民たちが資源開発による牧草地の破壊と縮小を恐れた結果である。そして、「新居民点」の数を増やし形成された新たな行政区がアルクンドレン・ソムである。

2　アルクンドレン・ソムの形成

　ホーリンゴル炭鉱の開発が本格化し、1981 年には年間生産量が 300 万トン規模の南露天鉱が着工された。こうした中、ホーリンゴル炭鉱における行政の組織化も行われるようになり、1982 年にジリム盟（現通遼市）党委員会はホーリンゴル市を建設する準備組織として「霍林郭勒弁事処」（ホーリンゴル市建設準備室）を開設した。それに伴って、炭鉱労働者や炭鉱に携わる人々はますます増加していく。さらに、炭鉱開発以外にも野菜や農産物を栽培する人が現れ、彼らは牧草地を開墾し鉱山の占有面積を拡大化させていった。

　ホーリンゴル炭鉱の開発により、ジャロード旗北部 4 つの牧畜地域のかなりの牧草地が占有されることになった。その中にはゲルチル・ソム[31]の夏営地の大部分、バヤンボラガ・ソムの夏営地の全域、そしてバヤルトホショー鎮やウランハダ・ソムの夏営地のほぼ全域が含まれていた。

　このことにより、ゲルチル・ソムを除く 3 つの地域における牧畜業は完全に定住型と化した。その結果、1980 年代初頭まで四季の変化に合わせ、草の状況を意識しながら営んできた移動放牧は、ほとんど不可能になった。さらに牧民の定住化が進み、草原の砂漠化や牧草地の縮小により冬営地にある村に人口や家畜頭数が集中することとなった。ジャロード旗北部地域のモンゴル人の地域社会は、ホーリンゴル炭鉱の開発により大きく変容させられたのであった。

　このようなホーリンゴル炭鉱の拡大化や牧畜業の衰退への対策として、ジャ

ロード旗政府は1984年にアルクンドレン・ソムという行政区の建設を決めた。アルクンドレン・ソムの設置は、ジャロード旗政府が進める「新居民点」プロジェクトの重要な事業の1つである。アルクンドレン・ソムの設置と同時にソムの下に10の「新居民点」を設置し、ジャロード旗北部のバヤンボラガ・ソムを除く3つのソム・鎮の牧民を移住させた。

この10の「新居民点」は、4つの牧畜地域とホーリンゴル地域の間に配置された。そして、その3つのソム・鎮の村の中からホーリンゴル地域に牧草地を有し、人口や家畜頭数が比較的に多い村が、移住させる村に選ばれた。

表3は1984年にアルクンドレン・ソムに配置された各村の基本状況を示したものである。ここから分かるように、アルクンドレン・ソムの設立によって、バヤルトホショー鎮、ゲルチル・ソムとウランハダ・ソムなどから概ね218世帯の牧民が本来、彼らの夏営地であったホーリンゴル市周辺に移住して、10程度の村に分かれて定住生活を始めたのである（図4を参照）。定住先である各村に、ジャロード旗政府はホーリンゴル炭鉱からの補償金を使って、家屋や家畜小屋などを完備させたという。さらには、各村において小学校が造られた。

バヤルトホショー公社には、1981年の時点でエムネサラー（南薩拉）生産大隊とホイトサラー（北薩拉）生産大隊があったことが表2から分かる。ここで、2つの生産大隊の起源を説明したい。この2つの生産大隊が誕生する前に、サ

表3　アルクンドレン・ソムに配置された各村の基本状況（1984年）

村名	戸数	人口（人）	牧草地面積（ムー）	牛（頭）	馬（頭）	ヤギ（頭）	羊（頭）
ホイトサラー	20	82	300,000	401	89	636	1,703
サチラルト	19	108	140,000	476	80	562	2,073
エムネアチラント	26	146	130,000	868	127	1,400	2,029
バラゴンバヤンチャガン	20	133	160,000	408	74	920	1,035
ジェグンバヤンチャガン	20	116	150,000	734	140	1,449	3,228
アムゴラン	23	158	160,000	335	98	1,618	3,319
チャガンチロート	22	133	100,000	469	151	1,058	1,441
バヤンゴル	20	130	160,000	337	95	744	2,012
ゲルト	24	130	130,000	516	105	782	2,083
サルーラ	24	144	150,000	490	114	729	2,316
合計	218	1,280	1,580,000	5,034	1,073	9,898	21,239

出典：内蒙古自治区扎魯特旗档案館所蔵「阿日昆都楞・蘇木」全宗号（108）、目録号（1）、案巻号（8）、分類号（8）。

ラー生産大隊と呼ばれるものがあった。このサラー生産大隊に、1960年代の「三年災害」[32]の影響を受け、通遼市の南部にあるフレー（庫倫）旗から31戸のチャガーチン（モンゴル族移住民）が入ってきた、という。ところが、チャガーチンのほとんどが農耕民であった。そのため牧畜を行ってきた以前からのサラー生産大隊の構成員、つまりサラー村の人々と移民であるチャガーチンとの間に経済的利害対立が生じるようになった。また、チャガーチンたちの移住によって村の戸数が増え、村が膨らみ過ぎだと判断された。そこで1972年、サラー村の牧民は本来、移動放牧を行っていた牧草地に移動して別の生産大隊を形成したという。それがホイトサラー生産大隊である。そして、もともとのモンゴル族移住民が居住するサラー生産大隊がエムネサラー生産大隊と呼ばれることになった。

　さて、アルクンドレン・ソムの設置により、ホイトサラー生産大隊が解体され、ホイトサラー村とサチラルト村という2つの村に再編された（図5を参照）。ホイトサラー村に20世帯、サチラルト村に19世帯を移住させた。聞き取り調査によると、1980年代初頭、もともとの場所であるホイトサラー村の家畜頭数が年々増加し、ジャロード旗の中でも家畜頭数が比較的に多い村に数えられていたという。

　エムネアチラント（南阿西楞図）村は、もともとウランハダ・ソムのホンゴト（黄賀図）村の住民によってつくられた村である（図5を参照）。形成当時エムネアチラント村の人口は146人で、しかも相当数の家畜を有していたことが表3から分かる。また比較的に広大な牧草地を有するが、耕地面積が提示されていないことから農業を行っていなかった、と考えられる。

　バラゴン・バヤンチャガン（西巴音査干）村はバヤルトホショー鎮のトブシン（図布信）村から由来している（図5を参照）。トブシン村の戸数が95戸に達しており、牧民から見ればバラゴン・バヤンチャガン村を形成して一部の牧民を移住させる必要があった。そして、アルクンドレン・ソムの設立に伴い、20戸の牧民を牧草地に移住させた、それがバラゴン・バヤンチャガン村である。

　ジェグン・バヤンチャガン（東巴音査干）村はアルクンドレン・ソムの設立によって、ウランハダ・ソムのサイブル（賽布爾）村から本来の牧草地に移住して形成された。サイブル村は戸数があまり多くないが家畜頭数が比較的に多い

第10章　鉱山開発にあらがう「防波堤村」の誕生　225

図4　アルクンドレン・ソムの形成
注：A1はチャガンチロート（査干楚魯図）村、A2はゲレト（格日図）、A3はバラゴン・バヤンチャガン（西巴音査干）村、A4はサチラルト（薩其日垃）村、A5はホイトサラー（北薩垃）村、A6はバヤンゴル（巴彦郭勒）村、A7はアムゴラン（阿木古楞）村、A8はジェグン・バヤンチャガン（東巴音査干）村、A9はエムネアチラント（南阿西楞図）村、A10はサルーラ（薩茹垃）村である。

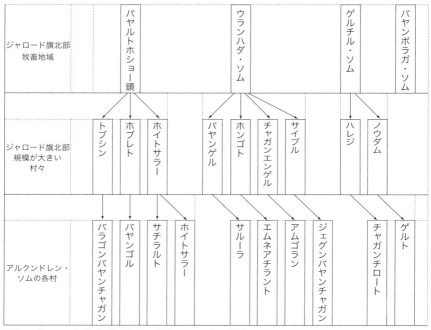

図5　ジャロード旗北部アルクンドレン・ソムの形成
出典：聞き取り調査に基づき筆者作成

ので移住の対象となった、と考えられる（表2を参照）。そして、20戸の牧民がジェグン・バヤンチャガン村に移住し、家畜頭数も比較的に多いことを表3から見て取れる。

　アムゴラン（阿木古楞）村は、もともとウランハダ・ソムのチャガンエンゲル（査干恩格爾）村の住民によってつくられた村である。チャガンエンゲル村は、ジャロード旗北部地域における各村の中で家畜頭数がトップであった（表2を参照）。そして、チャガンエンゲル村から1984年に23戸が牧草地に移住してアムゴラン村が形成された。このアムゴラン村は、ジャロード旗政府が実施した「新居民点」プロジェクトの最初の3つの拠点の1つであり、これをモデルケースとして「新居民点」を拡大化していったのであった。それを踏まえ、「新居民点」プロジェクトを行ううえで、移住させる村の選定は家畜頭数が多いことが、一つの条件になったといえるだろう。表3から分かるように、アムゴラン村の家

畜頭数も比較的に多い。

　チャガンチロート（査干楚魯図）村は、ゲルチル・ソムのハレジ（哈日吉）村の牧民が本来の牧草地に移住して形成された。ハレジ村の人口や家畜頭数は比較的に多い（表2を参照）。チャガンチロート村の戸数は22戸で人口は133人である。移住の原因について、ハレジ村で長年書記を務めた方が、次のように述べている。「ホーリンゴル炭鉱は、ハレジ村のホーリンゴル地域にあった6万ムー規模の優良な牧草地を占有してしまった。それによりハレジ村の牧草地が足りなくなり、そしてアルクンドレンの牧草地に22戸を移住させ、アルクンドレンにあった牧草地をチャガンチロート村に与えた」[33]。つまり、ホーリンゴル炭鉱の開発がチャガンチロート村形成の大きな要因になっているといえる。

　バヤンゴル（巴彦郭勒）村は、バヤルトホショー鎮ホブレト（浩布勒図）村から20戸、130人がその牧草地に移住して形成された。バヤンゴル村の住民の出身村であるホブレト村は、人口や家畜頭数がともに多いのである（表2を参照）。

　ゲルト（格日図）村は、ゲルチル・ソムのノウダム（敖都木）村から24戸の牧民が本来の牧草地に移住して形成された。ノウダム村の戸数は100戸を超えており、家畜頭数も多い（表2を参照）。

　サルーラ（薩茹拉）村は、ウランハダ・ソムのバヤンゲル（白音格爾）村の住民によってつくられた村である。アルクンドレン・ソムの設立によって、バヤンゲル村から24戸の144人がその牧草地に移住した。バヤンゲル村の人口や家畜頭数が多くはないが、アルクンドレン地域に牧草地を有していたと考えられる。

　以上述べてきたように、1984年、ジャロード旗北部地域にアルクンドレン・ソムが設置された。この新たなソムは、ジャロード旗北部の人口や家畜頭数が比較的に多い村の牧民を、本来の牧草地に移住させて新たに定住村を建設したことによって誕生したものだった。また移住する以前の村は、ホーリンゴル地域、そしてアルクンドレン地域に広大な牧草地を有しており、ホーリンゴル炭鉱に多くの牧草地を占有されている。アルクンドレン・ソムの形成は、牧草地の狭小化による牧畜業の衰退を防ぐだけでなく、牧草地の更なる占有を抑える措置でもある。

さて、1980年以前のホーリンゴル炭鉱と牧民の関係について、ゲルチル・ソムのハレジ村の書記が手書きで記した未出版の村の歴史の中には、次のように書かれている。

「1970年代から、国はホーリンゴル地域で石炭を掘り始めた。そしてそれに携わる人々が我が村の牧草地を占有してしまった。そのため、牧民は家畜を囲い込むようになり、これまでの放牧が行えないようになっている。そのうえ、炭鉱に関わる人々は家畜を追い払ったり、傷つけるなどをし、牧民との対立はますます激化している。この紛争をソム政府や旗政府は解決できずにいる。炭鉱労働者は日に日に増え、彼らが占有してしまう牧草地もますます拡大しており、これは双方の経済に打撃を与えかねない。このような状況は1980年まで続いている(34)」（筆者訳）

以上の資料からも1980年代初頭にジャロード旗北部のモンゴル牧民や炭鉱に携わる人々の間には差し迫った緊張状況が続いていたことが了解できよう。
　次に、ホーリンゴル市が行政都市として誕生する直前のジャロード旗北部の状況を文献資料から紹介したい。次の資料は、ウランハダ・ソムのホーリンゴル夏営地弁公室によるホーリンゴル炭鉱区、ウランハダ・ソム、ホルチン右翼中旗の辺境の状況及びそれに関わる業務に関する報告書である。

　我がソム党委員会とソム人民政府は今月10日に会議を開き、85年下半期の業務の分担などを中心に検討を行った。その結果、ソムの役人を2つの組に分けることになった。第一課（原文では「組」）はソム政府所在地に置くこととし、第二課はウリジ（烏力吉）、ジルヘ（珠日和）などの8人で、ホーリンゴルにあるウランハダ・ソムの夏営地弁公室に、勤務することになった。夏営地弁公室とは主に辺境や牧草地を保護し、牧畜業の調査などの業務を行う事務室である。
　ホーリンゴル夏営地に勤務する者たちは11日にホーリンゴルに着任した。すると、さっそく夏営地弁公室から東6〜8華里(35)離れた場所に一部の人々が駐屯しているとの情報を得た。そこで、我々は直ちに旗民政局

の局長とともに情況を調べるため、現場に赴いた。①

　調査の結果、彼らは自らを鉄道部十九工程公司の所属だと言い、ホルチン右翼中旗の旗長とホルチン右翼中旗のバラゴン・ジリム（西哲里木）の同意を得ており、ここがホルチン右翼中旗の放牧地帯であると認識しており、そのうえで開墾を行っている、と言うのだ。彼らの話を聞き、我々は強い怒りを感じずにはいられなかった。ホルチン右翼中旗の人々は、あまりにも我々を馬鹿にしている。彼らはすでに我々の多くの土地を横領し、さらなる侵入活動を行っている。そして荒唐無稽な理屈を用い、我々の土地における生産活動を他人に許可している。この場所は、我々が昔から放牧し、遊牧を行ってきた地域であることを、開墾活動を行っている者たちの責任者に対し、厳しく説明した。あなたたちがここで居住し、生産活動を行うことを我々の牧民たちは絶対許さない。牧民たちは、貴方たちが即刻撤退することを求めており、もしそうしていただけない場合は、我々の牧民たちはほかの対抗措置を取る、と思われる。今のところ、我々が牧民たちをなだめている。あなたたちがホルチン右翼中旗の出した許可を信じるならば、ただちにホルチン右翼中旗に行き、このような事情を述べるべきであろう。もしこの場所から退去しない場合、予想外の情況や問題が発生することも考えられるが、その際我々はまったく責任を負うことはできないと述べた。

　この事例以外に以下のようなことがあった。ジリム盟のホーリンゴル炭鉱区との間ではホーリンゴル川を境界とすることをすでに提起しており、それ以外の牧草地では開墾や野菜栽培、あるいは農業などを行ってはならないことになっている。しかし、ホーリンゴル地方弁公室や農牧林水利局は、ホーリンゴル川から南の牧草地もホーリンゴル炭鉱に属する、と主張する。ところが、林東やオーハン（敖漢）旗からの12人の者たちが、我々の夏営地弁公室から西北約2華里離れた牧草地において野菜栽培を行い始めた。彼らの土地は、300ムーもあり許可も得ているという。

　このような情報を得た我々は、直ちに彼らに状況を説明し、開墾を取りやめ、すでに開墾した牧草地には草を植えるように要求した。②ところが、彼らは許可書があると主張する。それも農牧林水利局の局長が許可したも

のを彼らは所有していた。我々は、ここは我々の牧草地であり、農牧林水利局が許可する権利がないことを説明し、3日内に撤退するよう求めた。しかし、彼らは我々の要求に耳を貸さず引き続き開墾を行い続けた。そのため、我々は3日目にあたる日に牧民を動員して、一台の車をチャーターし、彼らの農機具を全て没収するとともに家屋を壊すことにした。そのうえ、我々は誰一人として我々の牧草地を開墾しようとすることを許さず、もし開墾したものなら元通りにしてもらうために草を植えてもらうという旨を、彼らを通して農牧林水利局に伝えさせた。我々が行ったこのような方法は、牧民たちから支持を得た。そして、その後もこの牧草地は昔から我々のものであり、破壊することを絶対に許すことはできない。この牧草地は我が旗の牧畜業を成長させるうえでも不可欠な場所であり、我々はいかなる手段を用いてもここの牧草地を保護するということを、我々に断りなく牧草地で生産活動を行う人々に伝えることができた、といえる。

　しかしながら、我が旗の幹部たちの中にはあまり我々の行動を支持しない者もおり、それどころか林東などの牧草地を開墾しようとする者たちに便宜をはかるなどし、さらには我が夏営地弁公室の東北約150mのところに砂利採掘場の開設までも許可した。このようなことを、我々は理解することができない。我々はもし原住民以外のよそ者がこの地に一歩でも入ることを許せば、それが長期にわたることになり、彼らがこの地に根を下ろすことに繋がると考えている。そのため、我々は彼らが一歩でも足を踏み入れることを許してはならない。したがって、③現在の情況を上級機関に報告して彼らの決定を待つと同時に、彼らが我々に支持協力をしてくれることを期待している。現在、ホルチン右翼中旗は未だに拡張を続けており、我々はいつか彼らに対して一度大規模な反撃を行うつもりでいる。我々は決して外からの侵入や、内部の者によるほかの者たちへの生産活動の許可を許すことができない[36]。

ウランハダ・ソム　駐ホーリンゴル班
1985年5月18日（翻訳、下線：筆者）

　この資料からまずホーリンゴル夏営地弁公室の建設目的が、牧草地の保護や

管理及び牧草地への侵入者や生産活動を行う者たちの排除であったことが見て取れる。そして、この夏営地弁公室が建設されたこの時期、資料の中にあるようにジャロード旗北部地域では土地紛争が頻発していた。そして、ちょうどこの時期はホーリンゴル炭鉱が本格的に稼働し始める時期でもある。ホーリンゴル炭鉱において、土地紛争が頻繁に起こっていたことが上記の資料から了解できよう。

　上記資料の下線部には、ホーリンゴル炭鉱の開発による鉄道建設関係者も登場する。ウランハダ・ソムとホーリンゴル炭鉱区の土地紛争は、炭鉱関係者による牧草地の農業利用や野菜の栽培などだけではなく、炭鉱の大規模化がその背景にあることを示す資料である。そして下線部②にあるように、これらの「牧草地侵入者」たちはいずれもどこかの機関などから許可を得て、ホーリンゴル牧草地に入植している点にも注意したい。つまり、ジャロード旗の役人たちとは異なる公的立場の者が、炭鉱開発の拡大や牧草地の占有を後押ししているのである。そして、この公的立場の者がより権力を持つ者の場合、いくら現地の牧民の支持を得ていても、旗の役人たちにはどうすることもできないことだろう。下線部③にあるように、資料では、最終的には上級機関への陳情を行い、解決をはかろうとしている。

　また、ジャロード旗の幹部の中にもホーリンゴル炭鉱と癒着している者の存在が指摘され、批判されている点も興味深い。1980年代には旗政府内にこのようないわゆる「腐敗幹部」の存在がこの資料から確認できるのである。

　すでに述べてきたように、ジャロード旗政府は牧草地を守り、牧畜業の衰退を防ぐために夏営地弁公室の建設やアルクンドレン・ソムを新たに設置した。その後、1985年にさらにホーリンゴル・ソムを設置して、多くの人々を移住させることになる。その背景として以上のような土地紛争があったからである。

3　ホーリンゴル・ソムの形成

　ホーリンゴル炭鉱の開発により、炭鉱都市ホーリンゴル市が1985年に設立される。また時を同じくして、ジャロード旗北部地域に同年、ホーリンゴル・ソムという行政単位が新たに設立された。すなわち、この地域には「ホーリンゴル市」と「ホーリンゴル・ソム」という同名の行政単位が誕生することになっ

たのである。漢民族移民によって築かれた炭鉱都市「ホーリンゴル市」の隣に、ジャロード旗政府は敢えて同じ名前の「ホーリンゴル・ソム」を設立したことは、大変象徴的な出来事であると言えよう。

表4はホーリンゴル・ソム各村の基本状況を示したものである。表4に示したように9つの村がホーリンゴル・ソムに配置された。それにより、ジャロード旗北部のバヤルトホショー鎮、ゲルチル・ソムとウランハダ・ソムやジャロード旗南部のバヤンマンハ・ソム（巴彦芒哈・蘇木）、ウレジムレン・ソム（烏力吉木仁・蘇木）などから300戸を超える世帯の人々が、ホーリンゴル地域に移住して、9つの定住村が設置された（図6を参照）。そして、それらの村がジャロード旗ホーリンゴル・ソムを形成することになった。

ホーリンゴル・ソムの設置により、バヤルトホショー鎮のホイトサラー生産大隊が解体され、7戸の牧民が本来の夏営地であったホーリンゴル地域に移住して、メンギルト（明格爾図）村を形成した（図7を参照）。移住の牧民世帯が7戸というのは、ジャロード旗政府の「新居民点」プロジェクトの規準15〜20戸を遥かに下回るもので、牧民がホーリンゴル地域に移住して完全に定住することに抵抗があったのかもしれない。ちなみに、ホーリンゴル・ソムの政府所在地であったメンギルト・ガチャー（明格爾図・嘎査）は、ちょうどホーリンゴル市とジャロード旗の境界に位置し、ホーリンゴル南露天鉱と隣接している。

ハラガート（哈拉嘎図）村は、ゲルチル・ソムのハダンアイル（哈達艾里）村から15戸の牧民がその牧草地に移住して形成された。ハダンアイルの家畜頭

表4　ホーリンゴル・ソムの各村の基本状況

村名	戸数	人口（人）	牧草地面積（ムー）	家畜頭数（頭）
メンギルト	7	31	130,000	1,853
ハラガート	15	?	?	?
ウンドルデンジ	10	54	100,000	714
ナランボラガ	20	85	120,000	1,708
バヤンオボート	12	71	150,000	2,375
ハリソタイ	15	?	?	?
ウレムジ	57	291	150,000	183
ホイトアチラント	70	374	250,000	-
ハラニール	98	521	140,000	179
合計	304	1,427	1,040,000	7,012

出典：内蒙古自治区地名委員会編（1990）などと聞き取り調査により筆者作成。

第10章　鉱山開発にあらがう「防波堤村」の誕生　　233

図6　ホーリンゴル・ソムの形成（1985年）
注：B1はハラガート（哈垃嘎図）村、B2はメンギルト（明格爾図）村、B3はウンドルデンジ（温都爾登吉）村、B4はナランボラガ（那仁宝力皋）村、BNはボヤンオボート（巴音敖包図）村、B5はハイリソタイ（海勒斯台）村、B6はウレムジ（烏力木吉）村、B7はハラニール（哈日奴垃）村、B8はホイトアチラント（玄太阿斯冷）村である。

数があまり多くないが、戸数は比較的に多い。また、この村はホーリンゴル地域に牧草地を有していた。

ウンドルデンジ（温都爾登吉）村は、バヤルトホショー鎮のウンドルハダ（温都爾哈達）村の10戸の牧民が本来の牧草地に移住して形成された。ウンドルハダ村の人々が移住した1980年代中頃、現在のウンドルデンジ村の範囲を含め、広大な面積の牧草地が炭鉱に携わる人々の農地であったという。つまり、何の断りもなく牧草地に入ってきた炭鉱に携わる人々を追い出し、ウンドルデンジ村を建設したことになる。これは牧草地を確保する上で有効な対策でもあった。

ナランボラガ（那仁宝力皋）村は、バヤルトホショー鎮管轄下のドルベレジ（都日布力吉）村の牧民がホーリンゴル地域に移住して形成された。ナランボラガ村の住民の出身村であるドルベレジ村の戸数は100戸を超えており、家畜頭数も比較的に多い（表2を参照）。そして、ドルベレジ村の20戸の牧民がその牧草地に移住して定住生活を送るようになったことを表4から分かる。それがナランボラガ村である。

バヤンオボート（巴音敖包図）村は、ウランハダ・ソムのチャガンエンゲル村の住民によってつくられた村である。チャガンエンゲル村はジャロード旗北部地域における各村の中に家畜頭数でトップにある（表2を参照）。チャガンエンゲル村から1986年に12戸が牧草地に移住してバヤンオボート村を形成した。

ハリソタイ（海勒斯台）村は、ホーリンゴル・ソムの設立によって、ウランハダ・ソムのサイブル村から本来の牧草地に移住して形成された。サイブル村は、戸数があまり多くないが家畜頭数が比較的に多いので移住の対象となったことが考えられる（表2を参照）。そして、15戸の牧民がハリソタイ村に移住して定住生活を送るようになった。

ジャロード旗東南部に位置するバヤンマンハ・ソムから1983年に57戸のモンゴル族がホーリンゴル地域に移住した。そして、1985年にホーリンゴル・ソムの所属となり、ウレムジ（烏力木吉）村を形成した。バヤンマンハ地域は、毎年のように干ばつが起こり、農作物の栽培がほとんど行うことができないため、ジャロード旗政府によってホーリンゴル地域に移住させてもらった、という。しかし、ホーリンゴル地域では土地紛争が激しく、安定した生活はできなかったそうだ。あるいは、ジャロード旗政府によって土地を守るために移住さ

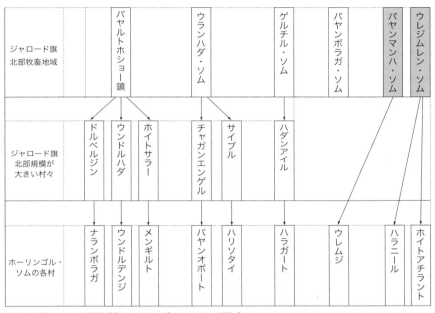

図7　ジャロード旗北部ホーリンゴル・ソムの形成
出典：聞き取り調査に基づき筆者作成

せたとも言われている[37]。

　ホイトアチラント（亥太阿斯冷）村とハラニール（哈日奴拉）村は、ジャロード旗南部のウレジムレン・ソム所属の立新村の人々を移住させて形成された。1985年7月に日々降り続いた大雨で、ウレジムレン河の水が溢れ出し、8月1日に立新村を襲い村は水に浸しとなった。そのため、全村の住民が避難生活を送らざるを得なくなった。こうした中、ジャロード旗政府は村人をホーリンゴル地域に移住させ、ホイトアチラントとハラニールという2つの村に分けて居住させることにした[38]。それにより、表4に示したように両村合わせて168戸で895人（ただしすべて漢族）がホーリンゴル地域に移住して生活を送るようになった[39]。そのため、ジャロード旗政府は北部の牧畜ソム・鎮の39万ムー牧草地を両村に与えた。

　聞き取り調査によると、ジャロード旗政府は立新村の人々をホーリンゴル炭鉱に野菜を植えて提供する名目でホーリンゴル地域に移住させたのだという。

そのため、ここは開墾によって農業が行われている。ただし、ホイトアチラント村とハラニール村の設置の本当の目的は、地元の人々によるとジャロード旗と隣接する興安盟ホルチン右翼中旗との土地紛争に対する対策であったともいわれている。つまり、両旗の間では従来から土地紛争が頻繁に起こっていた。ところが、ホーリンゴル炭鉱の開発により広大な地域が占有され、旗の住民たちが使用できる土地が限られるようになってしまった。このことにより、両旗の土地紛争がさらに激しくなった。そして、その対策として、漢族が暮らす2つの村が形成されることになった。

以上みてきたように、ジャロード旗政府はジャロード旗の複数の地域から多くの人々を移住させてホーリンゴル・ソムをなんとか形成したのだった。アルクンドレン・ソムとホーリンゴル・ソムの形成は、その移住する以前の村や規模など多くの面で異なる点が多い。アルクンドレン・ソムの設置は、ホーリンゴル炭鉱の開発に広大な牧草地が占有されたため、牧畜業を成長させると同時に牧草地を守るための措置であった。それに対して、ホーリンゴル・ソムの形成は完全に境界を固めることで鉱山の膨張を食い止めて牧草地を守るための措置であった。その理由として以下のようないくつかの点を挙げることができる。

まず、ホーリンゴル・ソムに属する各村の位置からも、本ソムの設置目的は牧草地の保護であると推測できる（図6を参照）。ホーリンゴル・ソムの各村は、ホーリンゴル市とジャロード旗、そして興安盟ホルチン右翼中旗とジャロード旗の境界線に近いところに位置している。ジャロード旗政府がホーリンゴル炭鉱から牧草地を守るために取った最初の対策は夏営地弁公室の設置である。しかし、夏営地弁公室の設置は牧草地を守るには大きな役割を果たせなかった。その次に、ジャロード旗政府はジャロード旗北部地域の牧民を本来の牧草地に移住させて10個の村を設置し、アルクンドレン・ソムを形成させた。アルクンドレン・ソムは、ハンオーラ山を中心とした山々の南側に位置しており、牧民からみると定住して牧畜を営む限界地域にまで移住した。だが、ますます増え続けるホーリンゴル炭鉱に携わる人々による牧草地の占有を抑えることはできなかった。そこで新たな対策として、ジャロード旗政府は多くの人々を移住させることで、押し寄せていた人々を境界線の外に押し戻し、境界線付近に9つの村を形成させ、誕生したのがホーリンゴル・ソムである。

前述したように、ホーリンゴル・ソムの地理的自然環境は牧民から見ると定住して牧畜を営むことができるような地域ではない。この場所は、大興安嶺山脈の中腹、ハンオーラ山を中心とした山々の北側に位置し、ジャロード旗北部のバヤルトホショー鎮、ゲルチル・ソムとウランハダ・ソムやアルクンドレン・ソムなどよりも一段と高い地域である。このような地形によりホーリンゴル地域は、冬は寒くて長く雪が多い気候である。このため、牧民たちはホーリンゴル地域を長年夏営地として利用してきたが、冬をホーリンゴル地域に過ごすことはほとんどなかったという。ホーリンゴル・ソムのメンギルト村に最初に移住してきたという79歳の老人は、ホーリンゴル地域に移住したことで関節痛などの病にわずらったと不満を口にし、仕方なく移住したという表情をあらわにしていた。以上を踏まえるとホーリンゴル・ソムを設置して、牧畜業の成長をはかるなどは到底考えられない。ホーリンゴル・ソムの設置の目的はほかでもない、辺境防衛のためであったとしか考えられない理由が、ここにある。

　ただし、すべてジャロード旗政府の予定通りに、事が進んだわけではなかった。2011年の夏に行った現地調査によると、ホーリンゴル・ソムの設置は1985年であるが、村人の移住はその2年後まで延びていたという。さらに村に移住する予定者は15戸であったが、実際移住した世帯は15戸を下回っていたそうだ。モンゴル牧民たちは、ホーリンゴル地域に移住して生活を送ることに抵抗があったことがわかる。

おわりに

　本稿では、内モンゴルのホーリンゴル炭鉱周辺地域において、膨張を続ける鉱山敷地に対して、旗政府が鉱山の境界に「防波堤」のように定住村を築くことで牧畜という生業を守ろうとしてきた過程を検証してきた。ここでその過程を要約することで結論としたいと思う。

　内モンゴル自治政府成立後、ジャロード旗北部地域は牧畜地域であったため、比較的緩やかな土地改革が行われた。その後、「互助組」と「合作社」、そして「高級合作社」などが次々と設立され、政府による農業化政策が推し進められた。しかし、このような度重なる農業化政策の荒波にさらされたにもかかわら

ず、ジャロード旗北部地域は牧畜を堅持した。その背景には、この地域の自然環境が牧畜業に適した土地であったからだという理由がある。そのため、ジャロード旗北部地域の牧民は冬に生産大隊の中心が置かれている冬営地に定住しながらも、春から秋にかけて家畜を移動させて飼育する牧畜業を営むことができた。その移動放牧を支えたのが、ホーリンゴル地域の広大で優良な牧草地であった。ところがこのような移動放牧はしばらくすると、徐々に行うことができなくなっていく。その原因は、1970年代から採掘が始まったホーリンゴル炭鉱による牧草地の占有である。牧草地が狭められた結果、ジャロード旗北部にある4つのソム・鎮のうち、ゲルチル・ソムを除く3つの地域は定住化せざるを得なくなった。ホーリンゴル炭鉱の開発によって、この地域のモンゴル牧民の生活は大きな変容を迫られたのだ。そして、その後ホーリンゴル炭鉱の開発が本格化されると、炭鉱に携わる人は増え続け、占有する牧草地も日々拡大していった。

　このような状況下で、ジャロード旗政府はモンゴル牧民たちの牧草地を守り、牧畜業を発展させる目的で行動を起こした。それが地方行政単位の再編であった。ジャロード旗政府はホーリンゴル炭鉱から牧草地を守るために行った最初の対策は、夏営地弁公室の設置である。しかし、夏営地弁公室の設置は牧草地を守るために大きな役割を果たせなかった。そこで、ジャロード旗政府はジャロード旗北部地域の牧民を本来の牧草地に移住させて10個の村を設立し、アルクンドレン・ソムをつくった。アルクンドレン・ソムは、ハンオーラ山を中心とした山々の南側に位置しており、牧民から見ると定住して牧畜を営む限界地域に移住させられたと言えよう。だが、この対策をもってもますます増え続けるホーリンゴル炭鉱関係者による牧草地の占有を抑えることができなかった。そこでジャロード旗政府が次に行ったことは、旗の境界付近に多くの人々を移住させることで、押し寄せていた人々を境界線の外に押し戻し、「防波堤」のように9つの村を建設することだった。これがホーリンゴル・ソムの定住村である。

　中国の少数民族地域における地下資源開発は、当該地域の住民の生活や文化を無視して行われていることが多い。そのため、当該地域の人々は資源開発側に対して対抗措置を取らなければならない。それが、内モンゴルのホーリンゴ

ル地域ではホーリンゴル炭鉱開発に対する対抗措置として、ジャロード旗政府による行政再編という形で現れたといえよう。こうした地方政府による地下資源開発に対する「抵抗」手段として建設された「防波堤村」が今後どうなっていくのか、注意深く見守る必要があるだろう。

註
(1) ウランフ（1906～1988）はモンゴル族出身の中華人民共和国の政治家、軍人。中国語名は雲沢。内モンゴル自治区において党政軍の最高職を兼ね、中央において国務院副総理、国家副主席を歴任した。
(2) 扎魯特旗志編纂委員会編（2010）3～6頁。
(3) 扎魯特旗志編纂委員会編（2010）124頁。
(4) 扎魯特旗志編纂委員会編（2010）672頁。
(5) 松遼平原は中国東北部、大興安嶺と長白山の間に位置する中国最大級の平原である。その範囲に吉林省、遼寧省、黒竜江省や内モンゴル自治区の一部が含まれており、面積が35万平方キロメートルに達している。松遼平原は遼河、松花江と嫩江の堆積によって出来た平原だ。
(6) ハンオーラ山の「ハンオーラ（qan aγula）」はモンゴル語であり、漢語で罕山と表記する。モンゴル地域ではその地域の一番高い山をハンオーラと称する。
(7) 扎魯特旗志編纂委員会編（2001）28頁。
(8) Bou·nasun (1993) 425～426頁。
(9) 遊牧と乾燥した気候の存在を前提にして、モンゴル牧民が行われてきた農耕のことであり、遊牧の防げにならないようにするために、手間と時間を極力省いた耕法である。漢語で漫撒子という。吉田順一（2007b）277頁。
(10) 粘り気のないキビの一種で、遊牧民のモンゴル人が栽培していた作物である。モンゴル語でモンゴルまたはモンゴル・アムと言う。稷、黍、糜などと漢訳されている。吉田順一（2007b）283頁。
(11) 内蒙古自治区扎魯特旗档案館所蔵「牧区建設弁公室」138（1985年1月～1985年11月）。
(12) 内蒙古自治区扎魯特旗档案館所蔵「牧区建設弁公室」139（1983年2月～1983年11月）1頁。
(13) 内蒙古自治区扎魯特旗档案館所蔵「牧区建設弁公室」138（1985年1月～1985年11月）。
(14) 霍林郭勒市志編纂委員会事務室（1996）449頁。
(15) 内蒙古自治区民族研究学会編（1980）41～42頁。
(16) 霍林郭勒市志編纂委員会事務室（1996）15頁。
(17) 筆者がジャロード旗北部地域に行った聞き取り調査によるものである。
(18) 『人民日報』1980年9月5日。
(19) 『人民日報』1980年10月9日。
(20) 聞き取り調査では規定があったと聞いたが手に入れることができなかった。しかし、その後の「ホーリンゴル市の設立に関する通知」の中にもそのような規定がはっきりと書かれている（霍林郭勒市志編纂委員会編（1996）452～453頁）。
(21) ジャロード旗北部地域で行われた聞き取り調査によるものである。
(22) 内蒙古自治区扎魯特旗档案館所蔵「牧区建設弁公室」104（1982～1985年）1～2頁。

(23) ジャロード旗政府が発行した「文件」を指している。
(24) 内蒙古自治区扎魯特旗档案館所蔵「牧区建設弁公室」104(1982～1985年)1～2頁。
(25) 内モンゴル自治区政府が発行した「文件」を指している。
(26) 内蒙古自治区扎魯特旗档案館所蔵「牧区建設弁公室」104(1982～1985年)2～3頁。
(27) 内蒙古自治区扎魯特旗档案館所蔵「牧区建設弁公室」55(1985年1月～1985年12月)。
(28) 内蒙古自治区扎魯特旗档案館所蔵「牧区建設弁公室」139(1983年2月～1983年11月)1頁。
(29) 扎魯特旗志編纂委員会(2001)147頁と筆者が現地で行われた聞き取り調査によるものである。
(30) 内蒙古自治区扎魯特旗档案館所蔵「牧区建設弁公室」138(1982年2月～1985年11月)2頁。
(31) ゲルチル・ソムはホーリンゴル炭鉱に多くの牧草地が徴用されたが、現在のホーリンゴル市の西部にある一部の牧草地が占有されなかった。そのため、ゲルチル・ソムには現在も移動放牧を行っている村が存在している。
(32) 1959年から1961年に大躍進運動及び工業を重視し、農業を軽視する一連の経済政策の誤りにより全国的に食糧不足に陥り、結果的に多くの餓死者を出した3年間を指す。
(33) Dobdonjamusu "qaraji ail-un teüke", γar biqimel, 28頁。
(34) Dobdonjamusu "qaraji ail-un teüke", γar biqimel, 38頁。
(35) 1華里は0.5キロメートルに相当する。
(36) 内蒙古自治区扎魯特旗档案館所蔵「烏蘭哈達・蘇木」全宗号(109)、目録号(1)、案巻号(18)、帰档号(10)。
(37) 筆者が村人やジャロード旗北部地域で行った聞き取り調査によるものである。
(38) 扎魯特旗志編纂委員会編(2001)42頁と筆者が現地で行われた聞き取り調査によるものである。
(39) 内蒙古自治区扎魯特旗档案館所蔵「霍林郭勒・蘇木」の档案資料を参照。

参考文献

[日本語文献]
愛知大学現代中国学会編 2004『中国21　内モンゴルはいま——民族区域自治の素顔』風媒社。
愛知大学現代中国学会編 2011『中国21　国家・開発・民族』東方書店。
加々美光行 2008『中国の民族問題——危機の本質』岩波書店。
小島麗逸 2011「資源開発と少数民族地区」愛知大学現代中国学会編『中国21　国家・開発・民族』Vol34、東方書店。
小長谷有紀 2003「中国内蒙古自治区におけるモンゴル族の季節移動の変遷」塚田誠之編『民族の移動と文化の動態——中国周縁地域の歴史と現在』風響社。
後藤富男 1968『内陸アジア遊牧民社会の研究』吉川弘文館。
島村一平 2011『増殖するシャーマン——モンゴル・ブリヤートのシャーマニズムとエスニシティ』春風社。
張承志著、梅村坦編訳 1990『モンゴル大草原遊牧誌——内蒙古自治区で暮らした四年』(朝日選書301) 朝日新聞社。
白福英 2013「内モンゴル牧畜社会の資源開発への対応をめぐって——西ウジュムチン旗

Sガシャーの事例から」『総研大文化科学研究』第九号、綜合研究大学院大学文化科学研究科.
星野昌裕 2011「民族区域自治制度からみる国家・民族関係の現状と課題」愛知大学現代中国学会編『中国 21　国家・開発・民族』Vol.34、東方書店.
包宝柱 2012「中国の生産建設兵団と内モンゴルにおける資源開発――内モンゴル新興都市ホーリンゴル市の建設過程を通して」『人間文化』30 号、滋賀県立大学人間文化学部研究報告.
包宝柱、ウリジトンラガ、木下光弘 2013「モンゴル国における地下資源開発の調査報告――中国の少数民族として生きるモンゴル人から隣国モンゴル国をみる」『人間文化』33 号、滋賀県立大学人間文化学部研究報告.
ボルジギン・ブレンサイン 2003『近現代におけるモンゴル人農耕村落社会の形成』風間書房.
ボルジギン・ブレンサイン 2011「アルタン・オナガー（黄金の仔馬）は何処へ飛んでいったのか――資源開発と少数民族の生存について」『中国の環境問題と日中民間協力』第 5 回 SGRA チャイナ・フォーラム、関口グローバル研究会（SGRA）.
楊海英 2011「西部大開発と文化的ジェノサイド」愛知大学現代中国学会編『中国 21――国家・開発・民族』Vol.34、東方書店.
吉田順一 2007a「近現代内モンゴル東部とその地域文化」モンゴル研究所編『近現代内モンゴル東部の変容』雄山閣.
吉田順一 2007b「内モンゴル東部における伝統農耕と漢式農耕の受容」モンゴル研究所編『近現代内モンゴル東部の変容』雄山閣.
吉田順一 2007c「内モンゴル東部地域の経済構造」岡洋樹編『モンゴルの環境と変容する社会』東北アジア研究センター叢書第 27 号、東北大学東北アジア研究センター・モンゴル研究成果報告 II.

[中国語文献]
阿拉坦宝力格 2011「民族地区資源開発中的文化参与――対内蒙古自治区正藍旗的発展戦略思考」『原生態民族文化学刊』第三巻、第一期.
包路芳 2006『社会変遷与文化調適――遊牧鄂温克社会調査研究』中央民族大学出版社.
「当代中国的内蒙古」編纂委員会編 1992『当代中国的内蒙古』当代中国出版社.
霍林郭勒市史志編纂委員会編 1995「地理・煤田巻」『霍林郭勒市志』（評議稿）.
霍林郭勒市志編纂委員会編 1996『霍林郭勒市志（〜 1995）』内蒙古人民出版社.
霍林河鉱区志編纂委員会編 2003『霍林河鉱区志（1991 〜 2000）』瀋陽彩豪柯式彩印有限公司.
霍林郭勒市志編纂委員会編 2008『霍林郭勒市志（1994 〜 2006）』内蒙古文化出版社.
霍林郭勒市統計局編 2006『霍林郭勒市統計資料匯編』（1985 〜 2004）.
霍林郭勒市統計局編 2008『霍林郭勒市統計年鑑』（2007）河南省済源市北海資料印刷廠.
内蒙古自治区民族研究学会編 1980『論文選集』内蒙古民族研究学会第一回年会.
内蒙古自治区地名委員会編 1990『内蒙古自治区地名志』（哲里木盟分冊）.
内蒙古自治区統計局編 2007『内蒙古統計年鑑 2007』中国統計出版社.
潘乃谷、馬戎 1994「内蒙古半農半牧区的社会、経済発展：府村調査」『中国邊遠地区開発研究』牛津大学出版社.
斯平主編 1986『開発辺区与三力支辺――開発内蒙古与三力支辺調査報告和論文選集』内蒙古人民出版社.
楊聖敏主編 2009『三不両利与穏寬長』（文献与史料）第 56 輯、内蒙古自治区政治協商文

史資料委員会。
扎魯特旗文史資料委員会編 1988『扎魯特文史』第一輯、扎魯特旗印刷廠。
扎魯特旗志編纂委員会編 2001『扎魯特旗志』(～ 1987) 方志出版社。
扎魯特旗志編纂委員会編 2010『扎魯特旗志』(1987 ～ 2009) 内蒙古文化出版社。
扎魯特旗統計局編 1947 ～ 2007『扎魯特旗統計年鑑』。
政協霍林郭勒市委員会編 1999『文史資料』特輯、霍林郭勒市民族印刷廠。
政協霍林郭勒市委員会編 2001『霍林郭勒市文史資料』第二輯、霍林郭勒市民族印刷廠。
政協霍林郭勒市委員会編 2003『霍林郭勒市文史資料』第三輯、霍林郭勒市民族印刷廠。
政協霍林郭勒市委員会編 2007『霍林郭文史資料』第四輯、通遼市世紀印刷中心。
政協扎魯特旗委員会編 2006『扎魯特文史』第二輯、藍天複印社。
内蒙古自治区扎魯特旗档案館所蔵「牧区建設弁公室」。
内蒙古自治区扎魯特旗档案館所蔵「阿日昆都楞・蘇木」。
内蒙古自治区扎魯特旗档案館所蔵「霍林郭勒・蘇木」。
内蒙古自治区扎魯特旗档案館所蔵「烏蘭哈達・蘇木」。
内蒙古自治区扎魯特旗档案館所蔵「格日朝魯・蘇木」。
内蒙古自治区扎魯特旗档案館所蔵「巴雅爾図胡碩鎮」。
『人民日報』1980 年 9 月 5 日。
『人民日報』1980 年 10 月 9 日。

[モンゴル文文献と欧文文献]
Bou·nasun 1993 "jirim-ün ɣajar-un ner-e-yin domuɣ" öbür mongɣul-un suyul-un keblel-ün qoriy-a.
Baljinima nar 2007 "jaruud-un neretü kümüs" öbür mongɣul-un suyul-un keblel-ün qoriy-a.
Bürintegüs 1997 "mongɣul jang üile-yin nebterkei toli-aju aqui-yin bodi" öbür mongɣul-un sinjileküü uqaɣan tegnig mergejil-ün keblel-ün qoriy-a.
Ґa·sirebjamsu 2006 "ɣa·sirebjamsu-yin jokiyal-un sungɣumal".
Dobdonjamsu "qaraji ail-un teüke" ɣar biqimel.
Dumdadu ulus-un ulus törü-yin jüblelgen-ü jirim aimaɣ-un gesigüd-ün kural 1987 "jirim aimaɣ-un suyul teüke-yin materiyal" jirim aimaɣ-un jasaɣ-yin ordon-u keblekü üiledbüri.
Jaɣar/bayar nar 2001 "mongɣul negüdel suyul-un teüken mürdel" öbür mongɣul-un surɣal kümüjil-ün keblel-ün qoriy-a.
Bulag, Uradyn「 E. 2010 *Collaborative Nationalism: The Politics of Friendship on China's Mongolian Frontier*. pp167~198.

第 11 章

誰のために何を守るのか？

――中国の環境保護政策と青海省チベット族

デンチョクジャプ

はじめに

　本論は、中国西北部の、チベット族の居住地である青海省黄南蔵族自治州の農村地域における、「退耕還林・還草」政策の実施に伴う経済的、社会的な変化を分析しようとする試みである。

　調査対象であるアムドのレプコン（青海省黄南蔵族自治州同仁県）は純遊牧民が少なく、家畜の多頭飼育を伴う混合農業が多い地方である。この地域は、元朝期から始まる政教一致の「レプコン 12 部族のナンソ政権」が支配してきた。1949 年の革命に続いて、共産党政権による 1952 年からの互助組化、1958 年からの人民公社制、1983 年からの家庭生産請負制などを次々に経験した。

　1990 年代から市場経済の発展が徐々に始まり、2000 年の「西部大開発」によりレプコン地方にも商工業が急速に浸透した。2008 年 9 月のリーマン・ショックは、中国がグローバル経済に組込まれて初めて経験した「異変」だった。中国政府は急激な経済の落ち込み、失業に対し、「4 兆元投資」を行い、これによって青海にも多額の投資が行われ、高速道路や水力発電所の建設が行われた。これによりチベット人地域には市場経済が一層浸透し商工業は一定の発展を遂げた。

　一方、1980 年代、長江下流部の大洪水の原因が上流部に生活するチベット人地域における森林伐採とされ、1999 年から上流部における伐採が禁止され

た。また、急速に進行した粗放な草原開墾や過度な放牧が黄河の著しい水量減少、断流現象や砂漠化をもたらしたものとされて、2003年から政府は「退耕還林・還草」政策を打ち出した。それは土壌流出が顕著とされる25度以上の傾斜地での耕作をやめさせて、そこで草地もしくは植林事業を推進するというものであった。

本論では「退耕還林・還草」といった中国政府による環境保護政策や、市場経済の浸透によって少数民族地域に起きつつある社会的、経済的な変化と、現地住民による対応について考察したい。

第1節　調査対象地域の概要

1　レプコン県の歴史

1958年以前は、現代中国国内のチベットはすべて集落共同体であり、青海省チベット人地域には数百の集落があった。その重要な集落は、ゴロク（三果洛）8大集落、ユシュ（玉樹）25族、ワンタク（汪什代海）8族、レプコン（同仁）12族、ハロン（化隆上）10族、クンブム（湟中申中）6族、セルク（大通道広慧寺）5族、ゲルド（門源仙米寺）6族である（カッコ内は現代の漢語名称）。これらの集落は元朝以来の土司である千戸と百戸が管掌し、各集落は寺院、法規、武装などを持っていた。これら各部族は、常に放牧地の草原など領地維持のために闘争した［阿部 2008: 75］。

本論対象地域のレプコン12族を支配するナンソ政権[1]は13世紀頃、現在のチベット自治区サキャからきたロンウ家が当時のレプコン12族と同盟して築き上げたものである。当時のナンソ政権は今のレプコン（同仁）県、ゼコ（沢庫）県、そしてラブラン（甘粛省夏河県）の一部とガパスムド（同徳）県の一部等まで広がっていた。ジャンジャ村はレプコンの一部としてナンソ政権に木材や草、大麦など現物地代を納めなければならなかった。

辛亥革命の後、1912年から国民党の馬一族[2]が青海を支配した。彼らは、青海チベット人地域に対して極めて残酷な暴力的統治を行った。

1949年8月、馬歩芳は彭徳懐に率いられた人民解放軍第一方面軍に破れ、台湾に逃れた。同年9月、中国共産党によって同仁県人民政府が成立した。

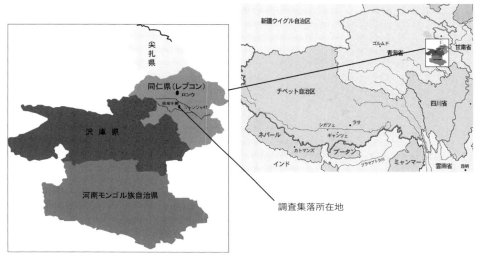

地図1　黄南チベット族自治州

　1954年から政府は農牧業の互助組を組織し始めた。それから「初期合作社」、「高級合作社」と次々と名を変えながら、農業の集団化が進められ、さらに高級合作社を統合して人民公社を組織しようとした。同時にそれは寺院の土地を収用するものであり、また仏教弾圧を伴ったことによって、チベット人による武装抵抗が各地に起きた。中央政府は内モンゴルから騎兵隊を動員し、1958年から徹底した鎮圧を行った。

　『同仁県誌』では、同仁県における1958年の反乱について以下のように述べている。

> 「4月循化県のカンチャ、甘粛夏河県ガンジャ地区で打破られた約400人が『民族宗教保護』をスローガンとして本県ドワ地区で活動し、24日ドワ地区の500人が参加して、銃を持ち馬に乗って五区の政府を包囲攻撃し、小売部と営業所を略奪した。その影響を受けショポンラカ村ではランジャマジョとジョウパなどで400人が反乱に参加した。一部はラカ郷政府が撤退していた時に郷政府を略奪した。その後、ロンウ寺院の周辺のスホキ村とネントフ村、そしてテウ村などが反乱に参加して、緊張

した状態になった。5月、中国人民解放軍0075部隊が中共青海省委員会、黄南州委員会の指示を受けて反逆者と交戦し、反乱を鎮めた」［同仁県志編集委員会 2001: 39］

　老人たちの言い伝えるところでは、反乱に失敗した人たちはラサに逃げようとした。反乱に参加したと判断された村落の成人の男は皆殺しに遭い、寡婦村が生まれたところもある。銃殺されなかった僧侶や俗人のかなりの部分は、甘粛北部の馬鬃山近くの砂漠の収容所や鉱山に送られた。寺院の財宝は解放軍が没収し行方不明になった。貴重な経典や古文書は燃やされるか布靴の靴底になった。夏河県ラブラン寺の破壊を免れた伽藍の一部は家畜処理場になった。

　反乱を平定した直後の1958年9月、中共中央の「農村における人民公社の成立問題を解決する決定に関して」によって、同仁県では19個の郷と1つの区を併合して11個の人民公社が設立された。10月から宗教改革が行われ、アムドではクンブム大僧院（漢人は塔爾寺と呼ぶ）のほか、ロンウ僧院などすべて寺院が閉鎖・破壊され、3,328名の僧侶が強制的に還俗させられた。［同仁県志編集委員会 2001: 40］。

　この時期、急激な政社一致的な人民公社化が進み、農民は「党、政、軍、民、学」の結合した管理体制下に置かれた。住民の耕地と家畜、さらに厨房の道具、食器なども全部没収されて、人民公社あるいは国営農場の所有とした。伝統的な集落共同体は破壊された。そして、各村は生産大隊とされ、その下部に小さな集落を単位とする小隊が成立した。また各村に公用食堂が成立して集団で生活することになった。その一方で大躍進運動が展開されて草原山地の開墾や森林伐採に人が動員され、これらによって農牧業が衰え、大量の餓死者が出たことはよく知られている。政府の公式見解では、この災害は1959年から3年間の自然災害によるものであり、農業生産が非常に打撃を受け、食糧が減り、農民生活が困難になったとされている［黄南蔵族自治州地方志編纂委員会 1999: 296］。

　1966年に文化大革命運動が始まると、四旧（旧思想、旧文化、旧風俗、旧習慣）を打ち壊す（「破旧立新」）というスローガンのもと、レプコンの寺院も58年の反乱に続いてもう一度破壊され、僧侶は監禁され還俗させられた。村における伝統的な祭りも禁止され、宗教活動は迫害された。

1976 年、文化大革命は終わったが、宗教的自由や伝統文化などが鄧小平の改革開放政策によって復活するのは 1980 年代になってからである。

1983 年には家庭生産責任制が導入され、農家の家族数に基づいて耕地と家畜を分け、耕地の耕作権が農民に分配された。それに応じた食糧の供出を義務付け、義務を果たした後の収穫物は農民のものとなった［同仁県志編集委員会 2001: 238］。

2　ジャンジャ村

ジャンジャ「lcang skya」村は黄南蔵族自治州レプコン県チェクフ（曲庫乎）郷の管轄である。チェクフ郷はレプコン県の南部であるロンウ川の上流部に位置し、レプコン県政府から 12km 離れている。東はドワ（多哇郷）、南はダモ（扎毛郷）、西はゼコ県ドデン（沢庫県多福屯郷）、そして、北はヤラン（牙浪郷）に接している。全面積は 233.13 平方 km、平均海抜は約 2,600m である。

2011 年の調査によれば、ジャンジャ村には 193 世帯、人口 1,060 人が暮らしている。住民はすべてチベット族であり、ほとんどが農民あるいは半農半牧民として生活をしている。東の山にはナクシ・ゴンパという小さな僧院がある。この僧院は 1850 年代に建設されたもので、チベット仏教ゲルク派に属している。村の北に有名な仏塔とマニ石積みがあり、チベット仏教徒の聖地となっている。

村の周辺には畑が広がり、春小麦を主にして大麦（ハダカムギ）やジャガイモ、そして、エンドウとアブラナなどが栽培される。大麦は高地気候に適応した作物で、レプコンにおける大麦は約 4000 年の栽培の歴史があるといわれる。

1980 年代の改革開放後、春小麦の栽培が盛んになり、現在は春小麦を主に栽培している。畑は山に囲まれ、東と西にはそれぞれ村の主な山の神が住んでいるとされる。毎年村の平和と畑を守るため、人々は祭りの時供え物を持って山に登る。

畑は「水地（チュマ）」と「山地（リマ）」に分けられる。水地は灌漑のできる平地のことで、山地は灌漑のできない山の畑である。雨が順調なら、水地と山地の生産量はほぼ同じである。現在は「退耕還草」政策のため山地の畑の耕作をすべて止めて、水地だけを耕作している。

通常の農作業は3月の下旬に始まる。土起こしはゾポ（ヤクと牛の一代雑種、オス）に鉄製の鋤を引かせて行い、施肥する。夏は雨が少ないので、年平均3回の灌水が不可欠である。そのために村では、南側と北側の2つの谷から灌漑用水路を引いており、また、ロンウ川の谷から電力ポンプで川水を揚げている。用水路は3つあり、村の上部と中部、そして下部に分かれて導かれる。

ジャンジャ村の場合は、村の4つの小さな集落（小隊[3]）がこの3つの用水路の順番をくじ引きで決める。そして、各集落は、それぞれ一日間の水の利用権を得る。水の使用は各家が畑の順番で行う。時に他人の順番を使って水を引くと争いになることもある。畑に注ぎ終わると次の人に水の利用権を渡す。集落の四隊と一隊は世帯が多く、畑も広いのでその分多くの水利用の権利がある。

飼育される家畜は、ヤク、ゾポとゾモ（牛とヤクの交配種、メス）、羊、山羊とラバである。農業を主にしているため、家畜は最も多いときでも各世帯平均牛5頭（ゾモとゾポ、ヤクなど含めて）を飼育するだけであった。ゾポとラバは昔から農作業に用いたが、改革開放後、農業機械を利用するようになったため、ゾポとラバの飼育は減少した。しかし、農業機械は山の畑では使用できないので、2004年まで多くの農家がゾポを飼っていた。2003年「退耕還草」政策が実施された後、山の畑はすべて耕作を止めさせられたため、ゾポの数は少なくなり、2013年現在、村にはゾポを飼っている世帯はない。ゾモの乳からはバターや、チーズ、ヨーグルトなどが作られる。したがって、ゾモは乳牛として今も少数飼われている。現実の問題として、「退耕還草」政策が実施された後、畑が減少し、食糧が自給できなくなったため、農業をやめて、出稼ぎに行く人が増えた。

第2節 「退耕還林・還草」政策について

ジャンジャ村における「退耕還草」政策の実施

1978年末、鄧小平は「改革開放」政策を打ち出した。それは1980年代初めにようやくチベット人地域にも波及し、人民公社など集団農業の経営体は解体された。レプコン地方では1983年に農牧地を各世帯に分割して経営権を農牧民に与え、「家庭請負制」を実施した。農牧地のみならず、多くの山林も農家に分配された。農牧民には県政府または州政府から農牧地または山林に対する

「請負契約証」が交付された。これにより、農民個人の生産意欲は非常に高まり、利益を確保するために、大規模な農地及び山林の開墾を行い、山林の伐採が大量に行なわれた。

こうした背景の中、1990年代に長江の下流部地域で洪水の災難が頻発した。その原因として上流部での森林減少とそれに伴う土壌流出が指摘された。そこで「退耕還林・還草」政策が実施され、チベット人地域のかなりの耕地に耕作禁止措置がとられた。「退耕還林・還草」政策では、主に土壌流失しやすい傾斜面や砂漠化が起こりやすい耕地を対象に、草地や林地への転換が行われた。2001年に出された青海人民政府の「退耕還林・還草」についての文書「72号」によると、西寧市などの15の市と県では「退耕還林・還草」政策を実施されたが、レプコンはその中にはなかった。レプコン地方に実施されたのは2003年のことである。

ジャンジャ村では2003年まで全村耕地面積は約1,450ムー（96.7ha）であったが、「退耕還草」政策の実施後、約600ムー（40ha）以上の畑が耕作を停止させられた。現在全村の畑の面積は850ムー（56.7ha）である。一人当たり0.8ムーぐらいになっている。

村と県政府との退耕還林契約では、生活補助の費用として年間1ムー当たり100キロの食糧と20元を支給することになっていたが、村民によると2005年からは1ムー当たり180元の現金を支給する事に変更された。支給期間は5年から8年間である。

ジャンジャ村の場合は、2012年まで1ムー当たり180元もらったが、2012年以後は8年の補償期間が過ぎているため、年間1ムー当たり90元に減額された。村人によると、「当初、政策に反対する人はいなかった。おそらく皆労働しなくても、政府から「退耕」の畑の広さに応じて食糧をもらえたからであろう」という。

表1で分かるようにジャンジャ村の第7隊の「退耕還草」実施以前の耕地面積は一世帯当たり平均12.1ムーであるが、実施後、耕地面積は一世帯当たり5.08ムーと、平均7.0ムーの減少である（表2）。退耕還草政策の影響は非常に顕著である。また、表2では畑の面積が0ムーになっている世帯が見られるが、これは死亡、または分家で都会に移住したことが原因である。

表1 「退耕還草」が実施される以前の第7隊の各世帯の耕地面積

家長名	畑の面積 （単位はムー）	家長名	畑の面積 （単位はムー）
リシャムドンドブ	12.15	チャクベ	3.27
ソナムアンジャ	19.87	シャウドンドブ	10.66
リジャドンドブ	15.41	ソナムゴンボ	8.78
リニョ	2.36	タル	10.38
リシャムジャ	13.67	ダチェン	24.42
ワンマクル	10.44	ナナク	5.12
チャコ	15.43	ドルジェツェテン	13.77
ナムテ	17.37	タクラブン	13.85
ニャンメ	10.49	シャウリンチェ	10.45

表2 「退耕還草」の実施後、2011年の第7隊の各世帯の耕地面積

家長名	畑の面積 （単位はムー）	家長名	畑の面積 （単位はムー）
リシャムドンドブ	4.170	チャクベ	2.056
ソナムアンジャ	12.160	シャウドンドブ	5.170
リジャドンドブ	8.770	ソナムゴンボ	3.750
リニョ	0	タル	5.220
リシャムジャ	6.793	ダチェン	7.270
ワンマクル	0	ナナク	2.240
チャコ	3.762	ドルジェツェテン	4.080
ナムテ	4.434	タクラブン	7.281
ニャンメ	7.150	シャウリンチェ	7.140

　ジャンジャ村の「山地」（リマ、現在は退耕還草でリマは耕作禁止）の年間収穫量は1ムー当たり150キロであり、「水地（チュマ）」の年間収穫量は1ムー当たり300キロであるという。調査によると現在全村の平均耕地面積は1人当たり0.80ムーになる。これでは食糧自給は不可能であることが、以下のA一家の事例で分かる。

事例1
　A一家は4人家族で、Aは教師、妻は農民、子供2人は学生である。Aによると、2008年まで兼業を続けたが、現金収入がますます必要となり、労働力も欠乏している。A一家の畑の面積は4.08ムーである。子供2人は殆ど学校で食事をしており、Aも仕事のため外食が多いが、畑だけの食糧では不足して

いる。食糧は家族だけではなく、村の年中行事、お寺への寄付、祭りなどにも必要なため、毎年の年末になると食糧を購入する必要がある。Aは現在畑を止めて、公務員の仕事ともに冬虫夏草の商売をしているという。

　以上のA一家のような事例はジャンジャ村に数多く存在している。しかし、安定した仕事がない世帯の場合は、畑を止めた親戚や友人の耕作地を借りて農業を続けている。
　また、「退耕還草」政策が実施された600ムー（約40ha）の地域内は草地の保護地区になり、耕作禁止のうえ放牧も禁止になった。郷政府はそこをバラ線で囲んで管理人を雇い、家畜が入り込まないように管理している。このような状況で、農民の家畜数も減少し、以前の1戸当たり平均5頭以上から平均1.5頭にまで減っている。
　以上のことからは「退耕還草・還林」政策によって農地や家畜などのチベット高原の人にとっての生産手段が失われ、食糧を含めた収入が減っていることが明らかになった。このような影響に対して村人はどのように対応しているかを次に述べたい。

第3節　村人による対応

1　松苗木の畑

　2012年4月1日に村から2km離れている麦畑の30ムーを使って、苗木の畑を作った。これに村の8世帯以外の183戸が参加していた。
　村人ドルジェによると、2009年ジャンジャ村のエリートであるワンディツェリン（ゼコ県の役人）とソンタルジャ（ゼコ県の役人）の2人が中心になって、村長と村人に働きかけて林業苗木育成協同組合（林木育苗合作社）の設立について協議をした。しかし、当時の村は資金がなくて諦めたという。
　2011年末、再び会議を開き、ワンディツェリンとソンタルジャは、「政府の『退耕還林』や三江源（長江、黄河、メコン川）の生態環境保護に応じて、村が苗木を育てて政府に売り出すと援助金がもらえる」と言った。その後、村長と村の代表人が同仁県政府と相談をしてこのプロジェクトが作られたとのことであっ

た。

　村人シャウカルシャム（現協同組合の副社長）によると、このプロジェクトのため、2012年の初めから村内で4回程の会議を開いた。最初は3分の1ぐらいが反対だった。「今まで前例がない。このプロジェクトは一体誰がやるのか。プロジェクトを実現しようとする人々は個人利益のためじゃないか。また、実現しても持続できるのか」などの異論があったが、何回も会議を開き、納得できるまで説明した結果、ほぼ全員が賛成した。

　「農業協同組合」プロジェクト成立後、村内183世帯が参加し、畑の持ち主である23世帯には毎年900元、もしくは300kgの食糧を与えることが決められた。最初のプロジェクト資金は90万元以上であった。参加した183世帯は一戸当たり3,000元ずつ出資し、40万元を農業信用社銀行から借りて、農業協同組合（農協）を設立した。担当責任者を4つの隊で1人ずつ選挙した。

　ついで、2012年3月29日まで、70万元以上の資金を使って松苗木を購入した。その後4月1日、農協への援助金としてレプコン県長のワンマレンゼンから30万元、県国土資源管理局長カドクから10万元、交通局のドルジェナムジャから5万5,000元など合計50万元以上の寄付金が支給された。2012年から木を育て、3年から5年後に三江源生態建設のため県政府が購入するという口約束をしてあるという。

　農協に参加していない世帯は8世帯である。農協設立のために働いたワンディツェリンとソンタルジャも参加していない。その理由は、2人が参加すると村人から自分の利益のためだと疑われるためとのことである。さらに、2戸は投資する資金がないという理由で参加しなかった。後の残り4戸が反対する理由は不明だった。

　以上から分かるように、このプロジェクトを実現するため、村人たちの各意見に相当な違いがあったが、最終的にほぼ全村が同意し、行政機関などの援助もあってプロジェクトを実現することができた。農民たちは、農地の30ムー（2ヘクタール）を使って木を植えて、貧困の解消と生活の負担を軽減したい強い気持ちをこのプロジェクトにこめた。今後持続可能性があるかどうか、あるいは政府がその口約束を守るかどうかは、分からない。しかし、これは計画通りに進むとジャンジャ村にとって豊かさを実現するための新たな手段となる可能

性が強い。

2　観光開発

　さらに 2013 年から 2015 年の間に、チベット風の観光地を建設する計画があるという。ジャンジャ村は就業率や農牧民の収入の増加のため、村からおよそ 2km 離れている農地の 80 ムーを使って、「生態民俗遊楽園」という客室、チベッタンレストラン、スーパー、アーチェリー競技場、演劇ホールの施設を建設したいという。

　ジャンジャ村によって同仁県文化観光局に出された「ジャンジャ村の生態民俗遊楽園についての研究報告」によると、ジャンジャ村にはアムドで有名な仏塔があり、この塔はかつてパドマサンバヴァ（蓮華生）が創設したといわれる。1938 年に西寧の回族軍閥、馬歩芳によって焼き払われ、その後再建したが、文革の時また破壊された。改革解放後の 84 年、再建することができた。塔のそばに「アムド・ドブンオリ」というアムドで有名なマニドブン（マニ石を積み重ねたもの）がある。このマニドブンは 1378 年高僧ドンドプリンチェンが作り、仏教信者が巡礼では必ず訪ねるチベット仏教の聖地である。

　ジャンジャ村が観光地として使う 80 ムーの農地は、この仏塔とマニドブンのそばにある。チベット仏教と高原の魅力によって、文化的な観光産業を興すには都合がいいと考えられている。

　村の大隊によれば、プロジェクト全体の予算としては 2,672 万 1,760 元を予定しているが、その半分以上（全額の 67.36%）は文化産業発展のためという国家計画に合わせた形で政府に申請し、残り（全額の 32.64%）は農民が銀行などの貸し付けを受けるという。また、報告書には、投資額と資金を工面する手段、リスク・マネージメント、事業の効果と利益の予想などが詳しく書いてあった。

　一方、2012 年 9 月、隣村のドクジャツェリン（かつて沢庫県の県長で、現在州水利局局長）が、村の何軒かの古い家を無料で建て直すという条件で、「生態民俗遊楽園」の用地に予定されている農地を利用して水道を作る話があった。この事について、2012 年 11 月 5 日に全村の会議があった。議論のため、人々は村の祠「ドッカン」で会議を開いたが、最終的に、村長などの 5 人以外はみな反対であった。理由は耕地をつぶすのは嫌だということであった。賛成の人たち

の理由ははっきりしなかったが、反対側の人によると、おそらく彼らは賄賂を受けとるつもりではないかとのことであった。最終的には元の「生態民俗遊楽園」の計画通りに行うことに決定した。

　農協の設立や苗木産地への転換、観光プロジェクトなどが、集落地の民族文化を損なうことなく、村人全体を豊かにするものかどうかは分からない。というのはこれが、むしろ収入格差を生み、村落内に亀裂を生じさせる可能性もあるからだ。さらに行政担当者の行政成績を上げるための事業である可能性もある。

3　冬虫夏草と出稼ぎ

　冬虫夏草とは、冬に地中で昆虫の幼虫に寄生して、夏になって棒状に発芽して地面に姿をあらわすキノコの仲間である。その様子から漢語では「冬虫夏草」、略称は「虫草」という。世界中で400種類以上が知られている。その中でも漢方薬としては、チベット高原とヒマラヤ産の冬虫夏草が良質とされている。

　冬虫夏草は中国伝統医学において肺炎の治療薬として使用されるため、2003年のSARS流行のとき、抵抗力がつくというので需要が高まった。その価格が急騰したためチベット農牧民にとって欠かせない収入源になった［阿部2012: 45］。

　2005年には、1kg（虫草1,200本くらい）で8万元（当時の為替レートで120万円）となり、21世紀初めと比較すれば冬虫夏草の価格は50％上昇した。採集者と仲介業者にとって、毎年平均20％以上の上昇である。日本でも健康飲料や栄養補助食品の原料にされている（たとえばサントリーのマカ）。チベット高原が特産地だが、伝統的なチベット薬ではない。内地では漢人の投機対象となり、高官への贈り物や高級レストランでの薬膳の食材などとしても利用される。冬虫夏草の産量は毎年5％の速度で減っていくといわれるため、その価値は上がり続け、ソフトゴールド（「軟金」）と称する。現在青海では1キロの冬虫夏草の価格は、品質により14万〜16万元（1元＝13円として182万〜208万円）である。

　積雪がまた残る5〜6月に雪をかき分け地面をはうようにし、わずか1、2センチ地上に顔を出したキノコを探し、へらで掘り出す。1日に数本しか見つけられないこともある。採集者が激増したので、採集量は年々増加している。

第11章　誰のために何を守るのか？

レプコンでも、「退耕還草」政策によって農牧地の減少と共に伝統的な自給自足は難しくなり、冬虫夏草の採集が収入の中心となっている。毎年5月は冬虫夏草を採集する時期であり、農民は採集料金を草地の持ち主である牧民に納めて、山で1カ月以上キャンプして、冬虫夏草を探して歩き回る。この時期はレプコンの村々では、幼児と老人を家に残して家庭の主婦も学童・生徒たちも学校を休んで家族と一緒に山に登る。今でも世帯の60%以上は冬虫夏草の採集を行っている。

筆者の調査によるとジャンジャ村では全人口1,060人強のうち、平均毎年390人が、冬虫夏草採集に参加している。人々は集団で1カ月以上の採集権代(1人約1万元以上)を払って採集に参加する。地区によって年ごとの採集量は非常に不安定である。しかし、冬虫夏草の商売で儲かっている家庭もいる。以下のB一家はその一部である。

事例2

Bは妻と三男とその嫁、そして孫の5人家族で生活している。B一家は完全に冬虫夏草に依拠して生活を送っているが、村の農民階層では比較的に豊かな世帯である。

三男によると、「去年父の虫草の売買で純利益は約6万元あった。私と妻は入場料を払って採集活動に参加したため、一人当たり1万元（約13万円）ぐらいの収入があった。」と言う。今年はB一家とBの長男一家、そして親戚の三世帯が連合して、17万元を払って採集地を借りた。採集活動には三男夫婦、3人の雇用者（42日間1万元）、そして、親戚一家の3人の合計8人が参加した。最終的には、三男夫婦は約4,400本、雇用の3人は約5,000本、そして親戚の3人は約6,900本、合わせて約1万6,300本を掘り出したということである。今年は最初の値段が高かったため、1万3,900個を一個33元で一挙に売った。1世帯当たり15万元ぐらいになるが、B一家と長男一家の両家それぞれ10万元づつ、親戚一家に20万元が分配された。残った2,400本の虫草は値が下がったため、まだ売っていないということである（ちなみに、2013年9月現在レプコンの虫草1本の値段は約24～25元である）。今年の成果については大満足であると言う。Bによると普通の農家の年間の収入（冬虫夏草と出稼ぎを含む）は4万元に過

ぎないという。

　2002年から遊牧民の定住化が進み、政府は大量の資金を牧民の住宅区を作る企業などに投入している。特に「西部大開発」政策を発表した後、黄南蔵族自治州全体で住宅・道路・ダムなどの建築が始まった。村の人々は土建屋の親方、もしくは労働者（いわゆる「農民工」）として、出稼ぎに行くようになった。2012年、筆者が統計したところ、村内の農民670人強が、春の種まきと秋の取り入れのほかは、現地企業や建築現場で働くか、レプコンの町で商売（冬虫夏草、雑貨など）をしている。

　村内には俸給生活者(役人、教師、公務員などを含む)が100人強いるが、彼らも「退耕還草」政策の実施以前は農業も行っていた。しかし、「退耕還草」政策の実施後、俸給生活者のいる世帯は、農地が減少したことで耕作を止めてレプコンの町へ定住するようになった。

　以上のように、現在は村の半分以上の世帯が冬虫夏草の採集あるいは出稼ぎによらなければ生活維持のできない状況である。

第4節　考　察

　中国政府によれば、「『退耕還林・還草』政策事業実施から10年で、大きな成果を収め、国の生態系安全保障、持続可能な経済・社会発展の全面推進の基礎を築いた。事業地域の森林面積率の平均が3ポイント余り上昇し、砂嵐の被害や土壌流失が減った。1999年から2007年までに、サンプリング・モニターした退耕還林実施県・地区の生産総額は約3倍になり、第一次、二次、三次産業の比率が33対36対31から21対48対31に調整され、県レベルの地方財政一般予算収入が4倍になった」とされる［http://china-news.co.jp/node/8301］。

　ある地域においては政府の言う通り、環境を改善し、緑化に成功しているのであろう。しかし、ジャンジャ村では1950年代の大躍進政策に続いて、1966年からの文化大革命によって地域の文化が破壊され、住民は激しい抑圧を受けた。文革は1977年末に終わったことになっているが、農牧業の家庭請負制、信仰の自由などを内容とする「改革開放」政策は1980年代にならないとチベッ

ト人地域には及ばなかった。文革権力が後退すると、その空白を埋める形で伝統的な自治組織・シャーマン・祭・慣習法などが復活してきた。そういった社会的背景の下、21世紀に登場した市場経済の発展と「退耕還草」政策の影響はプラスの影響もマイナスの影響も顕著である。

「退耕還草」政策によって、利用できる耕地は大量に減少し、農民は生活を維持するために大部分が農業以外の副業をしなければならなくなった。「退耕還草」政策の実施から9年経った2012年現在、ジャンジャ村では600ムー（約40ヘクタール）ほどの耕地のほぼ半分が保護区になり、耕作を停止させられた上、保護区内の放牧が禁止になった。現地農家の主な収入源は小麦・ジャガイモ・油料作物などの販売から冬虫夏草の採集や建築関係の出稼ぎに変わった。

しかし、村人の出稼ぎは職種が道路工事や建築関係に限られるので、労働の過重さの割には賃金が高くない。また、冬虫夏草も年ごとに豊凶の差はあるものの、毎年5％ずつ減っていくと見られているうえに、投機によって値段が吊り上げられているのが現状である。薬効が科学的に証明されているわけではない。そこで冬虫夏草に頼るばかりでは、あるとき突然収入源が断たれる危険性がある。

その一方で、村人は、能動的に生活の方策を切り開こうとしている。例えば、小麦の農地を利用して松苗木の畑にすることで現金収入をはかり、また、宗教施設を中心に観光開発を計画し、新たな産業をつくりあげようとする人も現われた。町に出て冬虫夏草の商売、または商店など開くことを選んだ者もいる。しかし、都市に移住した人々には漢語の壁があり、仕事を得難いことで苦しんでいる。

以上のように、環境保護を目的とする「退耕還草」政策の実施は、農業と牧畜を主体とする従来の生業形態と、村社会の構造に大きな変化を与えた。それでも村人は、グローバル化する世界経済や漢化の波に飲み込まれるのを恐れ、自民族の文化を守って生き残ろうとしている。

このまま中国の現代化の中に飲み込まれて、チベット族固有の文化を失ってゆくのか、あるいは生活を再組織化した上で、民族の固有性を守ってゆけるのか、青海省チベット族は大きな転換点の上に立っていると言えよう。

註

(1) レプコンにはアムドで有名な大僧院ロンウ寺（rong bo dgkon pa）がある。ロンウ寺は1342年サムテン・リンチェンラマが創設した。当地の伝説によれば、西チベットのネェンチンタンラ山麓のダムコロンという所に医術を持った密教行者（ヨーガ師）がいた。パスパ（チベット仏教サキャ派の指導者、モンゴル帝国フビライ・ハーンの帝師）は彼に金剛神を保護神とし、金製の金剛神と禅杖を与え、「あなたはアムドへ行け。そこに金剛型の山がある、そこであなたはサキャ派を繁栄させなければならない」と言った。

　このヨーガ師はアムドへ行く途中、ドワという所で強盗にあって略奪された。彼は呪文を唱え、施食（ツァンパ＝施しもの）を作って岩に投げつけると、岩が崩れて強盗たちを生き埋めにした。その事件後、彼は岩石を横に切ったという意味で人々は「ラジェ（医者）ダクナワ（岩石を崩す者）」と呼ぶようになった。

　ラジェ・ダクナワはネンサンという地方に定住した。息子のロンチェン・ドデブンの妻は男の子を9人生み、そのうち3人が出家した。とりわけ長男のロンオ・サムテンリンチェンは経文を深く勉強した。最終的に彼はサチェの百戸の首領を施主にして大小18寺院を建設した。そのうちゴンクと言う所で建設したのがロンオ寺である。次男のタクパ・ジェツェンは小さい時から強力に貪欲を断絶し、修行に専念した。彼はかつて観音菩薩の聖顔を見たことがあるという。

　三男のロチサンゲルは、ゲルシェ（博士）何人かを師として学び、やがて学識が深くて広い、厳格な戒律、五明にも精通した僧となった。ロチサンゲルは明朝宣徳帝（1425～35年）の師となった。彼は宣徳帝へ「白摧破金剛母」を捧げた。また、自分の法衣を太陽光線の束に掛けた法を見せた。そこで、宣徳帝は彼に大国師の称号を与え、賞讃した。

　彼はまたロンオ寺に黄金製の仏殿などを作った。そして、レプコン全体を支配して、税を集めた。レプコンの政教一致的支配を始めた。その実際の権力者はシャリツァン（夏日仓活佛）である［ドゴンパ 1982: 303-304］。

(2) 馬家族は1862年～1873年イスラムの反清反乱事件の中、馬占鰲、馬安良父子は清朝に投降した河州（甘粛省臨夏）回族の首領であった。馬海晏、馬麒父子は馬占鰲、馬安良の部下であり、馬海晏は馬安良の推薦下、清の副将軍になった。1900年、甘軍董福祥部について北京へ行き、八国連合軍が北京を攻略した時、馬海晏、馬麒父子と馬福祥、馬福禄兄弟は正陽門を守衛する命令を受け、馬福禄が戦死した。馬海晏、馬麒は正阳門の左側で八国連合軍に破られた。馬海晏は軍隊を撤退させる途中病死した。馬麒は馬安良の抜擢を受け馬海晏の地位を維持した。その後、馬麒は西北に戻り、1912年西寧の総司令官になって、青海の政治一切を統治した［青海省志編纂委員会 1987：269pp］。

(3) 1958年以前はジャンジャ村には小さな8つの部族が存在したが、人民公社時代から生産大隊とし、その大隊の下部に4つの生産小隊が成立している。

引用・参考文献

［チベット語］

gling rgya bla ma tshe ring（リンジャラマツェリン）2002〔reb gong gser mo ljongs kyi chos srid byung ba brjod pa 'dod 'byung gter gyi bum bzang〕zhang kang gyi ling dpe skrun kang

dge 'dun bkra shis （ゲドンタシ）2012 [reb gong bse lcang sky'i lo rgyus shel bkar me long]

kan su'u mi rigs dpe skrun khang
brag dgon pa dkon mchog bstan pa rab rgyas　（ドゴンパコンチョテンパラブジェ）1982　[mdo smad chos 'byung] kan su'u mi rigs dpe skrun khang
rma lho tshan rtsal cu'u , Rma lho mang tshogs sgyu rtsal khang（マロツェンツェジュとマロマンツォジェツェカン）2009　　[reb gong rig gnas sgyu rtsal zhib 'jug] kan su'u mi rigs dpe skrun khang

[中国語]
同仁県志編集委員会 2001『同仁県志』三秦出版社。
黄南蔵族自治州地方志編纂委員会 1999『黄南州志』甘粛人民出版社。
青海省志編纂委員会 1987『青海歴史紀要』青海人民出版社。
張天路主編 1993『中国少数民族社区人口研究』中国人口出版社。

[日本語]
阿部治平 2008「チベット封建制度はどんなものだったか」京都大学大学院経済学研究科東アジア経済研究センター編『東アジア研究 2008』73 ～ 87 頁。
大澤正治 2005「退耕還林・退耕還草について」『中国における環境問題の現状』愛知大学国際中国学研究センター 157 ～ 163 頁。
小野寺淳 2007「国家政策と地域の動態に着目した地誌」矢ケ崎典隆、加賀美雅弘、古田悦造編『地誌学概論』朝倉書店。
向虎 2006「中国の退耕還林をめぐる国内論争の分析」関良基、吉川成美、向虎『中国の森林再生——社会主義と市場主義を超えて』御茶の水書房 9 ～ 16 頁。
Ｗ Ｄ シャカッパ 1992『チベット政治史』亜細亜大学アジア研究所。
周華 2013「中国の西部大開発における『退耕還林』政策」『地域政策研究』第 16 巻、第 1 号、高崎経済大学地域政策学会、65 ～ 74 頁。
平野　聡 2001「『西部大開発』時代のチベット問題——中国の『持続的開発』と伝統文化」『現代思想』29 巻 4 号、190 ～ 203 頁。
若林敬子・聶海松 2012『中国人口問題の年譜と統計　1949 ～ 2012 年』御茶の水書房。

[英　語]
Huber, Toni 2002 "A mdo and its modern transition" in Society and Culture in the Post-Mao Era, In Toni Huber ed., *A mdo Tibetans in Transition*. pp.xi-xxiii. Leiden: Koninklijke Brill NV.
Hartley, Lauran R. 2002 "Inventing Modernity' in A mdo: Views on the role of traditional Tibetan culture in a developing society" in Society and Culture in the Post-Mao Era, In Toni Huber ed., *A mdo Tibetans in Transition*. pp.1-25. Leiden: Koninklijke Brill NV.
Angela, Manderscheld 2002 "Revival of a nomadic lifestyle:A survival strategy for dzam thang' sPastoralists" in Society and Culture in the Post-Mao Era, In Toni Huber ed., *A mdo Tibetans in Transition*. pp.271-289. Leiden: Koninklijke Brill NV.

[参考ホームページ]
http://china-news.co.jp/node/8301「退耕還林の造林 927 万ヘクタールに、実施から 10 年」
http://www.forestry.gov.cn/　「退耕还林条例」

第12章

草原を追われる遊牧民

──中国青海省黄南チベット族自治州における生態移民、定住化プロジェクトについて

ナムタルジャ

はじめに

　本論は、青海省の「三江源」(長江・黄河・瀾滄江(メコン川)の水源地帯)地方を対象に、そこで実施された環境保全と反貧困を目的とする移住政策の調査を通じて、チベット遊牧民社会がどのように変わったかを分析しようとするものである。

　青海省において牧畜地帯は全面積の96％を占める。その大草原でチベット遊牧民社会は独自の生活形態と生産様式を発達させてきた。青海省のチベット社会が中国に組み込まれる前は集落共同体の自治制度が支配的であった。チベット人地域の人口は河谷地域の農耕地帯に集中し、そこでは牛羊の多頭飼育と結びついた混合農業が行われた。牧畜チベット人は相対的に人口は少ないが、広大な草原を生活の舞台としてきた。

　青海省では、1949年の中華人民共和国成立後、50年に人民解放軍が進駐し、仏教が抑圧されつつあるなか、1958年に毛沢東国家主席の主導の下で農牧業の集団化が強制され、人民公社が組織された。それに反対するチベット民族の反乱がおき、反乱鎮圧とともに民主改革、次いで人民公社による農牧業の集団化と目まぐるしい変化を遂げた。

　1950年代の人民公社化に続いて、青海省のチベット人牧民地帯は文化大革命期の「農業は大寨に学べ」運動によって家畜頭数の盲目的追求が行われ生

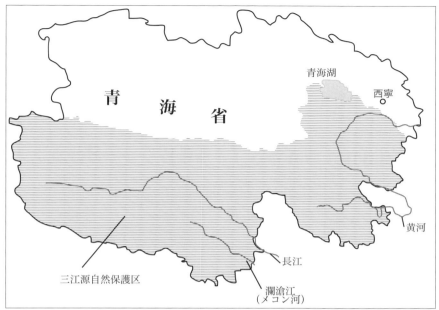

地図1　青海省三江源自然保護区

産の拡大によって過放牧になり、草原の退化を生んだ。さらに1980年代から、人口の拡大によって草原の乱開墾を行い、過放牧とあいまって黒土化や土壌流失の現象が生まれた。その後生産請負制度が施行され、冬放牧地に固定住宅をもうける半定住化的な牧畜の形態になった。

　1990年代から発生するようになった長江下流域での河川災害などの自然災害や、黄河下流の断流などの現象の原因が、中央政府によって「三江源」地域の植生の荒廃によるものと断定され、環境保護を名目として「三江源」(地図1参照)の水源地帯は2003年から「三江源国家自然保護区」に認定された。その主なる対策として「生態移民」と「定住化」のプロジェクトが実施された。この政策によってチベット人居住地域の町などに移民村が設置され、相次いで政策対象牧民が移住、定住させられたのである。

第1節　調査地の概要

1　地理・環境

本論の調査対象のメシュル（dmel shul）鎮は黄南チベット族自治州ゼコ（沢庫）県の東部に位置する。平均海抜は3,500mであり、面積は約138.8km^{2}である。全域において大陸性高原気候で、一日の温度差が激しく、降水量は少ない。寒さと乾燥のため多くの地域で農耕は困難であるため、人々は牧畜を生業としてきた［沢庫県志編纂委員会編 2005: 1］。

メシュルには草原とともに森林も豊富である。1998年、青海省森林庁によりメシュル林場が青海省森林公園に設定され、2003年に国務院がこれを承認して青海三江源自然保護18区に編入した。林場域内でも牧畜業が行われている［メシュル鎮人民政府 2013］。

中国政府に組み入れられる前は、メシュル鎮には4つの大集落が存在したが、現在は6つの行政村が作られている。2012年のメシュル鎮の計画生育課の統計によると世帯数は2,898戸、総人口は1万1,311人である。母語はチベットアムド方言である（地図2、写真1参照）。

メシュル鎮では生態移民以前から学校教育はかなり進み、全鎮で小学校が6つ存在した。就学率は96.7％で、高級中学（高校）進級率は81％であった[1]。

地図2　黄南蔵族自治州

2　歴史

メシュルは中国の行政区分上では青海省の東南部に位置し、チベット側の視点からはアムド・レ

プコン（amdo rebgong）と呼ばれる地域の一部にあたる。13世紀頃、レプコンでは12大部落が連盟してナンソ（nang so 部族連合の王）政権を築き上げた。「ロンウ・ナンソの事務所はロンウ寺院の隣にあり、その下に仏教大臣と軍事大臣、課税などの機関があった。集落が負担する税は寺院と

写真1　メシュル鎮政府所在地

ナンソに対するものであった」［シャウジャ 1996：35］。ロンウ・ナンソはレプコンの12大部落の領主で、施政権は確かにあったものの、集落内部の対立抗争までは解決できなかった。一方で親族を寺院の転生ラマに据えるなど、政教一致の政権であった。明、清の時代を通じて、この地域では、従前とさほど変化のない社会構造や政治制度を継続した。その政権は1949年まで続いてきた。

　中国人民解放軍と中国共産党の進出によって、1949年に同仁県[(2)]（レプコン、今日の同仁県、沢庫県）人民政府が成立した。1950年4月青海省人民政府は当時レプコン12族のナンソであるタシナンジャを県副知事に任命した。県長は漢族で、もちろん実権は漢族の県長が掌握していた。このように革命直後は一時的に伝統的な権力あるいは地方的な政権が維持されたものの、間もなくすべて解散させられた。そして、共産党の党支部などが実権を持つ社会主義の政治システムに変化した。それ以来遊牧民のライフスタイルや牧畜形式に大きな変化が生まれた。

　中共による集団化の初歩的な段階である合作社の組織は50年代初めに行われたが、1958年に毛沢東国家主席の主導の下に、人民公社が組織されると農牧業は大きな変化を遂げた。メシュルでは1958年9月に人民公社が成立した。伝統社会の集落の首長や宗教的な権力者を排除し、牧民のすべての家畜と財産を没収し人民公社所有とした。

1963年黄南州草原工作センターがメシュルに設立され、草原の基礎建設や管理の仕事を開始した。文化大革命が終わり、1980年代初めになって鄧小平の農政がアムドにも普及した。

　1983年10月から遊牧地域に全面的に『青海省草原管理試行条例』が施行された。1985年には『中華人民共和国草原法』を発布、施行し、草原管理を法制的に取り入れた［沢庫県志編纂委員会 2005: 110］。1984年牧民各戸に草地を請負わせる生産請負制度[3]が導入されて、自営牧畜が成立した。その結果、メシュルでは冬営地に定住化住宅をもうける半定住化的な牧畜の形態になった。2000年から中国における「西部大開発」によって、自動車道などインフラ建設が進み、経済成長を経験している。

3　社　会

　1949年前のメシュルに近代工業はなく、ただ牧畜業とわずかなハダカムギの栽培、自家製の毛織物など手工業のみだった。家畜としてはヤク、羊、山羊、馬を飼育し、番犬としてチベットマスチフ犬を飼っていた。

　メシュルの伝統的な牧畜の形では、草原は集落の共有とされ、境界線は大体集落ごとに画定されていた。集落は放牧地の草原などの境界維持のため、常に他集落と確執があった。また、世襲的ホンボ（首長）が存在し、ホンボに従って牧民は放牧地を選択し、移動した。そして、ホンボに従って年中行事、宗教的儀式などを行った。

　メシュルでは祖先から引き続いできた家をラ（sbra）という。ラとは元々テントの意味で、キュムツアン（世帯）ともいう。いくつかのラから構成される親族のグループをラカ（ra ka）と呼び、移動も放牧も一緒である時、集団はレコルという。ラカは自分の父系クラン（rus pa）に属する親族のことでもある。ラカの大事な問題は老人と有力な家長が相談をして決める。草原が共有であった時、また結婚式や葬式、年中行事などの時、ラカのメンバーが分担協力して働く。1つのラカは20から30戸で構成される。ラカは共通の神格（山神）を祀り、大きな宗教的な儀礼を行うなど昔どおりに重要な役割を果たしている。

第2節 メシュルにおける「生態移民、定住化プロジェクト」について

1 生態移民、定住化プロジェクトの実施

　青海省「三江源」地帯における過放牧による草地と森林への圧力を軽くし、遊牧民の生活水準を大々的に向上させるという名目で、2004年から青海省政府により「生態移民」政策が実施された。さらに、2009年から「遊牧民定住化」プロジェクトが実施された。定住化プロジェクトは「生態移民」政策の目的と重なる部分がある。共に都市や郷鎮に集中居住させることによって、教育、経済、インフラを向上させ、「小康社会」[4]を目指すとするものである。

　実施したプロジェクトの主な内容は住宅建設、郷村道路建設、人畜の飲み水確保と教育、衛生・文化などのインフラ整備で、各家庭には住宅建設に3万元、生産発展資金として5,000元、食料補助として3,000元が与えられた［新華社西寧2009年10月13日電、記者駱暁飛］。メシュルでも移住者は引越し先の「三江源新村」の家に入居するにあたっては政府に支払った5,000元のほかは無償である。レンガの塀に囲まれた統一規格の間取りで、家屋の面積は75平方mある。生活用水は無料で、1戸当たり毎年約3,000元と、16歳以下と55歳以上には一人一年間3,800元の生活補助が支給されることになっている。

　表1はメシュル鎮における2005年から始まる「生態移民」と2009年からの「定住化」プロジェクトによって移民、または定住させられた世帯の統計で

表1　メシュル鎮における移住世帯の状況（2014年の調査による）

移民村の名	生態移民	定住化プロジェクト	所在地
セロン	69	330	メシュル鎮
ドロン	77	80	メシュル鎮
サンワ	50	130	メシュル鎮
ロンザン	71	90	メシュル鎮
クデ	30	48	メシュル鎮
カロン	0	60	メシュル鎮
シャゾン	130	270	メシュル鎮
メシュル	146	0	同仁県ロンウ古城
三江源新村	87	0	同仁県ネントフ郷ラカ
ツェコク県社区	7	0	沢庫県政府所在地
計	667	1,008	

写真2　①ドロン移民村　②セロン移民村　③シャゾン移民村（Google Earth より）

ある。メシュルの6つの村からくじ引きによってメシュルの1,675戸、83％の世帯が相次いで10の移民村に移住または定住させられている。その中、233戸は村の委員会によって、同仁県（州政府所在地）ロンウ鎮の回族が多く住むロンウ古城の「メシュル移民区」と、ネントフ郷ラカにある「三江源新村」に移民させられたが（写真3、4、5参照）、実際には少数の世帯しか完全な移住をしなかった。牧民にとっては、レプコンの移民村の家はただ政府から援助して貰った家屋に過ぎなかった。

　たとえば、2008年に成立したネントフ郷ラカの「三江源新村」を例にすれば、同仁県の北に位置し、同仁県政府所在地から1.5kmの距離にある。農業をしている土族(5)の村々に囲まれている。これは、チベット族が他民族の居住地帯に移住させられた例である。

　三江源新村は新しく出来た移民村で、メシュル鎮の2つ村の87戸とシサ（dpyi sa）郷の3つの村の36戸、ゴンシュル（mgon shul）郷(6)の2戸の125戸が移住した。2011年の移住対象の人口は520人となっている。しかし、2008年から今に至るまで実際に移住しているのは30戸に過ぎない。幹部などが視察に来る時は、郷村政府からの知らせによって家族の1、2名が出向いて住んでいる様子を装い、その後元の村に戻ってしまう。一時的に村に滞在するのは、年末に支給される生活補助金を得るためである。郷村の行政当局はこれを知っているが問題にしないのは、遊牧民を草原から追い出す政策に矛盾を感じているからである。

事例1　A氏41歳、男。

　妻が40歳で息子2人、娘1人の5人家族である。移民前は放牧生活をしていた。

生態系が回復したら、草原に帰郷して放牧が許されると思い込んでいた。2008 年、メシュル鎮政府は A 氏の家を同仁県「三江源新村」に移住させることに決めたので、348 頭の羊と 40 頭のヤクを全部売って遊牧の生活を離れ、同仁県の「三江源新区」に移住した。彼は家畜を売った金のうち 8 万元で車を買って、私設タクシー運転手の仕事をしており、メシュルから同仁に毎日二回行っている。月収は 2,000 元ぐらい。2009 年から妻は移民村で小商店をやるようになっている。妻の月収は 1,800 元ぐらいであるが、毎月家計は赤字である。元の村の葬式や祭りなどには帰郷して参加している。

 事例 2　B 氏 37 歳、男、6 人家族。
 移住前は、67 頭のヤク、205 頭の羊を所有していたが、2010 年に移住するようになったので、全部売って同仁県の「三江源新村」移住した。仕事については何をするか分からないまま移住した。しかし、移住したらロンウ寺院にいつも参詣することができ、便利だということで移住を決めた。移住した後も戸籍が以前のままなので、小学校に行っている 2 人の娘と中学校に行っている息子は戸籍の関係で同仁とネントフの学校に入ることができない。仕方なく親戚に頼んでメシュルの学校に通学させている。移住した後、B 氏に定職はない。

 事例 1 と 2 のように、一部の牧民は、従来の放牧の生活を完全に放棄して移民村に移住した。生計維持のため、県政府はレプコンの町で新たな仕事をするように薦めているが、牧民たちの知識と技術は今まで牧畜業に限られていたため、他の仕事をすることは困難である。多くの移民が何の技術も必要としない雑貨屋などをやっているが、ほとんどは商売がうまく行かない。出稼ぎの他、商人、運転手などをする人もいる。事例のようにメシュルでは家畜を売った金から車を買って、私設タクシー運転手の仕事をしている者もいる。
 移住村に引っ越す時、新住宅、道路、家庭の水道などのインフラ整備について補助はあるものの、自分が費用を出さなければならない。これはどの家も同じである。また、事例 2 のように同仁県に移住した移民たちは 2008 年から今に至るまで戸籍を変更していないので、同仁で入学許可がでないという問題も生まれている。子供たちは元のゼコ県の戸籍に従ってメシュルの学校に通うこ

写真3　三江源新村

写真4　メシュル移民村

写真5　メシュル移民村

とになる。

　メシュルの年中行事などには移民たちも帰郷して参加する。それらは仏教や自然崇拝と結びついているため、牧民出身者にとっては非常に切実な問題である。

　事例3　C氏74歳、男。
「ロンザン移民区」に1人で住む。引っ越す前は、衣食住は基本的に自給できたが、移住してからはあらゆるものを買わなくてはならない。食べものの変化がつらいという。
　移民前には180頭の羊、50頭のヤクがいた。C氏の息子は妻と一緒に家畜を売ったお金でメシュルで食堂（だいたい麺類を出す）をやっている。息子夫婦の月収は3,000元で、2人の孫娘はメシュルの小学校に行っている。この小さい食堂は成功したらしい。

　事例4　D氏45歳、男。
「セロン移民村」に住む。妻は42歳。9人家族で、2008年に移住した。移民前356頭の羊，82頭のヤクを飼っていた。放牧生活の時は、請負草地が狭く、家族も多いため経済的に困難苦難であった。移民後メシュルでミルクとヨーグルトなど乳製品（純ミルクで作った）を売る商店を始めたので、収入は以前より多くなった。その月収は大体5,000元となり、よい生活に向かっているそうだ。この種の成功した移民は他にもいる。

第3節　村人の対応

1　牧畜の継続
　牧畜を続ける者に対しては、鎮政府が家畜の頭数に対して制限をしていないため、形の上では移住したが、自分の土地で牧畜を続けている者もいる。2014年の調査によるとメシュルの20％の人口が移住対象になっているにもかかわらず、牧畜を続けている。また、ある移住者によると、家畜の一部だけを売って、残りを親戚に頼んで放牧している者もいるという。

メシュルはまた「完全な禁牧」とはなっていないが、移民や定住政策が実施されて以来、家畜の減少は激しく進んでいる。2008 年のメシュルの家畜は 26 万頭であるが、2014 年のメシュルの家畜は約 10 万頭に減っている[7]。今まだ移住していない家では、移動の時に使う 3 頭くらいが雄ヤクで、その他は雌ヤクを飼育するという形をとっている。移民村の市場でミルクの需要が高まり価格が上がっていることから、雌ヤクの飼育頭数は減っていない。また、ヤクバターを仏間の灯明に用いることなどによって、牧民はヤクを飼うことについては、羊の飼育よりは「罪」の意識にとらわれない。ある牧民の例では、一頭の雌ヤクの牛乳から作ったバターとチーズ、ミルク、ヨーグルトの年間収入は 400 元〜 500 元であるという。

　以前、伝統的な放牧形態では、春営地―夏営地―秋営地―冬営地の 4 つの営地を移動したが、1980 年代に草地請負制度によって各家庭に草原が分割されたため、現在メシュルで牧畜を継続している家では、自分の管理する土地を冬春に放牧する草原と夏秋に放牧する草原の 2 つに区分し放牧している。

　冬は肉類を保存しやすいので、冬になると家畜を屠ってグンチイ（冬の食べ物を表すが、冬に家畜を屠ることでもある）をする。5 人家族の場合夏に羊 1 頭を屠殺し、冬になると主として 2 頭程度のヤクを屠殺する。ヤクを持たない時は 3 頭以上の羊を殺す。実地調査では、家畜を殺さない、売らない世帯は 15 戸ぐらいあった。それらの家族は肉を食べない。それは仏教の教えに関わっている。もともと牧野での生活では、家が離れていてそれぞれの家族は遠く離れて住んでいた。移民村に牧民が集中的に集められるようになり、そこでは活仏によって肉食を罪とする教えも強く説かれており、現在では野菜栽培も盛んになった。移民村では、伝統的な食物が食卓から消えて、代わって市場から購入される野菜が多く消費されるようになった。また、移住前には衣食住を基本的に自給できたが、移住してからはあらゆるものを買わなくてはならない。

2　冬虫夏草

　メシュルは黄南チベット族自治州でも冬虫夏草[8]が豊富に存在する場所として知られる。2014 年の時点で冬虫夏草 500g の値段は 6 万 5,000 万元で、1 元＝ 19 日本円とすれば、約 123 万円にもなる。掘る時期は 5 月から 6 月まで

である。2014年の調査によると、メシュルの1戸当たり最高の収入は150万元（約2,850万円）で、最低は7万元（約133万円）であった。

多くの移民は固定した仕事がないまま移民村で暮らしており、一年の収入としては自分のもともとの草地に戻っての冬虫夏草の採集の比重が大きい。彼らにとって移民村は「休憩室」のような存在でもある。

現在では、冬虫夏草の採集のために越境する人も増えた。最近メシュルでも生態保護のため冬虫夏草採集の制限が厳しくなったが、牧民にとっては重要な経済的な収入源になっているので全面的な禁止はしていない。

近年になってから新たに冬虫夏草をめぐって争いも生まれている。2002年から現在までメシュルとロンチェ（blon chos）村の間では毎年境界争いが発生する。そのため、冬虫夏草を掘る時期は、黄南州政府から多くの役人と警察官が派遣されて争いにならないようにしている。

2005年から2011年までで「三江源生態移民」の純年収入は10％増大し、2,352元に達しているという報告がされている［青海省三江源事務所 2012］。しかし、この収入の増加は移民による新しい仕事の成果ではなく、冬虫夏草の採集によるものと考えられる。

3　その他

メシュルでは政府による牧民地帯の新政策によって、87戸が様々な「畜牧合作社」に入っている。人々は政府に申請して援助金をもらい、各種の「畜牧合作社」に参加すれば援助金を申請できるが、実際には共同経営の実態はない。上級行政機関が視察に来た時だけやっているようなふりをするだけである。わずかに活動をしているのは、「チベット民族服装加工場畜牧合作社」で、これは6戸の世帯が経営し、工場でチベットの伝統的な様々な服を作っている。12人の労働者の中で遊牧民出身者は8人である。また、「冬虫夏草交易畜牧合作社」は20戸から167万元の金を集めて2012年から経営を開始している。それはメシュルで一番大きな冬虫夏草の交易市場なっており、社長によると社員が32人で、一人当たりの月収入は2,200元であるという。こうした牧業以外の仕事をする人は毎年増えている。

一方、移民村には賭博場がたくさんできて、時には悲劇を生み出している。

例えば、移住の前に売った家畜の代金20万元と、高利貸しから借りた60万元を賭博で失い、4人の子供と家族を残して逃げた者もいる。移民後、賭博で家の財産を使い果し、貧しい生活をしている世帯はメシュルで10戸存在し、そのうち7人は離婚している。また、泥棒も増え、移民の生活は混乱している。

第4節　考　察

2000年以降の「西部大開発」における民族地域の観光事業や生態保護事業によって、チベット遊牧民の生活は新たなスタイルに移行しつつある。中国政府は生態環境の改善、遊牧民の経済向上や発展について多くの報告をしている。しかし、遊牧民の様々な習慣や牧畜文化（技術）は失われつつある。こうした移住政策によるチベット遊牧民の経済と文化の変容について検討したい。

第一に、移民した者は、異なる環境下で様々な文化的衝突に直面している。今まで出稼ぎを恥ずかしいことだと思ってきたチベット遊牧民たちは、放牧をやめて新しい職業訓練を受けたり、出稼ぎに行くなどして、その生活を維持している。

第二に、移民後の生活が経済的な不安定さを伴っていることである。いま中国では競争と飛躍的発展の時代が続いているが、チベット社会は経済、科学技術、生活などの点で漢族地域よりもかなり遅れているとされて、経済向上や発展が目標にされた。しかし、移民後の生活は政府が宣伝したのとは異なり、移民政策で経済上の向上をしたかどうかは疑問である。現在、移住した者も含めて、村人の生活を支えているのは冬虫夏草の採集だと言ってもよい。しかし、その冬虫夏草の薬効は明かでなく、市場価格は投機によっているので、高値がいつまで続いて行くか分からないという不安の中で生活を送っている。

第三に、牧畜社会で維持されてきた社会構造の崩壊によって、宗教的な儀礼や伝統的な祭りが運営できないなどの影響がある。伝統的な共同体が崩壊したために、移住者は心のよりどころを失っている。新村では新たな共同体を形成する必要に直面している。メシュルの人々にとって移住政策は望んだものではない。村人の一人は、「政府の命令を聞かないと文化大革命のような強制的な政治になるかもしれないので仕方がない」と答えた。

中国共産党中央は、「三江源」地域の環境劣化の原因を家畜の過放牧にあると見て、環境保護を牧民の移住という方法で実現しようとした。民族州・郷鎮など下部行政機関は規定された目標に達するよう牧民を強制移住させた。ところが移住人口に比例して家畜が減ったのではないことは明らかである。

　一方、牧民は伝統的な生活を奪われ、共同体の喪失という極めて危機的な状態の中で生活せざるを得ない。遊牧はチベットの社会、文化の極めて重要な要素である。チベット人地域から遊牧が一掃されたとき、チベットの社会、文化は大きな危機を迎えるであろう。

註
(1) 2013年のゼコ県教育局の文献による。
(2) 1953年12月23日、黄南チベット族自治区（bod rigs rang skyong sa kongs）が発足し、レプコン県はゼコ県と同仁県の2つに分割された。1955年レプコンは黄南チベット族自治州（rang skyong　khul）と改称して今日に至っている。
(3) 草地請負制度とは集団所有の草地を50年間の契約で、各世帯の人数を基準にして配分し、その使用権を与えるというものであった。
(4) 小康とは、人間にとって最小限必要とする、衣食住、教育などを、満たした上である程度の文化と余暇水準を保てるような生活水準と、ややゆとりのある生活が出来る状態を言う。
(5) 突如吐蕃の攻撃を受けて壊滅した吐谷渾の後裔だと伝えられており、モンゴル族、漢族とともに清朝時代にできたと伝えられている。レプコンに移住して来た他民族は、ロンウ・ナンソの許可を得てレプコンに住むようになったので、その周辺のチベット人と同じく当時のロンウ・ナンソ政権の支配を受けた。同仁県地域の土族は青海省互助土族自治県及び甘粛省の土族と言葉や習慣が異なっているといわれるが、同じ民族に認定されている。彼らはトルケ語を主として、チベット語のアムド方言両方を用いている。チベット文化と異なった点があり混淆的である点が多い。
(6) シサ郷、ゴンシュル郷はともにゼコ県内の郷である。
(7) 2008年の青海省統計局メシュル統計年報による。
(8) 冬虫夏草は、チベット高原やヒマラヤ地方の海抜3,000mから4,000mの高山地帯で、草原の地中にトンネルを掘って暮らす大型のコウモリガ科の蛾の幼虫に寄生する菌類である。

参考文献
阿部治平 2012『チベット高原の片隅で』連合出版。
小長谷有紀・シンジルト・中尾正義編 2007『中国の環境政策 生態移民――緑の大地、内モンゴルの砂漠化を防げるか？』昭和堂。
国務院 2008『国務院关于支持青海等省藏区経済社会発展的若干意見』（国発34号）。
三江源自然保護区生態環境編集委員会編 2010『三江源自然保護区生態環境』西寧：青海人民出版。
シャウジャ（sha wo rgyl）1996『reb kong mi dmangs kyi ched du rang srok blos btang p'i nang so dkon mchog skyabs khri lor brtan par shok』

青政办 2008『民族地区与建設和諧社会的理論与実践——以阿壩蔵族自治州為例』四川大学出版社.
── 2009「青海省人民政府办公庁転発省農牧庁关于 2009 年全省蔵区游牧民定居工程実施意見的通知」西寧：青海省人民政府办公庁.
沢庫県志編纂委員会（編）2005「沢庫県志」北京：中国県鎮年鑑出版社.
陳慶英主編 1990『蔵族部落制度研究』北京：中国蔵学出版社.
── 2004『中国蔵族部落』北京：中国蔵学出版社.
張賀成編 2012「青海省三江源生態保護と建設工程規格研究」西寧：青海人民出版.
百楽司宝才仁・韓昭慶 2007「試論三江源生態移民的文化変遷」『復旦学報（社会科学版）』2007 年第 3 期：134-140 頁.
別所裕介 2014a「チベット高原における社会主義と定住化——黄河源流域における『生態牧畜業建設』と住民レベルの生活環境主義」楊海英編著『ユーラシア乾燥地における遊牧民の定住化と社会主義（アフロユーラシア内陸乾燥地文明研究叢書）』名古屋大学文学研究科比較人文学研究室、161 〜 188 頁.
── 2014b「『生態移民になる』という選択——三江源移民における移民の生計戦略とポスト定住化をめぐって」『アジア社会研究』第 15 号 65 〜 93 頁.
李星星等 2008『長江上遊四川横断山区生態移民研究』北京：民族出版社.

参考アドレス
「三江源生態移民純収入年均増長 10%」
〈http://www.cnrmz.cn/mzjj/201203/t20120330_319063.html〉（2011/12/07 アクセス）

第13章

公害、退耕還林、産児制限

——中国青海省黄南チベット族自治州の村から見た現代中国

棚瀬慈郎

はじめに

　本稿は中国青海省の少数民族地帯における調査を通じて、現代中国の開発、環境保護、人口政策などによる影響と、それに対する人々の対応について論じたものである。

　黄河上流域では、すでに建国後、第一次五カ年計画の中で電源、治水、灌漑の目的を持ったダム建設が計画され、三門峡ダム、劉家峡ダム、竜羊峡ダム、李家峡ダムなどが建設された。そこで生み出された大量の電力は、青海省、甘粛省、寧夏回族自治区、内モンゴル自治区における有色金属生産に用いられた。

　本研究の対象地域である青海省、黄南チベット族自治州チェンザ（尖扎）県においても、隣接する李家峡発電所が生み出す電力を用いるアルミ精錬工場が1996年に建設され、1997年より操業を開始した［原子力燃料政策研究会］。後述するように、この工場からは大量の有害物質が放出され、それによって工場周辺の村の生業である、牧畜と農耕は大きな被害を蒙ったのである。

　また2006年からは、チェンザ県で環境保護を目的とする退耕還林政策が実施され、特に尾根上の傾斜地にある村では畑の面積が半減した。

　こういった、生産財に対する打撃は当然そこに住む人々の生活を大きく変えた。人々は、新たな生活の方法を模索しなければならなかったが、そのプロセ

スにおいては、他にも人口政策や西部大開発の影響など、当該社会に対して外部から与えられた多様な要素が関連している。また当然、彼ら自身が持っている伝統的な価値観や倫理といった、いわば内発的な要素の影響も大きいであろう。

この小論においては、こういった全ての要素について十分な考察をすることはできなかった。しかし現代中国という、政治的、経済的に人類の歴史上稀なほどの急激な変化を蒙った社会の中で、今また公害と環境保護政策という対極的な影響に晒されている少数民族の生存のための努力について、そこに存在する多様な要素とその要素間の関連を考慮に入れつつ、描いてみたい。

第1節　調査地の概要

1　地理・環境

本論の調査対象地域は、青海省黄南チベット族自治州チェンザ（尖扎）県、ガンブラ（坎布垃）鎮に属するガプー（rka phug）村およびラジョン（lha grong）村である。黄南チベット族自治州は、青海省の南東部に位置し、蛇行する黄河によってその南北両端を切り取られるように囲いこまれている（地図1）。チェンザ県は黄南チベット族自治州を構成する4つの県のうち最も北部に位置し、中でもガンブラ鎮は県の北端に位置する。黄河を挟んだ対岸は、青海省海東市、化隆回族自治県である。高速道路の建設された現在では、ガンブラ鎮から省都西寧までは車で2時間ほどを要するのみである。ガプー村は、北流して黄河に流れ込む川、ガプーチュの谷の下部、緑の多い、緩やかな傾斜地に位置し、一方ラジョン村はガプー村の南、乾燥した尾根上に位置している（地図2）。

地図1　青海省区分地図

地図2　ガプー村所在地

　標高はガプー村で 2,000m 程にすぎず、年平均気温は 7.8 度、降水量は年 354.4mm と、青海省のチベット人居住地帯としては温暖な気候である［尖扎県地方誌編纂委員会 2003: 50］。

　そこで人々は、伝統的には農牧複合（rong ma 'brog）を営んできた。栽培される作物は小麦（冬小麦および春小麦）を主体とし、その他トウモロコシやエンドウ、ジャガイモ、油糧作物としてアブラナとゴマ、また各種蔬菜類がある。また公害による被害が発生するまでは、リンゴやナシの栽培もさかんであった。一方、家畜として羊、山羊、ヤク（ヤク牛の牡）、ディ（ヤク牛の牝）、ゾ（牛とヤクの一代雑種の牡。去勢して役畜として用いる）、ゾモ（牛とヤクの一代雑種の牝）を飼育してきた。

　農牧複合においては、農業と牧畜は相互依存の関係にある。冬季家畜は舎飼いされるが、そこに堆積した糞は削り取られて畑の肥料として用いられる。また家畜の糞は燃料としても重要である。一方、小麦を収穫したあとの藁やトウモロコシの茎などは、家畜の飼料として用いられる。ラジョン村のある女性が、「牧畜ができないと農業もできない」と語ったように、農業と牧畜は互いに組み合わされることで、1つのシステムを構成してきたのである。

2　歴　史

　現在のガプー村、ラジョン村は、周辺のリンツェ（ri 'tsher）、メンガン（sma sgang）、ザンツァ（tsang tsha）、セジャ（se rkya）村と共にガプー 6 村（rka phu tsho drug）あるいはガプー・デワ（rka phu sde ba）と呼ばれ、世襲の村長（ホンボ）によって統治されていた。

　チェンザ県は回族との混住地域であるが、ガプー・デワの住人はすべてが仏教徒のチベット族で、チベット語青海方言を用いてきた。

　清朝時代から中華民国時代にかけて、ガプー・デワのホンボは、ガンブラ鎮の東南約30kmに位置するナンラの領主（ナンラ・ホンボ）に服属し、貢納していた。

　ナンラの領主は、解放当時、青海で力を持っていた馬一族との関係が深かった。1952年、この地に人民解放軍が来た時のナンラ周辺での戦いは激しかったようである。「尖扎県誌」によれば、5月1日から17日にかけての戦闘で、「叛匪」1,595人を討伐し、うち264人が戦死し、467人が捕虜となり、864人が投降したとある［尖扎県地方誌編纂委員会 2003: 18］。一方解放軍の戦死者は70人あまりであった。この時、ガプー・デワのホンボが連行され、のちに西寧で獄死している。またナンラの最後の領主、ワンチェン（dbang chen）は逮捕され、1958年に亡くなっている。

「解放」後の生活は過酷であった。1958年からは大躍進政策のもと、極端な集団化がなされた。この時の飢餓の有様はいまだに人々の語り草となっている。共同食堂で出される食事は、小麦粉の重湯のようなものにすぎず、大根の一片さえはいっていることは稀であったという。1958年から59、60年にかけて食料事情はむしろ悪化した。聞き取りによれば、この時村人の約3割が栄養失調で亡くなったという。

　1966年から始まる文化大革命も村に大きな傷跡を残した。人々はマニカン（マニ車が据えられている建物。村の集会所として用いられる）に集合させられ、そこで「四旧の打破と四新の創造」など文化大革命の意義について学習した。その後、男たちは村内にあるゲルク派の寺の建物と仏像を破壊し、その数日後にはニンマ派の寺も同様に破壊した。

　長い集団化の時代が終わり、人民公社が解体され、農家経営請負制が導入されたのは1984年であった。この時、耕地や家畜、また公社が所有していた農機具などが各世帯に分配された。ガプー村の場合、耕地の70％は各世帯平等に分配され、残りの30％については人頭割にされた。結果として4人家族の場合、10ムー（1ムーは16分の1ha）程度の耕地が割り当てられた。また灌漑施

設を持たないラジョン村の場合は、各家庭に25から30ムー程度の畑地が割り当てられた。

こうして、1984年からは、再び伝統的な農牧複合が行われるようになった。しかしそれは約25年間に及ぶ長い集団化のあとで、復活した経済の形であることを注意すべきであろう。

第2節　公害、退耕還林

1　アルミ精錬工場の引き起こした公害

前述したように、李家峡発電所で生み出される電力の使用を当て込んで、1996年にガプー村の最上部に黄南铝业公司がアルミ精錬工場を建設した。工場の建設用地の3分の2はガプー村4社の土地で、3分の1は2社の土地であった[1]。元来この土地は水利が悪かったこともあり、土地の使用権を売ることにそれほどの反対はなかった。工場に至る道路も建設され、道路用地に対する補償もなされた。

工場に対する反対がなかったのは、操業後にそこでの雇用を期待できたためでもある。実際多くの村人が工場で働き、給料として月額500元から600元を得た。これは当時としてはかなり高給であった。またある者は借金してトラックを購入し、西寧とガンブラ間の原料輸送を請け負った。

工場の排出する汚染物質による周辺の村への被害は、操業を始めた翌年から始まった。特に羊、山羊のような小家畜は、歯が脱落し、やせ衰えて死んでいった。牧畜だけではなく農業への被害も大きかった。小麦の収量は激減し、さかんになりつつあったリンゴやナシの栽培も打撃を受けた。2008年に国家環保総局に提出された告発文によれば、ガンブラ鎮13村において以

写真1　李家峡ダム

下のような被害があったとされる。

> 「牛馬 1 万 5,610 頭、山羊、羊 30 万 4,800 頭が死に、死亡率は 80％を超えた。……水地（灌漑施設を有する畑地）3,685 ムー、山地（灌漑施設を持たない畑地）1 万 2,020 ムーにおいて、元来 1 ムー当たり 500kg の小麦を収穫できた畑でも、現在は 200 キロ以下である。果樹 3 万 2,560 本についても現在は収穫が減り、葉が黄変し枯死している。牛、羊、馬などの家畜は重度に汚染された草を食べ、殆どの歯が失われ、まともに食べることができなくなった。」［「坎布垃鎮所属一三村全体村民挙報当地铝厂汚染環境」］

　実際は、3 割から半数の家畜が失われた時点で、それ以上被害が広がること恐れた村人は、殆ど全ての家畜を売り払ったようである。しかし、大量の家畜が一時に売り出されたため、それらは当然、通常よりもはるかに安い値段で買いたたかれることになった。

　いずれにせよ 2000 年頃には、ガプー村、ラジョン村において牧畜は行われなくなってしまった。農家経営請負制の施行によって復活した農牧複合経済は、わずか 15 年で破たんしてしまったのである。

　2000 年頃から、工場に対する住民の反対運動は激しくなっていった。特に大きな抗議行動は 3 回あったといわれる。2005 年には、村人がニンマ派寺院に集まり、工場の操業に反対することを誓った。そして工場に勤めていた村人を説得して辞めさせ、工場前を占拠して出入りを禁止した。それに対し、鎮政府の役人、公安が説得に来たものの、軍や武警の出動はなかった。

　この時、鎮政府は村人の代表と話し合うことを要求し、汚染状況を調査し、必要な補償を行う等の条件で抗議行動は一旦終息した。

　入手した文書によれば、青海省環境保護局はすでに 2002 年に環境汚染調査を行うことを決定している［青海省环境保护局 2002；青海黄南林业和环保局 2002］。それによれば、当時、黄南铝業公司は 40 台の電解槽を有し、年間 7,000 トンのアルミを生産する能力を持っていた。しかし、電解の過程で発生する汚染物質を除去する装置を全く取り付けていなかったので、年間 118 トンもの気化フッ素を排出していた。

ところが当事者である黄南铝业公司は2005年に倒産し、工場は操業を停止する。倒産の直接の理由は、原材料の高騰とアルミ価格の下落であったといわれる。

しかし1年間の休止期間ののち、2006年に工場は金源铝业公司によって再開される。翌2007年にはチェンザ県政府より金源铝业公司に対して

写真2　アルミ精錬工場

賠償命令が出されている［尖扎县林业环保局2007］。チェンザ県林業環保局（尖扎县林业环保局）によるその被害評価では、ガプー村2社、ラジョン村は共に「中度汚染区」とされ、農作物の被害は減産7%、果樹（経済樹）の被害は減産5%、家畜については大家畜、小家畜ともに損失率4%として計算されている。これは、村人が語る所の実際の被害とはかなり隔たったものである。

このあたりの事情には分からないことが多いのだが、結局個人的な賠償はなされず、「汚染費」として金源铝业公司から一定の金額が鎮政府に支払われ、鎮政府は、それを村ごとに分配したようである。ガプー村2社の場合、その額は毎年2万元で、村ではそれを村民に分配せず、村の共通経費として用いているとのことであった。

その後、金源铝业公司は青海省環境保護庁の要求を受け、1,200万元を投資して汚染対策を行った。それによって、2010年の測定では環境基準を満たしたとされる［青海省环境保护厅2010］。

2　退耕還林政策の実施

退耕還林政策とは、黄河の断流と長江の洪水の防止のために、主にこの両河流域の傾斜各25度を超える急傾斜地および砂漠化地域に存在する農地、約1,500万ヘクタールの耕作を停止し、2010年までに、1,700万ヘクタールの荒廃地と併せ、合計3,200万ヘクタールの造林を目指す、という計画である［向・

関 2003: 150-155］。

　青海では、畑地のうち水利施設が備わっているものをチュマ (chu ma)、水利のない、天水のみに依る畑地をリマ (ri ma) と呼ぶ。ガプー川沿いにあるガプー村では殆どの畑はチュマであり、一方尾根上に位置するラジョン村では全ての畑がリマである。ガプー村の畑は退耕還林の対象にはならなかったが、一方ラジョン村では畑地の約半分が2006年から退耕還林の対象となり、耕作が禁止された。

　退耕還林政策の施行については、人々はあまり反対しなかったという。それは1ムー当たり毎年200斤（1斤は0.5kg）の小麦と、20元が8年間補償として支給されたためである。実際は、小麦が支給されたのは最初の3年間のみで、4年目からは毎年1ムー当たり200元が支給されたとのことである。

　現在ガプー村のチュマにおける小麦の収量は1ムー当たり500〜600斤程とのことである。したがって、10ムー程度の畑を耕作する世帯の収穫は、小麦5,000〜6,000斤となる。

　一方ラジョン村のリマでは、その収量は1ムー当たり現在250〜300斤程ということである。但し、ラジョン村では人民公社解体の際に割り当てられた畑が25〜30ムーと、ガプー村の2倍から3倍もあった。退耕還林政策によって半分になったとして計算すると、1世帯当たり1年4,000斤程度の収穫となる。そこへ退耕還林した畑の面積が15ムーあったとすれば、毎年3,000元の補助金を受け取ることができたことになる。但し、補助金の支給は2013年をもって終了している。

写真3　退耕環林された土地

　退耕還林した畑地には、寒さと乾燥に強いサジー（「刺棘」グミ科ヒッポファエ属：*Elueagnaceae Hippophae rhamnoides*）が植えられた。これは果樹のような「経済林」ではなく環境の復元を目的とする「生態林」である。ラジョン村の場合、退耕還林政策と並行して行わ

れることの多い［大島 2006: 134-138］、家畜の放牧の禁止（禁牧）は行われていない。

第3節　村民の適応戦略

　ガプー村、ラジョン村における公害の発生や、退耕還林政策の実施は、牧畜を一旦不可能とし、さらに畑の耕作規模を縮小させた。それは勿論収入の減少を意味するが、同時に労働力に余剰が発生したことを意味する。
　この時、人々はどのような方法で減少した収入を補い、さらに様々な変化の中で生きる方法を見出そうとしているのだろうか？　本節では、出稼ぎ、教育への投資、牧畜の再開という3点からそれを見てゆきたい。

1　出稼ぎ
　退耕還林政策を実施された多くの農村において、村人が出稼ぎに行くことによって収入を補っていることは、これまでにも報告されてきた［向・関 2003, 2005, 2006、棗畑・伊藤 2008］。それは、退耕還林政策によって発生した余剰労働力を、西部大開発によって生み出された雇用が吸い上げるという構造を持っている。
　ガプー村やラジョン村における出稼ぎ（チョーリー: zor las）は、アルミ工場による公害がひどくなった 2000 年頃から盛んに行われるようになった。
　主な職種は、建設工事や道路工事の現場労働者、冬虫夏草採集である。通常、3月下旬にグループを作って出かけ、一旦 5月の末に帰村する。これは冬小麦の収穫のためで、約 1 週間村に滞在する。6月初めに再び村を出て働くが、10月初めには帰村し、翌年の 5月までは村で過ごす。
　出稼ぎ先はほぼ青海省内に限られる。また殆どの場合は親戚や知人同士でグループを作り、個人で出稼ぎに出かけることはない。これは、出稼ぎに行く世代の人々の多くが、漢語の読み書きは勿論、話す能力も十分ではないことが関係している。出稼ぎ先では、多くテントに住み、食事の支度も共同である。
　青海省内の出稼ぎ先としては、沢庫（ゼコ）県や河南モンゴル族自治県、玉樹蔵族自治州が多い。これらの地域では西部大開発の実施に伴う土木工事や、生態移民政策に伴う移民用の住居建設工事が多く、また特に玉樹チベット族

自治州では、2010年4月に発生した青海大地震の復興工事が多いためである。現在、資材運びなどの非熟練労働でも1日150〜180元の賃金を得ることができる。しかし、天気の悪い日は仕事がなく、また稀には雇い主が賃金を払わずに逃げてしまうこともあるという。

冬虫夏草採集へ出かけることも珍しくない。冬虫夏草は、バッカクキン（麦角菌）科冬虫夏草属（*Clavicipitaceae*）の菌類であり、滋養強壮などの効果があるとされる。中国においては、2000年頃からその需要が異常と言えるほどに高まり、それにつれて値段も高騰した。特に四川や青海の高原に産するものは良質といわれる。

ガプー村のある女性は、昨年（2013）総勢31人の村人と共に、青海省の果洛（ゴロク）チベット族自治州へ冬虫夏草採集に出かけた。採集者を募集した元締め（やはり村人である）は、土地の所有者に莫大な採集権料を支払い（20万元とも30万元ともいう）、その代わりに、その年採集した全ての冬虫夏草の売上代金を得る。

村人には、元締めから定額で給与が払われる場合もあるが、この女性の場合は1本7元の買い取り制であった。採集期間は1カ月半ほどで、5,000元ほどの収入になったという。採集中はテントに住み、食事も共同で準備する。

ガプー村2社の世帯数は62軒で、人口は290人であるが、そのうち44軒が出稼ぎを行っており、出稼ぎ者の総数は65人となる。またラジョン村は世帯数が29軒で、人口は149人であるが、そのうち23軒が出稼ぎを行っており、出稼ぎ者の総数は47人に及ぶ。ガプー村2社では全世帯の70％が、ラジョン村では全世帯の79％が出稼ぎに依存していることになる。1世帯あたりでいえば、ガプー村2社では平均1名、ラジョン村では平均2名の出稼ぎ者がいることになる。

出稼ぎ期間は通常3月末から10月初めまでの半年であるが、それは青海省の気候的な条件のため冬季の土木、建築工事が困難なためである。出稼ぎ者は、半年間の労働によって平均約2万元を得る。

2　教育への投資

現在、ガプー村2社には84名の学生がおり、ラジョン村には27名の学生がいる。小学校のみはガプー村にあり、中学校（初等中学）、高等学校（高等中学）

は県政府所在地のチェンザにある。義務教育は中学校までであるが、実際は殆ど全ての学生が高等学校を受験する。さらに高等学校に進学できた者は大学を受験し、そのまま大学に進学するか、あるいは各種の職業学校へ入学する。

例えば、西寧にある青海民族大学や青海師範大学に進学した場合、学費や生活費などで、現在1年で1万5,000元程度は必要になる。それは村人が半年間の出稼ぎによって稼ぐ金額の4分の3にもなる。しかし、村人の教育熱は高く、進学率も高い。

大学卒業後に希望する職種は、州政府や鎮政府の役人もしくは教師のような公務員である。実際ガプー村2社には34人の公務員がおり、ラジョン村には11人の公務員が存在する。両村合わせると、実に1世帯当たり平均0.5人の公務員が存在することとなる。

役人や教師といった職業への評価の高さは、そもそも村人が「仕事」（レシェ：las byed）と呼ぶものが、実質公務員に限られていることからも分かる。ある意味、出稼ぎは勿論、農業や牧畜のような伝統的な生業でさえ「仕事」の内には含まれないのである。

こういった、過度とも言える公務員志向と教育の重視は、中国における人口政策と無関係ではないだろう。

村人の話によれば、1995年頃から子どもの数に対する制限は非常に厳しくなった。現在、2人目までは自由に生むことができるものの、3人目の子どもを生んだ時点で4,000元の罰金が科せられ、さらに母親は不妊手術を強制される。実際、1995年までに生まれた子どもの兄弟姉妹の数は平均で3.7人であるが、1995年を境に殆どの夫婦は子どもを2名までしかもうけていない。

少数ながら3人目を生むケースも存在するが、それは2人目までが共に女の子の場合が多い。これは家の跡継ぎに望ましいとされる、男児の出生を期待するためであろう。その場合は、当然罰金の支払いと、不妊手術を覚悟することになる。

子どもの数を2人までに制限されたことの社会的影響は大きいと考えられる。それは、全ての子どもたちに十分な教育機会を与えることが容易になったことを意味するが、その一方で、農業や牧畜といった伝統的な生業の担い手が減ってゆくことを意味するからである。

また、出家者の数が極めて少ないということも産児の制限と関連するであろう。現在は、かつてのような出家の禁止や制限は存在しない。しかし、ガプー村2社、ラジョン村共に1995年以降、新たな出家者は存在しない。

チベットの場合、伝統的に2人目の男の子を出家させる習慣が強く、また、いわば口減らしのために幼い子どもを僧院に送ることもあった。現在でも村人は仏教や僧侶に対しては深い尊敬の念を抱いているが、子どもの数の減少は、実質的に家族から出家者を出すことを難しくしている。

3　牧畜の再開

ラジョン村では、アルミ精錬工場における一応の汚染対策がとられた2010年頃から再び家畜を飼う世帯が現れはじめた。現在では29軒の世帯のうち16軒が家畜を飼っている。その総数は、羊または山羊が約800頭、ノル（nor: ヤク、ディ、ゾ、ゾモを総称してこう呼ぶ）が175頭である。平均すると、一軒当たり羊または山羊が50頭、ノルを11頭飼育していることになる。

ラジョン村で牧畜が再開されたのは、村が尾根上に位置し、放牧が容易であることが大きく影響している。また、ラジョン村の畑は急な斜面に作られた、比較的小さな段々畑であり、トラクターの使用が難しく、従って犂起こしのために役畜であるゾを飼う必要があることも関係しているであろう。

一方、谷の中にあるガプー村では依然として牧畜は再開されていない。飼われているのは少数の豚のみである。畑の犂起こしのためには、各家でトラクターを購入して用いている。

家畜を飼うことのメリットは大きい。搾乳した乳からは、バターなどの乳製品が作られるほか、肉や羊毛を得ることもできる。また冬季の舎飼いによって家畜小屋の床に堆積した糞は剥がされて肥料となり、さらに家畜の糞は乾かした上で燃料としても用いられる。一方作物を収穫したあとの藁や茎は、家畜の飼料となる。農牧複合（rong ma 'brog）は農業と牧畜が互いを補い合う、非常に優れた生業のシステムである。

現在、羊は1,500元、山羊は600〜700元程度、ヤクは5,000〜6,000元、ディは4,500元程度で売ることができるという。また山羊の毛は1斤当たり50〜60元程度で売ることができる。現金収入を得るという意味でも牧畜は有効な

生業である。

　Mandelscheid は、四川省アバ・チベット族チャン族自治州の壌塘県 (rdzam thang) における調査に基づき、伝統的に半農半牧経済を営んでいた地域において、農家経営請負制の導入以降、農業よりもむしろ牧畜の比重が高まっていることを報告している［Mandelscheid 2002: 281-287］。彼女はその理由として、1）牧民のライフスタイルそのものへの高い評価、2）農業よりもむしろ牧畜のほうが経済的に有利であること、を挙げている。

　ラジョンにおいても、これ以上環境汚染が悪化しないという条件付きではあるが、牧畜の規模が拡大されてゆく可能性は存在する。

第4節　考　察

　ガプー村、ラジョン村の人々は、解放後の激しい変化の中を生き抜いてきた。集団化の時代を経て、伝統的な生業形態である、世帯を経営単位とする農牧複合に回帰できたのは1984年以降にすぎない。

　しかし、電源開発に伴うアルミ精錬工場の操業は、甚大な被害を農業、牧畜にもたらした。また環境保護を目的とする退耕還林政策の実施は、ラジョン村においてはその耕作規模を半減させた。農牧複合経済は、公害と環境保護という、正反対のベクトルを持った外部的な力によって大きく変質させられたのである。

　この変化に対して人々は出稼ぎ、教育への投資、牧畜の再開という形で対応し、あるいは変化に積極的に適応して生きる手段を見出してきた。特に西部大開発や生態移民政策に伴って増加した雇用や、冬虫夏草採集は、出稼ぎ者の受け皿となってきた。一方、若い世代では、高度な教育を受け、役人や教師といった職を目指す者が増えてきた。

　こういった、経済上の変化は、当然様々な社会的影響をもたらしている。以下、それについて順次考察する。

　第一には、貨幣経済が深く浸透してきたことである。アルミ工場による公害発生ののち、人々は出稼ぎに大きく依存するようになった。それは、ある意味「農民のプロレタリアート化」［向・関 2003: 150］を進行させるものであった。

前章で述べたように、家畜を持たない農家は、トラクターや化学肥料を購入する必要がある。またいうまでもなく、子どもに教育を受けさせるためにもかなりの学費を要する。今や貨幣の必要は過去にはないくらいに高まっている。
　第二には、世代間における生活や価値観の相違が大きくなってきたことである。大躍進、文化大革命を経験してきた老人層は、農民の暮らしに高い価値を置く。「人間は小麦と油さえあれば生きてゆける。だから畑は本当に大切なのだ」と語る老人にとって、人民公社解体によって畑を得た喜びは非常なものであった。この世代の人々には、土によって生きることへの根本的な信頼があるようだ。
　一方、出稼ぎの主体となっている中年層は、自らの子どもたちへの責任を感じつつも、学歴の不足や漢語を用いる十分な能力を持ち合わせないがゆえに、肉体労働に甘んじざるをえないという思いがある。彼らは、出稼ぎのために1年のうち半分の期間を村外で過ごすという生活を否応なく続けている。
　また1995年以降に生まれた子どもたちは、多くが高等学校卒業以上の学歴を有しており、漢語を用いる能力も高い。彼らは教師や役人のような俸給生活者を目指しており、今後、たとえ村で暮らす生活を続けたとしても、祖父の世代が持っているような、農民のエートスを共有する可能性は低いであろう。
　第三には、当然第二の点と深く関連するが、村社会のあり方そのものが変化してきた点である。村の生活は、農業や牧畜といった生業の季節的変化と、そこに挟み込まれる宗教的行事によってそのリズムが形成されてきた。春から秋にかけては、老人と子どもしか村内に残っていない状況は、当然そういったリズムそのものを大きく変える。
　また、村内にはアルミ精錬工場を巡る潜在的な対立も存在する。現在、ガプー村2社からアルミ精錬工場へ働きに行く者は18名に及んでいる。工場に対する反対運動を続けてきた村人たちは、当然彼らを快くは思っていない。公害の残した傷跡は、物質的なものに限られるわけではないのである。
　貨幣経済の浸透や、世代間における生活や価値観の相違の増大は、たとえ公害や退耕還林政策が存在しなくても、遅かれ早かれこの地域にもたらされたものであろう。しかし、公害と退耕還林という、正反対のベクトルを持った、外部からコミュニティに加えられた力は、この変化のテンポを相当程度早める働きを持ったのではないだろうか。

註

（1）ガブー村は、人民公社時代に4つの生産小隊に分割されており、それが現在の1社から4社の区分に引き継がれている。各社は、自治や水利などの点で、ある程度のまとまりを有している。

参考文献

大島一二 2006「『退耕環林』政策の実施と農村経済振興——環境保護と貧困農村」西川潤・潘季・蔡艶芝編著『中国の西部開発と持続可能な発展』同友館、129-143頁。

栄畑恭介・伊藤勝久 2008「退耕環林（環草）政策による農村経済への影響——寧夏南部山区における農家調査をもとにした所得・就業構造の変化」保母武彦・陣育寧編『中国農村の貧困克服と環境再生 寧夏海賊自治区からの報告』花伝社、101-124頁。

シンジルト 2005「中国西部辺境と「生態移民」」小長谷有紀・シンジルト・中尾正義編『中国の環境政策 生態移民』昭和堂、1-32頁。

尖扎県地方誌編纂委員会 2003『尖扎県誌』甘粛人民出版社。

尖扎县林业环保局 2007『尖扎环』第38号。

向虎・関良彦 2003「中国の退耕環林と貧困地域住民」依光良三編著『破壊から再生へ アジアの森から』日本経済評論社、149-209頁。

—— 2005「生態移民に頼らない森の再生」小長谷有紀・シンジルト・中尾正義編『中国の環境政策 生態移民』97-121頁、昭和堂。

—— 2006「貧困地帯の生態建設」西川潤・潘季・蔡艶芝編著『中国の西部開発と持続可能な発展』同友館、145-176頁。

青海黄南林业和环保局 2002『青环监字』第17号。

青海省环境保护局 2002『青环发』第85号。

青海省环境保护厅 2010『青环发』第613号。

Manderscheid, Angela 2002 Revival of a Nomadic Lifestyle: A Survival Strategy for Dzam thang's Pastorarists. In Toni Huber (ed.) *Amdo Tibetans in Transition*, pp.271-289. Brill.

参考URL

原子力燃料政策研究会「アジア地域の安全保障と原子力平和利用」http://www.cnfc.or.jp/j/proposal/asia03/index.html（2014年7月15日閲覧）

終 章

道と路道学

——モンゴルのナショナルな地理を再想像するということ

オラディン・E・ボラグ
島村一平訳

はじめに：モンゴル [i] 経済の鉱業への転回と輸送の問題

　近年、モンゴルにおいて石炭、銅などの大規模な鉱床が発見されている。このことは、伝統的に牧畜を基盤としていたモンゴル国の経済が鉱業へと転回することを意味している [i]。モンゴル国は最近、「マインゴリア」というニックネームがつけられているが、これは鉱業セクターがこの国を繁栄へと導くことを確信していることの証左であろう [Bulag 2009: 129-134]。同時に、こうした鉱業分野の成功のゆくえは、鉱物を国外の市場へ輸出するための良好な輸送インフラの整備にかかっていると認識されるようになってきた。しかし、モンゴルという国は、中国とロシアに地理的に挟みこまれており、両者に対しても微妙な外交関係にある。そういうわけで、いかにして鉱山資源を輸送するかという重要な問題が湧き起こってきたのである。すなわち、中国とロシアのどちらのルートを利用するのか、ということである。

　2010年6月24日、モンゴル議会は、歴史的とも言える鉄道整備にかかる国家的政策要綱「32号決議案」を通過させた [EZMNS 2010]。その中で、「モンゴルは従来の広軌（レール間隔 1,520mm）を使用して全国に鉄道網を整備しなくてはならない」と発表された。驚くべきことにその政策要綱は、鉄道敷設（総延長 1,100km）の第一段階を南ゴビ県の県都ダランザドガドから始めることにして

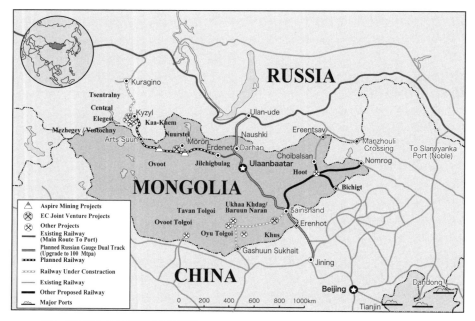

モンゴル国とその周辺域の鉄道網

いた。そして、同県に位置する大規模な石炭鉱床「タワントルゴイ」から鉄道を東に敷設し、サインシャンドでウランバートルへ連なる幹線へと接続する。さらに、サインシャンドから東へフートまでつなぎ、そこから北上してチョイバルサンへとつなげる。チョイバルサンは、ロシアのシベリア鉄道へとつながる連結点であり、この町から北へロシアと接続しようとしたわけである。

この計画は、大変な議論を巻き起こすような政策であった。なぜなら、モンゴルの主要な鉱山は同国の南部および南東部、すなわち中国国境の近くに位置しているからである。そしてモンゴルの産業界のみならず、アジア開発銀行や世界銀行などの外国のビジネスコミュニティも、中国の鉄道網と接続するために、迅速に南へ鉄道を敷設することを希望していた。そのためには鉄道の路線の幅の基準が、中国が採用しているレール間隔 1,435mm の狭軌方式を採用するべきだと思っていた。しかしながら、32 号決議において、中国へとリンクする鉄道敷設に関しては第二段階の中で言及されたのみであった。

この政策が採用されてから4年の月日が流れた。そして、モンゴル国議会は2014年10月24日においてはじめて、以下の4本の鉄道路線の建設を支持することになった［EZMNS 2012］。

　まずは中国の鉄道網にリンクされる2本の狭軌方式の路線である（①タワントルゴイーガショーンソハイト線、②フートービチグト線）。もう2本は、広軌方式を採用する2路線である（③モンゴル・ロシア国境のアルツ・ソーリからエルデネットに到る線。④タワントルゴイーサインシャンドーバローン・オルトーフートーチョイバルサンを結ぶ東西線およびフートーヌムルグ線）。

　この鉄道敷設計画は、長く消耗的な論争の結果であった。そしてそれは、中国とロシアからの強い圧力の結果でもあった。この論争は、1つの単純なロジックによってもたらされていた。すなわち「もしモンゴルが狭軌を採用するのならば、モンゴルは親中国派ということであり、もし広軌を採用するならばモンゴルは、親ロシア派ということになる」というものである。

　この出来事を通して、モンゴル人は、自国の鉄道に関する国家政策を2つの隣国の要求を満たすべく妥協を強いられた。そして何人かの大臣が罷免され、アルタンホヤグ政権は瓦解した。こうしたことは、間違いなくモンゴルにおける鉱物資源と輸送インフラを巡る地政学的状況によってもたらされたと言ってよいだろう。

　本論の意図は、親ロシア、親中国といったどちらかの党派を支持するためのものではない。むしろ鉄道敷設を巡るモンゴルの地政学的な自己認識を理解することにある。

　まず、以下の簡単な観察結果から始めたい。

　第一に、中国への鉄道の接続は、鉱物資源輸出を中心とするモンゴルの新たな経済発展のための前提条件として理解されてきたということである。第二に、こうした鉄道の接続は、仮にそれがうまく運営されないのだとしても、モンゴル国の領土的主権性の喪失へとつながると理解されていたということである。したがって中国との鉄道の接続は、モンゴルが何を最も望み、同時に何を最も恐れているのかという問題と接続（リンク）されるわけである。これぞ最　　強（パーレクサラーンス）の「禁じられた欲望」だと言えよう。

したがって、モンゴルにおける鉄道の問題は、経済学的な計算によって解決されるような単純なインフラの問題ではない。むしろ深淵な地政学的な意味を包含しているのである。私がここで議論したいのは、鉄道敷設がモンゴルにおける「地政学的インフラ」と私が呼ぶ問題を規定するということである。そこで提案するのは、地政学的な諸要因をインフラ開発の障害として見ることからの視座の転換である。また、鉄道を単にモンゴル国の経済発展の柱として見るのではなく、同国の政治的安定と自由と民主主義の追求のための柱として見直すという視座の転換を提言したいのである。

本論文で私が訴えたいのは「モンゴル路道学（Roadology）[ii]」というものを切り開く必要があるということである。この路道学とは、モンゴル国の鉄道や道路というものが地政学的なインフラとの関係における決定的な重要性を持つということを理解するためのものである。そのためには、道路建設およびモンゴル史における帝国というものを説き起こすことで、より長い歴史的背景とより広い地政学背景の中に「路道学」を位置づける必要があろう。

第 1 節　歴史的遺産：モンゴルにおける征服地としての道路

歴史上、モンゴル（高原）とモンゴル人にとって、道路が決定的な問題だとされた 2 つの時期があった。

第一に、モンゴル人は間違いなく、世界で初めて最も洗練された駅伝制度を確立したと言えよう。それによって 13 〜 14 世紀のモンゴル人の支配者たちは世界最大の版図を持つ帝国を経営することができたのである［Silverstein 2007: 141-164］。したがって、駅伝道路制度というものは、モンゴル帝国を帝国たらしめたものであったし、モンゴルの帝国建設のための道具でもあったのである。

第二に、17 世紀末から 20 世紀初頭にかけて満洲人たち（清朝）は、モンゴル高原に 5 つの駅伝網と万里の長城に沿って 5 つの通関口を建設し、維持してきた。モンゴルの諸集団は北京に対して貢物を運び、政治的な巡礼をするために特化した街道と関門を使うことを許可されたのである。清朝は、ジュンガルのモンゴル人たちを征服する過程において、「アルタイ軍台（軍事道路）」を整備した[2]。これは北京から内モンゴルを通ってフレー（庫倫）、オリヤスタイ、

ホブドとアルタイを結ぶ道路である。

簡潔に言えば、このモンゴル高原の街道は、以下のような特徴を持っていた。

1) 満洲人たちによるモンゴル人征服のための道具であるということ
2) 清朝皇帝の管轄下にあったということ
3) 駅伝には、懲罰の形でモンゴル人捕虜が手配されたということ

公的な駅伝道の整備と並行して、商業用に整備された街道（いわゆる「茶道」）が漢人たちの商人によって利用され、モンゴル高原から、またモンゴル高原に交易のための物品が輸送された。また、この街道はモンゴル人によって運営されていたのではなく、漢人商人によって運営されていたのである。

清朝時代を通して、道路は満洲人によって皇帝の統制を促進するために利用されたのであり、道路の維持はモンゴル人だけに負わされていた。したがって、街道は駅伝の従業員だけでなく、運営資金を調達していたモンゴルの旗の衙門（政府）にとっても重荷となっていった。したがって、街道がモンゴル人による抵抗の標的となっていったのは当然の帰結であった。例えば、1750年代の中ごろ、ハルハのホトゴイト郡王チングンジャブは、アマルサナーによって率いられたジュンガル・モンゴル人たちの最後の蜂起（失敗に終わったのであるが）に支えられて、駅伝を廃止した［Bawden 1968: 1-31］。この事件は、ハルハ・モンゴルと清朝の関係におけるターニングポイントとなった。すなわち、この事件によってハルハは清朝の同盟者から臣民へと身をやつしたのである。

この駅伝制度は、モンゴル高原にまで拡大した満洲人政権の一部であった。そのモンゴル高原は、中国との国境線であった万里の長城と柳条辺牆によって、中国本土と隔離されていた［Bulag 2012: 33-53］。また、駅伝制度は、モンゴル人が満洲人に対して漢人と同盟関係を結ぶことを防ぐためのものであった。あるいは、モンゴル人が中国を征服するのを防ぐためのものでもあった。街道は、満洲人（そして後に中国人）が、他の道を迂回することなくモンゴル高原にアクセスすることを保証したのだった。

したがって、ここで私が議論したいのは、駅伝街道と万里の長城は「閉ざされたモンゴルのナショナルな地理」の出現を促進させたということである。そ

して、このナショナルな地理は、20世紀における外モンゴルの独立と内モンゴルの自治区化の基礎となったのである。

第2節　拡張的か収縮的か：対立する2つの鉄道ナショナリズム

　清朝が終焉へと向かっていた頃、帝国の権力が漢人官僚の手に移っていく。それによってロシアと日本が満洲にて鉄道敷設を開始した。そうした中、清朝末期の政権とその後継者を自認する中華民国にとって、モンゴル高原の中国本土への統合は核心的な政策になっていった。道路建設、特にモンゴル高原内部への鉄道敷設は中国にとって最優先事項であった。この政策は、「移民実辺」と呼ばれた事業計画の中で、辺境防衛のためモンゴル高原への中国人移住者を輸送するためになされた。そして、モンゴル高原の鉱物資源を搾取するためでもあったのである。

　1903年、北京からウルガ（外モンゴルの都、現在のウランバートル）まで、初めて中国が100％出資する鉄道の敷設が企図された。敷設工事は1905年に始まり、1907年までにモンゴル高原への中国の関門である張家口まで到達した。ロシア人と日本人による満洲鉄道の敷設と中国の鉄道が内モンゴルへ接続されたことによって、中国人の満洲や内モンゴルへの大規模な流入が進んでいった。このことによって、モンゴル高原の独立運動が引き起こされたのである［达日夫2011］。

　20世紀初頭における中国のナショナリズムは、私の考えるところでは、鉄道が中心となっていた。そして鉄道は、非中国人系の住民が住む遠方の国境地帯と中国内地を統合する上で最も効果的な方法だと考えられていた。この未来像は、1912年6月、上海で中国鉄路総公司を設立した孫文によって提唱されたものである。それは彼が1912年2月に中華民国臨時大総統の地位を退いて直後のことであった。

　1921年、孫文は、広州軍政府の非常大総統就任を宣言した頃、『建国方略』を出版している。その著書の中で彼は、10〜20年の間に総延長10万kmの7本の主要鉄道を中国に建設することを提案した。これは、今までに類を見ない最も野心的な鉄道計画であった[3]。

中国のナショナリズムは、その起源からして鉄道とリンクされていた。鉄道は経済発展の道具としてではなく、むしろ重要なのは、国家統合のための道具としてナショナリズムとつながっていたことである。中国のナショナリズムは、「拡張的ナショナリズム (expansive nationalism)」として特徴づけることができるであろう。特にモンゴル高原地域へと抜ける通路も、中国ナショナリズムを帯びたこの鉄道敷設のターゲットとされていたのである。

近代モンゴルのナショナリズムは、中国における鉄道建設への反応として出現し、発展した。鉄道建設は、モンゴル人が暮らす満洲と内モンゴルへの通路の貫通と中国人のそれらの地域への大規模な移住をもたらした。こうした鉄道のことをモンゴル人は、火龍（fire-snake）のようなものだと考えた。ハルハ・モンゴルの活仏ジェブツンダンバ8世は、「間もなくモンゴル高原が火龍によって取り囲まれるような困難な時代がやってくるだろう」と予言したと言われている。火龍とは鉄道の喩えであることは言うまでもない。内モンゴルに多くの中国人が移住してくるにつれて、多くのモンゴル人がハルハ・モンゴルを含めた中国の影響がない北方の地域へと逃亡した。したがって、モンゴルのナショナリズムは「収縮するナショナリズム（contractive nationalism）」として特徴づけることができるかもしれない。こうしたナショナリズムは、中国による鉄道建設とモンゴル人居住地域への中国人の移住者の定着に対するダイレクトな応答なのである。

第3節　悲劇の地理学から希望の地理学へ：
モンゴル高原の地理を再想像する

中国の「拡張的ナショナリズム」とモンゴルの「収縮するナショナリズム」という2つのナショナリズムは、興味深い方向性を持っている。すなわち、私がここで「相反する領土性（reverse territoriality）」と呼ぶものである［Bulag 2015］。中国は今や、万里の長城という歴史的境界線を越えて満洲とモンゴルへ進攻するという野望を持つようになった。それは、単に経済的な生存を追求するためのものではなく、彼らが「失われた中国人の土地」と呼ぶ地域を統制下におくためのものであった。これは歴史上、前代未聞の出来事であった。その一方で

モンゴル人たちは、中国人の移住者たちを侵略者だと理解するようになった。さらに中国人の流入を食い止めるためにナショナルなモンゴルの「長城」を築くことを望むようになった。つまり鉄道や道路の中国への接続は、おおいなる相反する感情（アンビバレンス）と恐れを持って、理解されるようになったのである。

　今日、モンゴル国は中国とロシアによって内陸に封じられた国だと自身を理解している。私の意見では、この内陸（landlock）とは単純に海への出口がないことを指しているのではない。むしろ国境と隔離された地域性によって、より広い市場にアクセスできないという重荷を負わされていることを指しているのである。この点において、モンゴル国のこうした陸封的状況は2つの意味を持つ。第一に、海や広範な国際市場へのアクセスが物理的に封鎖されてしまっているということ。第二に、モンゴル国が、国境を接する隣国たる中国と陸上で接続されているということ。中国は東アジア最大の市場でもある。

　ここで私が議論したいのは、この陸封性（landlockedness）という概念によって、モンゴル国は自身の地理的状況を「悲劇的な地理（tragic geography）」として理解するようになったということである。ある面では、モンゴル国は、今までアクセスできなかった西洋の市場にアクセスすることに非常に興味を持っている。その理由は、彼らの想像の中においても現実的にも、モンゴル人は彼らの製品は西洋ではより高い値段で取り引きされるから、西洋の市場の方がより好ましいと信じているからである。その一方で、モンゴル国は中国の市場を恐れている。いい値段で取り引きされないばかりでなく、中国の市場で生き残っていけるかどうか自信がないからである。したがって、中国の市場はモンゴル国を吸い込むようなダークホールだと見なされている。そして、このダークホールをモンゴル人は強く恐れている。

　モンゴル人は鉄道政策を巡って、こうした欲望と反感の中で疲れ果ててしまっている。すなわち、モンゴル国は、国際的な市場にアクセスするために鉄道をより中国国境の関門に接続することを望んでいる一方で、中国の鉄道システムと直接リンク可能な狭軌規格の鉄道に対して断固として反対するのである。

　しかしながら、この「悲劇の地理学」を克服する可能性を持った新たな展開も現れ始めている。2014年9月11日、タジキスタンの首都ドゥシャンベで開

催された上海協力機構の首脳会談において、モンゴル国の主導でモンゴル・ロシア・中国の首脳会談が開かれた。そこで国境を越えたインフラ開発に関する合意が得られた。そこでモンゴルの大統領は、3カ国間におけるモノとサービスの流れを増やすためにモンゴルの領土を中ロ間の国際的な交通網の通路として使うことを提案したのである。これに対して、中国の習近平国家主席は、3カ国間の経済回廊の建設を提案することで賛意を表明した。この経済回廊は、中国が主導するシルクロード経済ベルトとロシアの大陸横断鉄道計画、そしてモンゴルのステップロード計画[4]を結合することができるものであった。その後にウランバートルで副外相レベルのフォローアップ三者会談（2014年10月30日）が開催され、あらためて三者間の国際協力と親善が表明された［MUGKhY 2014］。

　ドゥシャンベの会議は、モンゴル国およびモンゴル高原地域全体の性格を変える大きな可能性と持っているという点において、モンゴル史における重要な出来事となった。

　そこで私が議論したいのは、モンゴル国は自らの立ち位置を「通過国（transit nation）」として再定義するようになったという点である。

　「ステップロード」という概念は、ユーラシア大陸にまたがった世界レベルの交通の中にモンゴル国をマッピングするということを約束するだけのものではなく、同国を孤立から脱出させるものであった。このことは、モンゴル人の「悲劇的な地理」という自己認識からの脱却を意味しているのである。すなわち、自分たちは内陸に封じられ監禁された「囚われの身」であるという感情から世界の輸送産業の中心へと躍り出るという脱却である。

　2つの隣国と接続しサービスを提供する通過領域として、新らたにモンゴル国は地理を想像している。このことはモンゴルの「悲劇的な地理」という過去の想像からの決別であるという点で非常に興味深い。私はこうした新しい地理を「希望の地理学（Geography of Hope）」と呼んでおきたい。

　この希望の地理学は、以下のような読みに基づいている。まずモンゴル国の2つの隣国は経済的なリンクを必要としている。そして、モンゴル国はそれを促進させることができる。したがって、モンゴルは政治・経済双方の点において利益を得ることができる、というものである。

モンゴルが率先して通過国になろうとすることは、世界の天然資源の再構成というコンテキストの中で評価されなくてはならないだろう。以前の鉄道政策は、天然資源の高い需要と高価格に基づいていた。しかし(特に石炭について)ニーズの削減のために価格の大幅値下げを行うことは、通過国概念を形成する上でキーファクターとなってきた。言い換えるならば、鉄道が中国と接続されることでモンゴルの天然資源が中国へと失われるのだという懸念は、もはや無用のものとなったのである。ロシアは国際的に孤立しており、中国はヨーロッパ市場に至ることを欲している。しかし、中国がロシアのガスとオイルを安価に手に入れるには、主導権を有するモンゴルが厭わずにサポートするか否かが重要なファクターとなっているのである。また、通過による運送業の利益の獲得によって、モンゴル国は財政収入が得られる付加的な場（additional venue）となったのであり、実際、大幅なコスト削減にもつながるのである。

結論　未来のモンゴルのための地政学的インフラ

　本論では、私はモンゴルと中国のナショナリズムが鉄道を中心的課題としてきたことを論じてきた。中国にとって鉄道が、領土拡張とモンゴル高原を含む辺境の統合のための道具として存在してきたことに対して、モンゴル人にとっては大いなる矛盾する感情と恐れが伴うものであった。鉄道は、好ましいものであると同時に危険なものでもあったのである。その結果、モンゴル人たちは、私が「悲劇の地理学」と呼ぶ興味深い地理学的概念を生み出したのである。この「悲劇の地理学」の意味するところは、中国とロシアによってモンゴルは外部世界から隔離されてしまっているというものである。もっと言うならばこの地理学的概念は、モンゴル国の鉄道政策の中心にあったのである。

　しかしながら、同時に中国とロシアに挟まれているというモンゴルの経済地理的な立ち位置は、私が「希望の地理学」と呼ぶものを生み出しもした。この希望の地理学は、モンゴル人の情熱を中国のみに接続するよう駆り立てるものではなく、中国とロシアを連結し、さらに中国からロシアを経由してヨーロッパへ接合するためのものである。「悲劇の地理学」は「陸封された国としてのモンゴル国（landlocked Mongolia）」を意味したが、希望の地理学は、モンゴ

ル国を通して中国とロシアをリンクする「陸をつなぐモンゴル国（land-linking Mongolia）」を提案する。

　私は、早急に悲劇の地理学が希望の地理学に取って替わることを提案しているわけではない。また、モンゴルの収縮的ナショナリズムが雲散霧消するだろうと言っているわけでもない。むしろ、2つの地理学は並行して存在し続けるであろう。とはいえ、私が議論したいのは、モンゴルが「ステップロード／シルクロード経済帯」に沿って1つの「通過国」として自らを想像すること、そして、それによってモンゴルの鉄道が希望の地理学へと傾いていくかもしれないという未来の討論なのである。

　もし「通過国」と「ステップロード（草原の道）」がモンゴルの経済発展にとって鍵概念になるのならば、そしてもし経済的繁栄が健全な民主国家の礎となるならば、「通過国概念とステップロード概念が、モンゴルの地政学的インフラを構成する」という議論は、論理的であると言えよう。そして、世界の輸送ネットワークに巻き込まれることで、モンゴル国の国家主権はより強固に守られるであろう。モンゴルの経済的安定も保証されるに違いない。モンゴルが政治的にも経済的にもより安定すれば、家畜の中で暮らしてきた市民の海外移住や深刻な頭脳流出を止めることもできるであろう。モンゴルがこうした地政学的インフラを構築できたならば、同国に関心のあるどんな外資に対しても、より良い投資環境を提供できるようになるであろう。

　この点において、自由と民主主義に基づいたモンゴル国家の未来は、より良い地政学的なインフラの整備にかかっていると言ってよい。通過国になること。そしてステップロードを建設すること。この2つによる地政学インフラの改善は、モンゴルが自由と民主主義の追求を放棄することを意味するものではない。また、西欧のいくつかの国が信じているような「第三の隣国の政策」の後退を意味するものでもない。むしろその逆なのである。

註
(1) もう1つの勃興しつつあるセクターは観光業であり、それは鉱業のオルタナティブとして促進されつつある。
(2) このテーマに関する先駆的な研究として金峰による諸論考が挙げられる［金峰 1979a, 1979b, 1980］。
(3) 『建国方略』は1917年から1920年にかけて執筆された三部作品である。鉄道敷設

計画に関する部分は、元々 1920 年に英語で出版された。その題名は *The International Development of China* であった。この論考は 1921 年 10 月に漢語に「实业计划（実業計画）」という題で翻訳された。1922 年版の建国方略の英語版は以下のサイトで読むことができる。https://archive.org/details/developmentchina00suny

(4) モ・露・中サミットにおけるモンゴルの Ts. エルベグドルジ大統領のスピーチはモンゴル国大統領のサイト［President of Mongolia 2014］で確認できる。また習近平の提案に関しては、2014 年 9 月 12 日の中新網［Qin 2014］を参照のこと。この新たな地政学的展開に対する重要な評価としてはアリシア・キャンピの論考［Campi 2014］がある。

訳 註

(i) 本章においてボラグは、Mongolia という言葉をモンゴル国（旧外モンゴル）と中国内モンゴルを合わせたモンゴル人の居住地域という意味で使うと同時に場合によっては「モンゴル国」を指す語としても使っている。本訳では、文脈から判断して広い意味でのモンゴル人居住地域としての Mongolia を指している場合は「モンゴル高原」と訳し、現在の「モンゴル国」を指す場合は「モンゴル国」あるいは「モンゴル」と訳出した。

(ii) 本論でボラグは road という語をいわゆる「道路」という意味としてだけでなく、鉄道（railroad）を含めた意味で使っている。そこで漢語も操る著者と相談した上で、あえて「道路学」ではなく「路道学」と訳出した。「路道」とは線路と道路の 2 つを包含する概念である。造語的な訳出を試みたのは、Roadology がボラグの造語であることにもよる。

参考文献

Bawden, Charles R. 1968 'The Mongol Rebellion of 1756-1757' *Journal of Asian History*, Vol.2, No.1, pp.1-31.

Bulag, Uradyn E. 2009 'Mongolia in 2008: From Mongolia to Mine-golia.' *Asian Survey* 49, no.1, pp.129-134.

—— 2012 'Rethinking Borders in Empire and Nation at the Foot of the Willow Palisade' in Franck Billé, Caroline Humphrey & Grégory Delaplace (eds.) *Frontier Encounters: Knowledge and Practice at the Russian, Chinese and Mongolian Border*. Cambridge: Open Book Publishers. http://www.openbookpublishers.com/reader/139

—— 2015 (forthgoming) 'Reverse Territoriality: Mongol Sedentarisation, Chinese Nomadism, and Regionalism in North China'. In『中国北部辺境地域における多民族地域社会の再編』edited by Borjigin Burensain. 名古屋：名古屋大学大学院比較人文学研究室．

Campi, Alicia 2014 'Transforming Mongolia-Russia-China Relations: The Dushanbe Trilateral Summit', *The Asia-Pacific Journal*, Vol. 12, Issue 45, No. 1.
http://www.japanfocus.org/-Alicia-Campi/4210

Silverstein, Adam J. 2007 *Postal Systems in the Pre-Modern Islamic World*. Cambridge: Cambridge University Press.

金峰 1979a「清代内蒙古五路驿站」『内蒙古师范学院学报』1979 年第 1 期。

—— 1979b「清代外蒙古北路驿站」『内蒙古大学学报』，1979 年 3、4 期。

—— 1980「清代新疆西路军台」，『新疆大学学报』1980 年第 1、2 期。

达日夫 2011『中东铁路与东蒙古』、内蒙古大学博士论文。

インターネットサイト
EZMNS（Erkh Zuin Medeelliin Negdsen Sistem, モンゴル国法律情報統合システム）2010 Töröös tömör zamyn teevriin talaar barimtlakh bodlogo（鉄道輸送に関するモンゴル政府の依拠する政策）
　　http://www.legalinfo.mn/annex/details/3342?lawid=6633
 EZMNS（Erkh Zuin Medeelliin Negdsen Sistem, モンゴル国法律情報統合システム）2012 Mongol Ulsyn Ikh Khuralyn Togtool（モンゴル国議会決議）
　　http://www.legalinfo.mn/law/details/10742?lawid=10742
MUGKhY（Mongol Ulsyn Gadaad Khergiin Yam, モンゴル国外務省）2014　Mongol Uls, OKhU, BNKhAU-yn gurvan talyn gadaad khergiin ded said naryn tuvshnii ankhdugaar zövlöldökh uulzalt bolov（モンゴル国、ロシア連邦、中国の三国外相レベルの初会合が行われる）
　　http://www.mfa.gov.mn/index.php?option=com_content&view=article&id=3695%3A2014-10-30-08-17-41&catid=43%3A2009-12-20-21-55-03&Itemid=62&lang=mn
President of Mongolia 2014 SPEECH BY PRESIDENT OF MONGOLIA TS.ELBEGDORJ AT THE TRILATERAL MEETING BETWEEN THE HEADS OF STATE OF MONGOLIA, RUSSIA AND CHINA
　　http://www.president.mn/eng/newsCenter/viewNews.php?newsId=1276
Qin Dexing　2014 Xi proposes to build China-Mongolia-Russia economic corridor
　　http://www.ecns.cn/business/2014/09-12/134067.shtml

あとがき

　本書は、滋賀県立大学の学内プロジェクトである重点領域研究『内陸アジアにおける地下資源開発による環境と社会の変容に関する研究――モンゴル高原を中心として』（代表：棚瀬慈郎、2012 年度〜 2014 年度）の助成を受けて出版されたものである。

　このプロジェクトでは、本書のほかに英語の書籍 1 冊の出版、そして多くの論文発表といった成果を産み出した。また 2013 年 1 月にケンブリッジ大学と共同でシンポジウムを開催したほか、2014 年 12 月には、モンゴル科学アカデミー地球環境学研究所および歴史学研究所の協力を得て、滋賀県立大学において国際シンポジウムを開催することができた。さらに本研究は、いくつかの科研のプロジェクトに発展しており、それらは現在進行中である。

　こうした成果を産み出すことができたのは、メンバーである国内外の研究者の努力もさることながら、多くの人々の支えを得てのことである。特に、このプロジェクトの意義を認めて、重点研究領域として強力に後押ししてくださった滋賀県立大学の大田啓一学長および布野修司副学長（研究担当理事）にお礼を申し上げたい。

　また本研究の円滑な事務処理を遂行する上で、本学財務グループの三和田大衛統括および橋本惇氏に大変お世話になった。特に橋本氏には、我々の研究プロジェクトのために、連日夜遅くまで書類の作成に付き合っていただいた。本書の陰の立役者であると言ってもよい。

　明石書店の佐藤和久氏には、シンポジウムの開催から本の出版まで 3 カ月という短期間にもかかわらず、迅速に編集業務をこなしていただいた。本書は、モンゴル語や英語で執筆された原稿の翻訳論文を多く含み、外国語の用語も多く登場する。こうした多言語の混ざる、複雑な編集や校正の作業を期日内に収めることができたのは、モンゴルの状況やモンゴル語に詳しい佐藤氏の活躍によるところが多い。

　皆さん、ありがとうございました。

編者記す

【編著者紹介】

棚瀬 慈郎（たなせ　じろう）
　滋賀県立大学人間文化学部・教授。文化人類学・チベット地域研究専攻。博士（人間・環境学）。
　1959年愛知県生まれ。学部生時代、インド旅行中にダラムサラにおいてチベット人と出会い、チベット研究を志す。1990年、京都大学大学院文学研究科博士課程研究指導認定退学。
✎主な著書：*The Tibetan World of the Indian Himalaya: An Ethnography of the Garden of Dakini* (Manohar, 2012)、『インドヒマラヤのチベット世界――「女神の園」の民族誌』（明石書店、2001年）、『ダライラマの外交官ドルジーエフ――チベット仏教世界の20世紀』（岩波書店、2009年）、『旅とチベットと僕　あるいはシャンバラ国の実在について』（講談社、2013年）、『四つの河、六つの山脈――中国支配とチベットの抵抗』（訳書、山手書房新社、1993年）ほか、論文多数。

島村 一平（しまむら　いっぺい）
　滋賀県立大学人間文化学部・准教授。文化人類学・モンゴル地域研究専攻。博士（文学）。
　1969年愛媛県生まれ。大学を卒業後、ドキュメンタリー番組制作会社に就職するも、取材で訪れたモンゴルに魅了され退社、モンゴルへ留学。1998年、モンゴル国立大学大学院修士課程修了（民族学）。2003年、総合研究大学院大学博士後期課程単位取得退学。2013年度日本学術振興会賞、地域研究コンソーシアム賞、2014年度大同生命地域研究奨励賞をそれぞれ受賞。
✎主な著書：*The Roots Seekers: Shamanism and Ethnicity among the Mongol-Buryats* (Yokohama: Shumpusha Publishsers, 2014)、『チンギス・ハーンは誰の英雄なのか――モンゴル、日本、中国、欧米、ロシアの比較を通して』（アドモン出版、2013年、[モンゴル語]）、『増殖するシャーマン――モンゴル・ブリヤートのシャーマニズムとエスニシティ』（春風社、2011年）。論文多数。

【執筆者紹介】

ウチラルト（Wuqiriletu）
　オーストラリア国立大学アジア太平洋学研究科リサーチフェロー、博士（社会学）。文化人類学専攻。
✎主な著作：「気功と現代中国――河南省における気功師の神格化現象」（川口幸大、瀬川昌久編『現代中国の宗教――信仰と社会をめぐる民族誌』昭和堂、2013年）、「1950年代中国における社会主義建設と気功療法の形成」（早稲田大学アジア研究機構編『次世代アジア論集』2009年）、'The Creation and Re-emergence of Qigong in China', in Yoshiko Ashiwa and David L Wank, eds. *Making Religion, Making the State: The Politics of Religion in Modern China,* (Stanford University Press, 2009).

岡野 寛治（おかの　かんじ）
　滋賀県立大学環境科学部・教授。農学博士。畜産学専攻。
✎主な著書：岡野寛治・北川政幸「第8章2．牛舎と施設」（入江正和・木村信熙監修『肉牛用の科学』養賢堂、2015年）、北川政幸・岡野寛治「第9章　家畜飼養の実際『4．肉牛』」唐澤豊・大谷元・菅原邦生編『畜産学入門』文永堂、2015年）、Okano, K., N. Ohkoshi, A. Nishiyama, T. Usagawa and M. Kitagawa. Improving nutritive value of bamboo, *Phyllostachys bambusoides*, for ruminants by culturing with the white-rot fungus *Ceriporiopsis subvermispora*. *Animal Feed Science and Technology*, 152: 278-285 2009.

ゲレルトオド、ダシドンドグ（GERELT-OD, Dashdondog）
　慶應義塾大学大学院政策・メディア研究科修士課程在学中。モンゴル科学アカデミー地球環境学研究所・研究員。陸水化学専攻。
✎主な論文：Gerelt-Od, D., Erdenechimeg, B., 'Result of water quality research study of central sources of urban supply of Ulaanbaatar city Mongolia', Special edition. "*Geoecologycal issues of Mongolia*", Institute of Geoecology, Ulaanbaatar, 2012. Gerelt-Od, D., Javzan, Ch., Erdenetsetseg, D., and Batsaikhan, G. 'Chemical composition of precipitation around the Ulaanbaatar city'. In "*Hydrogeology, Engineering Geology and Geoecological Problems of Mongolia*", Mongolian University of Science and Technology, Department of Hydrogeology,. In Engineering Geology and Geoecology, Ulaanbaatar, 2011, pp.168-176.

厳 網林（げん　もうりん、YAN Wanglin）
　慶應義塾大学環境情報学部・教授。工学博士。地理情報科学専攻。
✎主な著書：『アジアの持続可能な発展に向けて――経済・社会・文化の視点から』（田島英一との共編著、慶應義塾大学出版会、2013年）、『ザ環境学――緑の頭の作り方』（小林光、一ノ瀬友博、池田靖史との共著、勁草書房、2013年）、『国際環境協力の新しいパラダイム――中国の砂漠化対策における総合政策学の実践』（編著、慶應義塾大学出版会、2008年）。

ジャブザン、チョイジルスレン（JAVZAN Choijilsüren）
　モンゴル科学アカデミー地球環境学研究所・環境調査部長。PhD。環境科学・陸水化学専攻。
　主な論文：Brumbaugh, W.G., Tillitt, D.E., May, T.W., Javzan, Ch., Komov, V.T. "Environmental survey in the Tuul and Orkhon River basins of north-central Mongolia, 2010: Metals and other elements in streambed sediment and floodplain soil"(*Environmental Monitoring and Assessment*. Columbia, 2013)。Julien Demeusy, Win van der Linden, and Ch. Javzan「水質と環境に関するいくつかの問題」(『オルホン川流域の水量の統合マネージメント計画』、pp.145-248、2012 年、[モンゴル語])。Ch. Javzan「オルホン川流域の鉱山工場の影響下にある河川の水質と汚染」(『大地とのかかわり』誌、2(20)、2012 年 [モンゴル語]) など。

ジャンチブドルジ、ルンテン（JANCHIVDORJ Lunten）
　モンゴル科学アカデミー地球環境学研究所・陸水資源利用部・部長。博士（自然地理学）。自然地理学・治水学専攻。
　主な著作：Janchivdorj, L. et al *Tuul river: Ecological change and Water management issues*, Ulaanbaatar, 2011. Janchivdorj, L. *Guidelines for Hydraulic construction planning, Design and Survey*, Ulaanbaatar, 2011(Mongolian). Jangmin CHU, Chang Hee Lee, Lunten Janchivdorj, Bair Gomboev et.al *Integrated Water Management Model on the Selenge River Basin*: (Development and Evolution of the IWMN on SRB) , Seoul, Korea, 3 phase, 2009-2010. Emerton. L, Erdenesaikhan. N, Janchivdorj. L at al. *The economic value of the Upper Tuul Ecosystem*. World Bank, Washington DC 20433 USA 2009. Janchivdorj, L. *Rain water harvesting and Flood flash*, Ulaanbaatar, 2008(Mongolian).

チョローン、サンピルドンドブ（CHULUUN Sampildondov）
　モンゴル科学アカデミー歴史学研究所・所長。教授。歴史学博士。歴史学専攻。
　主な著書・論文：*Senri Ethnological Reports13: Culture of Mongolian Biddhism*（National Museum of Ethnology, Osaka, 2013). (Co-edited with U.Bulag) *The Thirteenth DALAI LAMA on the Run*. (1904-1906): Archival documents from Mongolia. (Brill. 2013); (Co-edited with U.Bulag) *Trans-Continental Neighbours: A Documentary History of Mongolia-UK Relations*. (Cambridge: Mongolia and Inner Asia Studies Unit & Ulaanbaatar: Mongolian Academy of Sciences, 2013); 'The Mongolian Revolution; memories of the witnesses and historical records'. (*Conference Held on the Occasion of the 100th Anniversary of the Mongolian Recolution for the Independence*. Budapest, 2013）

デラプラス、グレゴリー（DELAPLACE, Gregory）
　パリ第 10 大学（ナンテール大学）人類学科長。講師。PhD。社会人類学専攻。
　主な著書・論文：(co-edited with Franck Billé and Caroline Humphrey) *Frontier Encounters. Knowledge and Practice at the Russian, Chinese and Mongolian Border*. (Cambridge: Open Book Publishers, 2012). 'Establishing mutual misunderstanding. A Buryat shamanic ritual in Ulaanbaatar'(*Journal of the Royal Anthropological Institute* 20/4, 2014).「ヒップホップ事情——歌詞に表現された倫理と美学」（小長谷有紀・前川愛編『現代モンゴルを知るための 50 章』明石書店、2014 年）、'Chinese ghosts in Mongolia', (*Inner Asia* 12, 2010). L'invention des morts. Sépultures, fantômes et photographie en Mongolie contemporaine. (*Nord-Asie* 1, Paris: EMSCAT 2009)

デンチョクジャプ（旦却加）
　滋賀県立大学大学院人間文化研究科・博士後期課程在学中。文化人類学専攻。
　中国青海省出身。現在は、チベット人居住地域における土地を巡る紛争をテーマに研究を続けている。

中澤　暦（なかざわ　こよみ）
　滋賀県立大学環境科学部・特任研究員。博士（環境科学）。環境科学・環境リスク学専攻。
　主な論文：中澤　暦ら「琵琶湖北部の森林流域から流出する硫酸イオンの動態と起源解析」(『陸水学雑誌』76, 2015 年)、Nakazawa, K. et.al., Using bulk deposit samplers to evaluate pollutant loads from atmospheric deposition (*Journal of Ecotechnology research* 15 (2), 2010). 中澤　暦ら「琵琶湖集水域への大気降下物負荷量の季節変動」(『土木学会環境工学研究論文集』46, 89-94, 2009 年)。

永淵　修（ながふち　おさむ）
　滋賀県立大学環境科学部・教授。博士（工学）。環境科学専攻。
　🖋主な著書・論文（分担執筆）：永淵　修 ほか『水銀に関する水俣条約と最新対策・技術』（監修 高岡昌輝、シーエムシー出版、2014年）。Nagafuchi, O. et.al., The temporal record and sources of atmospherically deposit fly-ash particles in Lake Akagi-konuma, a Japanese mountain lake, (*Journal of Paleolimnology*, 42, 2009). Nagafuchi, O. et.al., Hydrochemical Characteristics of the Mongolian Plateau and its Pollution Levels. (*Inner Asia* 16/2, 2014).

ナムタルジャ（南多加）
　滋賀県立大学大学院人間文化研究科・博士後期課程在学中。文化人類学専攻。
　中国青海省出身。青海省の遊牧地域における、生態移民政策と定住化プロジェクトの影響についての調査を継続中。

ビャンバラクチャー、ガンボルド（BYAMBARAGCHAA Ganbold）
　モンゴル科学アカデミー歴史学研究所・研究員。修士。社会・文化人類学専攻。
　🖋主な論文：S. Chuluun and G. Byambaragchaa "Satellite Nomads; Herders strategy of Mongolian Mining area", (*Inner Asia*, 16/2, 2014). G. Byambaragchaa "On the ethnonym 'Tukha'" (*Proceedings of the conference of the Tuvan Institute of Humanities in Kizil*, 2013). G. Byambaragchaa "Mongolians traditional toys: Culture and social role" (Research journal of Institute of history, MAS. "*Ethnology*" 21-22, 2014)

包　宝柱（ぼぉう　ぼぉうじゅー）
　中国内モンゴル民族大学モンゴル学学院講師。民族学専攻。博士（学術）。
　🖋主な論文：「中国の生産建設兵団と内モンゴルにおける資源開発――内モンゴル新興都市ホーリンゴル市の建設過程を通して」（『人間文化　31』滋賀県立大学人間文化学部研究報告、2012年）。「内モンゴル中部炭鉱都市ホーリンゴル市の建設過程における地域社会の再編――ジャロード旗北部のバヤンオボート村を中心に」（ボルジギン・ブレンサイン編著『内モンゴル東部地域における定住と農耕化の足跡』名古屋大学大学院文学研究科比較人文学研究室、2013年）。

ボラグ、オラディン・E.（Uradyn E. Bulag）
　ケンブリッジ大学社会人類学部教授（reader）。PhD。社会人類学（内陸アジア・東アジア研究）、地政学・歴史学専攻。
　🖋主要な著書：*Collaborative Nationalism: The Politics of Friendship on China's Mongolian Frontier* (Rowman & Littlefield, 2010), *The Mongols at China's Edge: History and the Politics of National Unity* (Rowman & Littlefield, 2002), *Nationalism and Hybridity in Mongolia* (Clarendon Press, 1998).

【翻訳者紹介】

堀田あゆみ（ほった　あゆみ）
　国立民族学博物館・外来研究員。博士（学術）。文化人類学専攻。
　🖋「モノに執着しないという幻想――モンゴルの遊牧世界におけるモノの利用をめぐる攻防戦」（『総研大文化科学研究』、2012年）.「よく死んだよ、今年は――2010年モンゴル・ゾドの現場から」（生き物文化誌学会『BIOSTORY』(14)、2010年）。'MODERNOLOGY IN MONGOLIA ― Material culture examined through garbage as object', (*Summer School of Young Mongolists-2009 The International Scientific Conference*, National Association for Mongol Studies, Ulaanbaatar, 2009 [英語およびモンゴル語]）

八木風輝（やぎ　ふうき）
　滋賀県立大学人間文化学研究科地域文化学専攻・博士前期課程在学中。文化人類学専攻。
　🖋主な論文：「社会主義期におけるモンゴル・カザフの民族音楽の創造――民族音楽文化の移植と並立する2つのカザフ民族音楽」（滋賀県立大学人間文化学部紀要『人間文化』37号、2014年）、Performing Two Types of National Music: The Creation of Kazakh Music in Mongolia during the Socialist Era (Kazakhstan, "Social and cultural practice in Eurasia on the imperial space" International scientific conference's material, 2014)

Steppe and Mine

: Natural Resource Development and Environmental Problems in Mongolia and Tibet

Edited by Jiro Tanase and Ippei Shimamura

Introduction. Nomadic Civilization and Mining, or the Old and New Problems
(Jiro Tanase and Ippei Shimamura) / *3*

Part 1 Mining Developments in Mongolia: History and Social Changes

Chapter 1. Searching for Ores: A History and Materials on Mongolo-Soviet Joint Geological Research Projects (Sanpildondov Chuluun) / *27*

Chapter 2. An Open Air Treasure in Mongolia: A Short History of the Uranium Mining Town of Mardai (Grégory Delaplace) / *39*

Chapter 3. The Satellite Nomads, or the Survival Strategy of Nomadic Herders around the Oyu Tolgoi Mine in the South Gobi (Ganbold Byambaragchaa) / *53*

Chapter 4. Migratory Shamans: Mining Development and the Shamanic?Activities around the Oyu Tolgoi Mining Site.? (Ippei Shimamura) / *77*

Part 2 Mining Developments in Mongolia: Impacts on Natural Environment

Chapter 5. Mining Development and Natural Environment in Mongolia
(Choijilsuren Javzan) / *111*

Chapter 6. Environmental Impacts of Placer Gold Mining Industries in Zaamar, Tov Province
(D. Gerelt-Od, W.Yan, and L.Janchivdorj) / *133*

Chapter 7. Mining Development and its Effects on Human Health: A Case Study on Oyu Tolgoi and Tavan Tolgoi in South Gobi (K.Nakazawa, O.Nagafuchi, and K.Okano) / *147*

Chapter 8. Impacts on the Water Quality of the Rivers in Mongolia: A Case Study on Gold Mining Sites around the Orkhon Basin (Ch.Zavzan, B.Gantsooj, A.Saulegül, Ts.Erdenetsetseg, D.Tömörsükh, S.Bayanbileg, J.Tsogtbaatar) / *164*

Part 3. To Resist or To Adjust? Minorities and the Exploitation of Natural Resources in Inner Mongolia and Amdo Tibetan Areas.

Chapter 9. Environmental Crisis and Survival Politics: A Case Study from Inner Mongolia
(Wuqiriletu) / *183*
Chapter 10. The Birth of "Bulwalk Villages" Contesting against the Coal Mining Development: A Case Study on the Hoolingol Coal Mine in Inner Mongolia
(Bao Bao Zhu) / *205*
Chapter11. Protect What for Whom? Environmental Protection Policy of China and the Amdo Tibetans. (Denchokjap) / *243*
Chapter 12. Nomads Driven from Grasslands. Ecological Migrants and Sedentarization Program in Huan Nan Tibetan Autonomous District of Qinhai. (Namtharja) / *260*
Chapter13. Pollution, the Returning Farmland to Forest Policy, and Birth Control: Modern China Seen from the Villages of Huan Nan Tibetan Autonomous District of Qinhai.
(Jiro Tanase) / *275*

Final Chapter. Roads and Roadology: Reimagining Mongolia's National Geography
(Uradyn E. Bulag) / *291*

Afterword (Jiro Tanase and Ippei Shimamura) / 305

草原と鉱石
──モンゴル・チベットにおける資源開発と環境問題

2015年3月20日　初　版　第1刷発行

編著者	棚　瀬　慈　郎
	島　村　一　平
発行者	石　井　昭　男
発行所	株式会社　明石書店

〒101-0021　東京都千代田区外神田6-9-5
電話 03（5818）1171
FAX 03（5818）1174
振替　00100-7-24505
http://www.akashi.co.jp/

組版／装丁	明石書店デザイン室
印刷	日経印刷株式会社
製本	日経印刷株式会社

（定価はカバーに表示してあります）　ISBN978-4-7503-4168-2

JCOPY 〈(社)出版者著作権管理機構　委託出版物〉
本書の無断複写は著作権法上での例外を除き禁じられています。複写される場合は、そのつど事前に、(社)出版者著作権管理機構（電話 03-3513-6969、FAX 03-3513-6979、e-mail: info@jcopy.or.jp）の許諾を得てください。

現代モンゴルを知るための50章
エリア・スタディーズ133　小長谷有紀、前川愛編著　●2000円

モンゴルを知るための65章【第2版】
エリア・スタディーズ4　金岡秀郎　●2000円

現代モンゴル 迷走するグローバリゼーション
明石ライブラリー112　モリス・ロッサビ著　小長谷有紀監訳　小林志歩訳　●3300円

社会主義的近代化の経験 幸せの実現と疎外
小長谷有紀、後藤正憲編著　●6000円

モンゴル文学への誘い[オンデマンド版]
芝山豊、岡田和行編　●3200円

モンゴル現代史
Ts・バトバヤル著　芦村京、田中克彦訳　●1800円

モンゴル史研究 現状と展望
吉田順一監修　早稲田大学モンゴル研究所編　●8000円

韓国・済州島と遊牧騎馬文化 モンゴルを抱く済州
金日宇、文素然著　井上治監訳　石田徹、木下順子訳　●2200円

チベットを知るための50章
エリア・スタディーズ38　石濱裕美子編著　●2000円

チベットの歴史と宗教 チベット中学校歴史宗教教科書
世界の教科書シリーズ35　チベット中央政権文部省著　石濱裕美子、福田洋一訳　●3800円

もうひとつのチベット現代史 プンツォク=ワンギェルの夢と革命の生涯
ゴラナンバ・プンツォク・ワンギェル著　チュイデンブン訳　●2800円

チベット人哲学者の思索と弁証法
阿部治平　●6500円

活きている文化遺産 デルゲパルカン チベット大蔵経木版印刷所の歴史と現在
中西純一、池田巧、山中勝次著　真島俊一写真　●3000円

開発と先住民
みんぱく実践人類学シリーズ7　岸上伸啓編著　●6400円

実用リアル・モンゴル語[CDブック] わかりやすい文法ナビ
金岡秀郎　●2500円

満洲国と内モンゴル 満蒙政策から興安省統治へ
鈴木仁麗　●7000円

〈価格は本体価格です〉